"十四五"职业教育国家规划教材
"十三五"职业教育国家规划教材

Premiere职业应用项目教程

第2版

主　　编　黄春光　孙晓春
副 主 编　王　丽　王　丰　石敬波
参　　编　牛春姣　冯伟博　周麟易

机 械 工 业 出 版 社

本书是“十四五”职业教育国家规划教材。

Premiere是Adobe公司开发的一款优秀的非线性视频编辑软件，历经多年发展，现已成为普及程度非常高的视频编辑软件。作为主流的DV编辑工具，它为高质量的视频处理提供了一套完整的解决方案，在业内得到了广大视频编辑人员和视频制作爱好者的一致好评。

本书针对Premiere Pro 2021的实际应用进行讲解。全书共两篇，内容包括导学和8个项目，即导学、影片制作流程——旅游留念、转场应用——花卉展览、序列嵌套——时尚车展、结婚纪念电子相册、翻页电子相册、片头制作——美食一刻、电视频道包装和城市宣传片。各项目内容相对独立，便于读者分类学习。

本书由浅入深、讲解通俗、由表及里，可作为各类职业院校数字媒体技术应用及相关专业的教材，也可作为Premiere初学者、DV制作爱好者和有一定Premiere使用经验的读者的参考书。

本书配有电子课件和素材，选用本书作为授课教材的教师可以从机械工业出版社教育服务网（www.cmpedu.com）上免费注册下载，或联系编辑（010-88379543）索取。

图书在版编目（CIP）数据

Premiere职业应用项目教程/黄春光，孙晓春主编．—2版．—北京：机械工业出版社，2023.6（2026.2重印）
“十三五”职业教育国家规划教材：修订版
ISBN 978-7-111-73248-8

Ⅰ．①P… Ⅱ．①黄… ②孙… Ⅲ．①视频编辑软件—职业教育—教材
Ⅳ．①TP317.53

中国国家版本馆CIP数据核字（2023）第094885号

机械工业出版社（北京市百万庄大街22号 邮政编码100037）
策划编辑：徐梦然　　责任编辑：徐梦然　侯　颖
责任校对：梁　园　陈　越　　封面设计：鞠　杨
责任印制：刘　媛

北京建宏印刷有限公司印刷
2026年2月第2版第7次印刷
210mm×297mm · 13.5印张 · 303千字
标准书号：ISBN 978-7-111-73248-8
定价：57.00元

电话服务
客服电话：010-88361066
010-88379833
010-68326294

网络服务
机　工　官　网：www.cmpbook.com
机　工　官　博：weibo.com/cmp1952
金　　书　　网：www.golden-book.com
机工教育服务网：www.cmpedu.com

关于“十四五”职业教育
国家规划教材的出版说明

为贯彻落实《中共中央关于认真学习宣传贯彻党的二十大精神的决定》《习近平新时代中国特色社会主义思想进课程教材指南》《职业院校教材管理办法》等文件精神，机械工业出版社与教材编写团队一道，认真执行思政内容进教材、进课堂、进头脑要求，尊重教育规律，遵循学科特点，对教材内容进行了更新，着力落实以下要求：

1. 提升教材铸魂育人功能，培育、践行社会主义核心价值观，教育引导学生树立共产主义远大理想和中国特色社会主义共同理想，坚定“四个自信”，厚植爱国主义情怀，把爱国情、强国志、报国行自觉融入建设社会主义现代化强国、实现中华民族伟大复兴的奋斗之中。同时，弘扬中华优秀传统文化，深入开展宪法法治教育。

2. 注重科学思维方法训练和科学伦理教育，培养学生探索未知、追求真理、勇攀科学高峰的责任感和使命感；强化学生工程伦理教育，培养学生精益求精的大国工匠精神，激发学生科技报国的家国情怀和使命担当。加快构建中国特色哲学社会科学学科体系、学术体系、话语体系。帮助学生了解相关专业和行业领域的国家战略、法律法规和相关政策，引导学生深入社会实践、关注现实问题，培育学生经世济民、诚信服务、德法兼修的职业素养。

3. 教育引导学生深刻理解并自觉实践各行业的职业精神、职业规范，增强职业责任感，培养遵纪守法、爱岗敬业、无私奉献、诚实守信、公道办事、开拓创新的职业品格和行为习惯。

在此基础上，及时更新教材知识内容，体现产业发展的新技术、新工艺、新规范、新标准。加强教材数字化建设，丰富配套资源，形成可听、可视、可练、可互动的融媒体教材。

教材建设需要各方的共同努力，也欢迎相关教材使用院校的师生及时反馈意见和建议，我们将认真组织力量进行研究，在后续重印及再版时吸纳改进，不断推动高质量教材出版。

机械工业出版社

前 言

当今社会，无论是影视制作、动漫制作，还是计算机多媒体制作，计算机数字技术的应用极其广泛。在这些领域中，计算机的非线性编辑技术是非常重要的：在素材拍摄完成或素材准备完毕后，需要将它们按照一定的顺序组接起来，这样才会成为一部完整的作品。随着数字摄像技术及多媒体技术的发展，人们对视频的编辑需求也越来越强烈。在众多的非线性编辑软件中，Adobe公司的Premiere软件是国内使用较为广泛的一种。

伴随着数字技术的发展，Premiere软件的版本也在不断升级。本书以Premiere Pro 2021版本为基础，注重理论与实例的结合。通过学习书中的具体应用实例，读者能够轻松掌握Premiere的基本操作流程，制作出属于自己的精彩作品。

本书首先介绍了Premiere的基础知识，如工作界面、工具的使用说明等；然后通过简单的实例，使读者了解Premiere的基本操作流程，实现从零开始，轻松学习。

本书中的项目应用领域广泛，涉及旅游留念、花卉展览、时尚车展、结婚纪念电子相册、翻页电子相册、片头制作、电视频道包装和城市宣传片，满足了不同读者、不同层次的需要。

本书在编写过程中，全面贯彻党的二十大精神，落实立德树人根本任务，通过中国精神、航天精神、大国重器等案例，帮助学生进行价值观塑造、能力锻造、人格养成，教会学生有能力、有责任，成为德才兼备的高素质人才。

本书由黄春光、孙晓春任主编，王丽、王丰、石敬波任副主编，参加编写的还有牛春姣、冯伟博和周麟易。其中导学和项目2由黄春光编写，项目1由牛春姣编写，项目3由石敬波编写，项目4由王丰编写，项目5由周麟易编写，项目6由冯伟博编写，项目7由王丽编写，项目8由孙晓春编写。

由于编者水平有限，书中难免存在疏漏和不足之处，恳请各位读者批评、指正。

编 者

二维码索引

（续）

序号	名称	二维码	页码	序号	名称	二维码
23	项目6　教学视频6		151	33	导学　素材	
24	项目6　教学视频7		152	34	项目1　素材	
25	项目6　教学视频8		156	35	项目2　素材	
26	项目7　教学视频1		162	36	项目3　素材	
27	项目7　教学视频2		166	37	项目4　素材	
28	项目7　教学视频3		172	38	项目5　素材	
29	项目7　教学视频4		174	39	项目6　素材	
30	项目7　教学视频5		178	40	项目7　素材	
31	项目7　教学视频6		182	41	项目8　素材	
32	项目8　教学视频		188			

目　录

第1篇
基础应用

导学

一、初识Premiere Pro

1. Premiere Pro简介

Premiere是Adobe公司开发的一款优秀的非线性视频编辑软件，在当前众多非线性视频编辑软件中，Premiere是国内使用较为广泛的一种。电视台、影视制作公司、多媒体制作公司、广告公司、婚庆公司等均把Premiere作为必不可少的工具。

Premiere Pro可以完成：

- 将数字视频素材编辑为完整的数字视频作品。
- 加载数字图形、视频和音频素材库。
- 为音视频素材添加转场和特效。
- 创建字幕和动画字幕特效，如滚动或旋转字幕。

所谓非线性编辑，就是用以计算机为载体的数字技术完成传统制作中需要多套机器（A/B卷编辑机、特技机、编辑控制器、调音台、时基校正器、切换台等）才能完成的影视后期编辑合成，以及其他特效制作任务，并且可以在完成编辑后方便快捷地修改而不损害图像质量。简单地说，就是把胶片或磁带的模拟信号转换成数字信号存储，然后通过非线性编辑软件的编辑，最后一次性输出。

由于原始素材被数字化存储在计算机硬盘中，其信息存储的位置是并列平行的，与原始素材输入计算机时的先后顺序是没有关系的，因此，就可以对存储在硬盘上的数字化音/视频素材进行随意的排列组合，方便进行修改，只要没有最后生成影片输出，对于这些文件在时间轴上的摆放位置、时间长度的修改等都是非常简便的。这就是非线性编辑的优势，其工作效率是非常高的。

Adobe Premiere Pro对于多种格式的视频媒体，都能导入并自由地组合，再以原生形式编辑，而不需要花费时间转码。Adobe Premiere Pro是视频制作专业人员的精选工具，具备强大、可自定、非线性的编辑器，可精准编辑视频。

Premiere可以对采集或导入的素材进行编辑，加入转场效果、音乐或文字；还可以运用丰富的滤镜对素材进行调节（如调节颜色、亮度、对比度，或加入模糊、马赛克等效果）；最后，将编辑好的影片输出为多种文件格式，成为一部完整的作品。

2. Premiere Pro对计算机系统的要求

Premierc Pro对计算机系统的要求见表0-1。

表0-1　Premiere Pro对计算机系统的要求

操作系统	微软Windows 7 Service Pack 1（64位）、Windows 8（64位）或Windows 10（64位）
浏览器	Internet Explorer 7.0或更高版本
处理器	支持Intel Core 2双核或AMD Phenom II与64位处理器
内存	8GB RAM（建议16GB或更多）
显示器分辨率	1280×800像素（建议1920×1080像素或更高）
磁盘空间	10GB可用硬盘空间（安装过程中需要额外的可用空间）
其他需求	声卡兼容ASIO协议或Microsoft Windows Driver Model 使用QuickTime功能需要QuickTime软件 Adobe建议使用支持GPU加速回放的图形卡

二、Premiere Pro工作界面简介

1. 启动界面及项目设置

1）启动Premiere Pro后，进入启动界面，如图0-1所示。在启动界面中可以单击“新建项目”按钮新建项目，或单击“打开项目”按钮打开项目。另外，在“最近使用项”列表中列出了最近使用过的几个项目文件，可以单击名称将其打开。

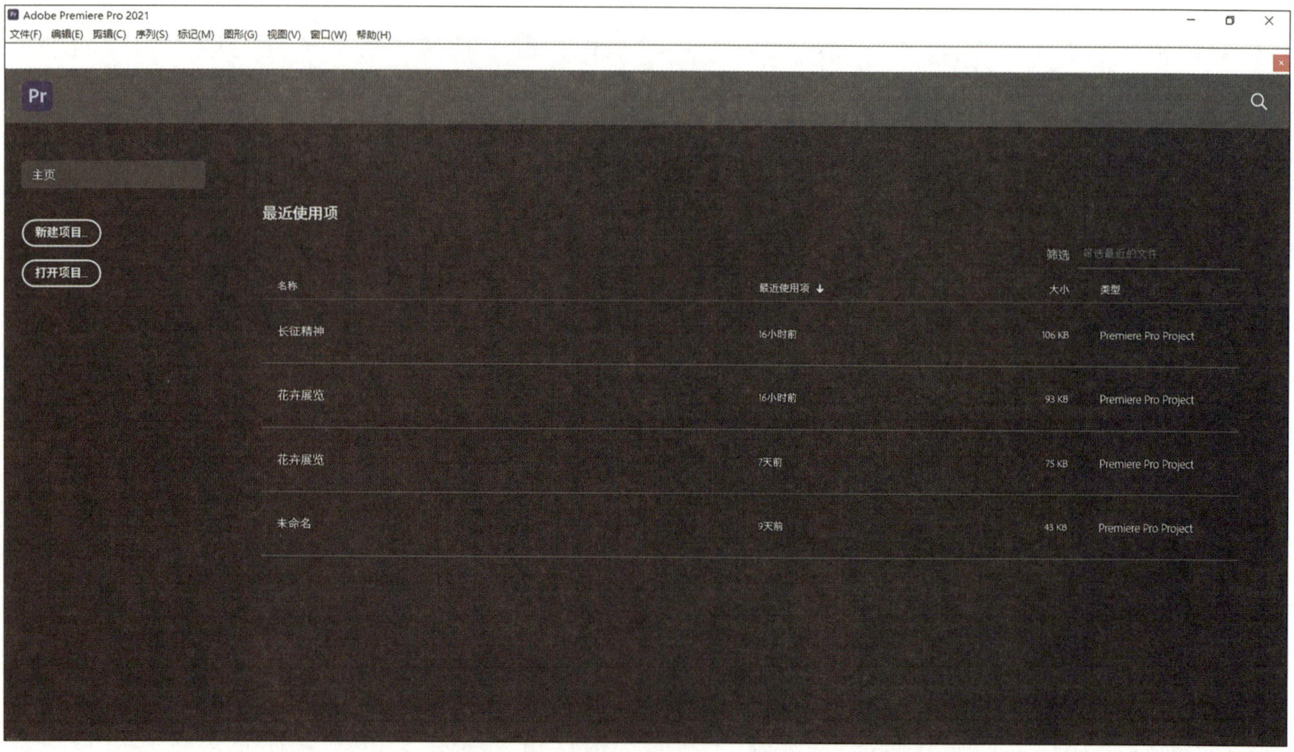

图　0-1

2）单击“新建项目”按钮，打开“新建项目”对话框。在“名称”文本框中输入项目的名称，再单击“位置”右侧的“浏览”按钮，指定此项目文件的存储路径，最后单击“确定”按钮即可新建一个项目，如图0-2所示。

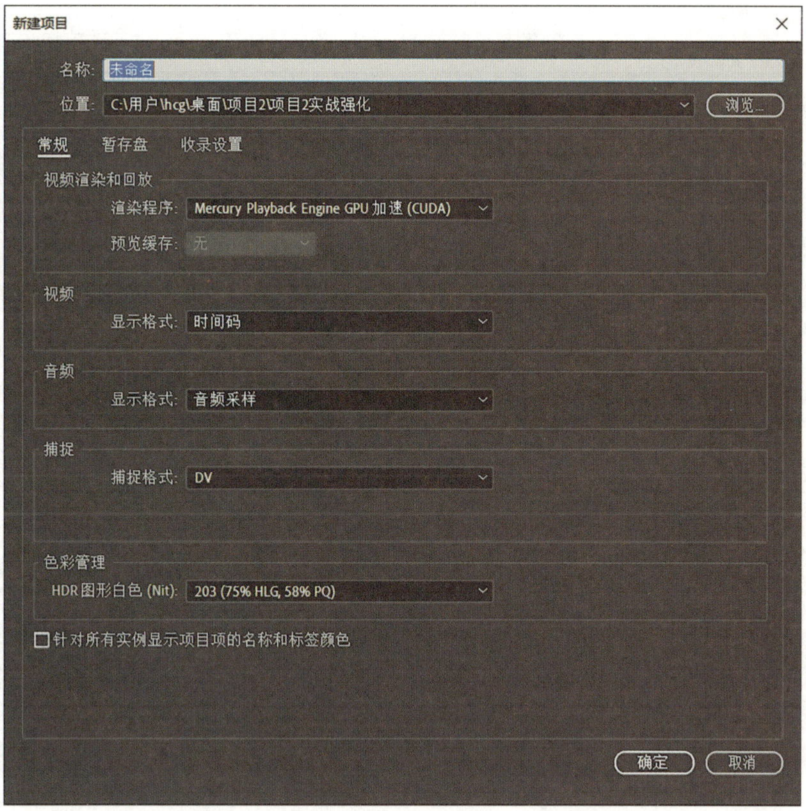

图 0-2

3）如果软件提供的项目预设不能满足编辑需要，可以进行自定义设置。在菜单栏中选择“编辑”→“首选项”→“常规”命令，打开“首选项”对话框。在左侧选项列表中单击选项，右侧会显示相对应的预设内容，如图0-3所示。

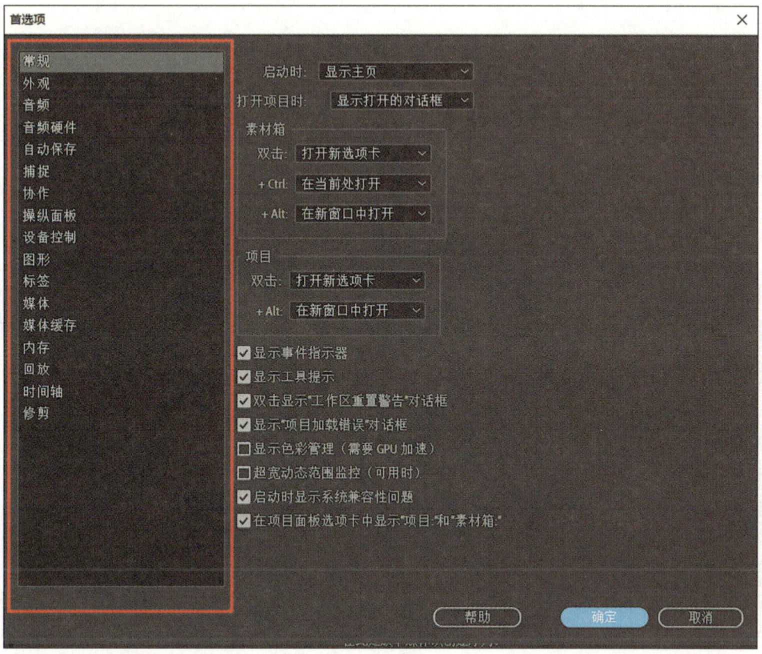

图 0-3

2. 工作界面及面板

Premiere Pro默认的工作界面如图0-4所示。在菜单栏中，执行“窗口”→“工作区”命令，可以更改“编辑”“效果”“字幕”等不同的界面组合方式。

图　0-4

1）“项目”面板。在“项目”面板中可以导入和管理素材。导入的素材类型包含视频、音频和图片等，如图0-5所示。

① 导入素材。在菜单栏中，执行“文件”→“导入”命令（或按<Ctrl+I>快捷键），或者双击“项目”面板中素材区域的空白处，都可以打开“导入”对话框。从中选择需要的素材文件后，单击“打开”按钮即可导入素材，如图0-6所示。如果想导入整个素材文件夹，则在“导入”对话框中选中目标文件夹后，单击“导入文件夹”按钮。

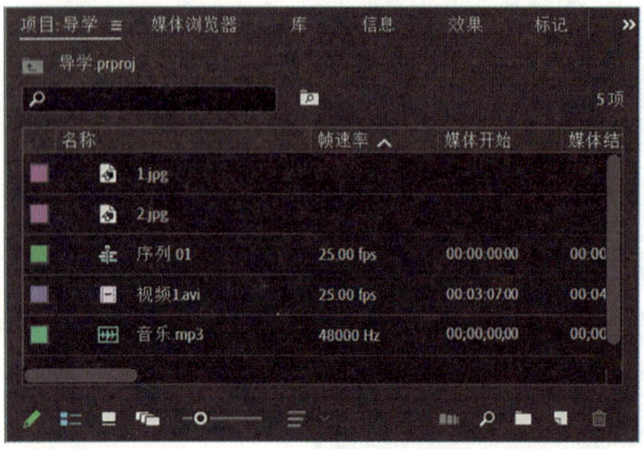

图　0-5

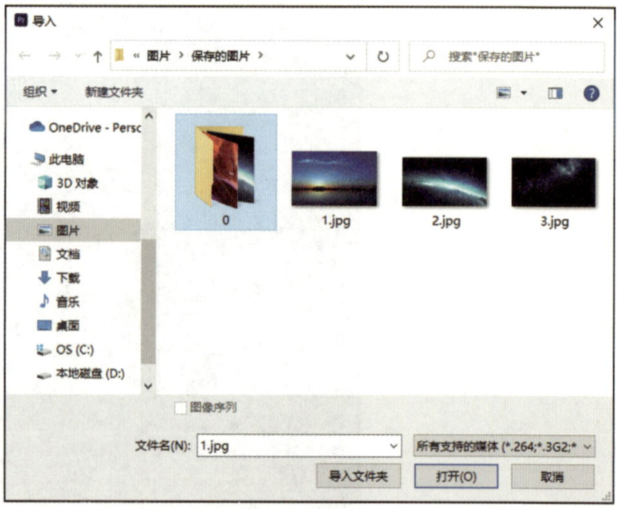

图　0-6

小提示

导入素材时，注意Premiere所能支持的文件格式。可配合使用<Ctrl>键和<Shift>键进行多个素材的选择。

② 管理素材。单击“项目”面板下端的一排按钮，可以对素材进行相应的管理，如图0-7所示。单击“列表视图”按钮、“图标视图”按钮、“自由变换视图”按钮，可以使素材以不同的视图方式展现；单击“新建素材箱”按钮，可以在“项目”面板中建立新的素材箱，方便分类管理素材；单击“清除”按钮，可以将选中的素材删除（或按<Delete>键）。

在菜单栏中执行“编辑”→“剪切”/“复制”/“粘贴”/“清除”命令，可对选中的素材进行剪切、复制、粘贴及清除操作，对应的快捷键分别为<Ctrl+X>、<Ctrl+C>、<Ctrl+V>和<Backspace>。

选中某素材后，在其上右击，在弹出的快捷菜单中选择“重命名”命令，可以对该素材重新命名；也可以先选中素材后，再单击素材名称的位置，素材名称变为可编辑状态后，在文本框中重新输入素材名称。

2）“源监视器”面板。在“项目”面板或“时间轴”面板中双击素材，或者从“项目”面板中将素材拖到“源监视器”面板中，都可在“源监视器”面板中显示该素材的预览画面。“源监视器”面板中包含用于播放和定位当前帧的控件，具有设置入点和出点、转到入点和出点，设置标记及插入覆盖素材等功能，如图0-8所示。

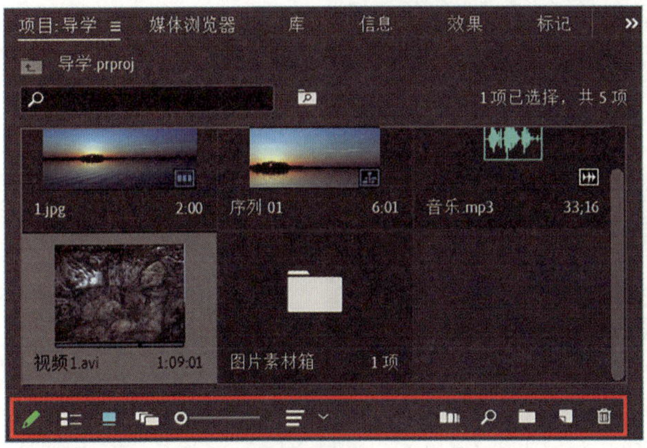

图　0-7

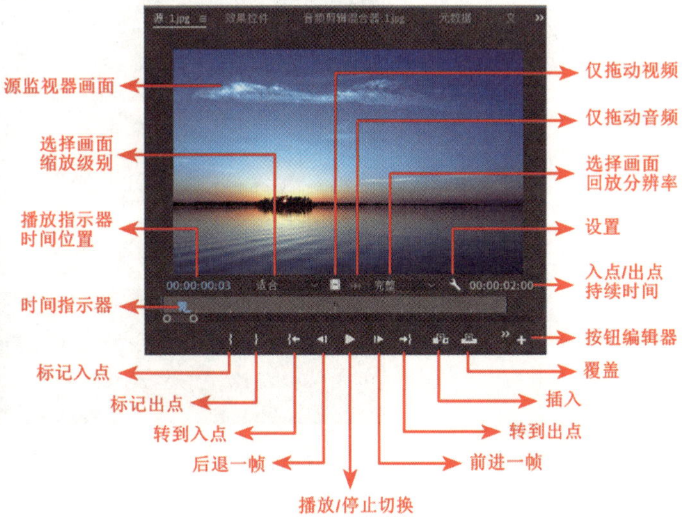

图　0-8

① 调整预览画面大小及分辨率。在“源监视器”面板中单击“适合”按钮，会弹出不同百分比缩放数值的下拉菜单，选择后会相应地缩放画面，再次选择“适合”会回到正常的预览大小，如图0-9所示。单击“完整”按钮，会弹出不同分数分辨率数值的下拉菜单，如图0-10所示，选择后会以相应的分辨率预览画面，由“完整”到“1/16”，分辨率越来越低，预览画面的清晰度也逐级降低。

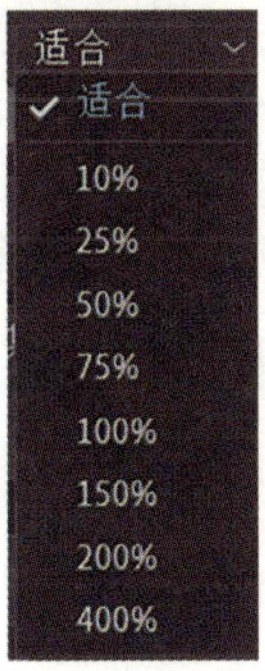

图　0-9

图　0-10

小提示

设置较小百分比的画面尺寸，有利于从更大范围来观察预览画面；设置为低分辨率会减少视频卡顿，方便进行流畅预览。这两项数值调整后的效果仅体现在预览画面，不影响视频最后输出的尺寸和分辨率。

② 播放/停止画面及添加入点和出点标记。单击“播放/停止切换”按钮可以播放素材，再次单击该按钮可以停止素材的播放。单击“标记入点”按钮，在“源监视器”时间轴中会添加入点标记，拖动“时间指示器”到下一个选定的位置，再单击“标记出点”按钮会添加出点标记。此时，入点到出点之间的素材片段被标记出来，如图0-11所示。

图　0-11

单击“转到入点”按钮或“转到出点”按钮，可以精确地将“时间指示器”移动到入点或出点上。单击“后退一帧（左侧）”按钮或“前进一帧（右侧）”按钮，可以让“时间指示器”以1帧为单位向左或向右移动。

③ 素材片段的插入。在“时间轴”面板“V1”和“V2”轨道中拖入3张素材图片，单击“V1”轨道最左侧区域，开启“对插入和覆盖进行源修补”，使其显示为“V1”。拖动“时间指示器”到选定位置，单击“源监视器”面板中的“插入”按钮，会将刚才标记好入点和出点的素材片段，以选定位置为入点插入，选定位置的原素材会分为左右两部分，衔接在插入素材的入点和出点，“时间指示器”会移动到插入素材片段的出点位置，如图0-12所示。

④ 素材片段的覆盖。在菜单栏中执行“编辑”→“撤销”命令，或按<Ctrl+Z>快捷键，可撤销刚才的插入操作。单击“源监视器”面板中的“覆盖”按钮，会将刚才标记好入点和出点的素材片段，以选定位置为入点覆盖原素材，选定位置左侧的原素材会保留，右侧的原素材被覆盖，“时间指示器”会移动到覆盖素材片段的出点位置。如果原素材的时间长度大于覆盖素材的时间长度，原素材超出时长的部分会衔接在覆盖素材的出点之后，如图0-13所示。

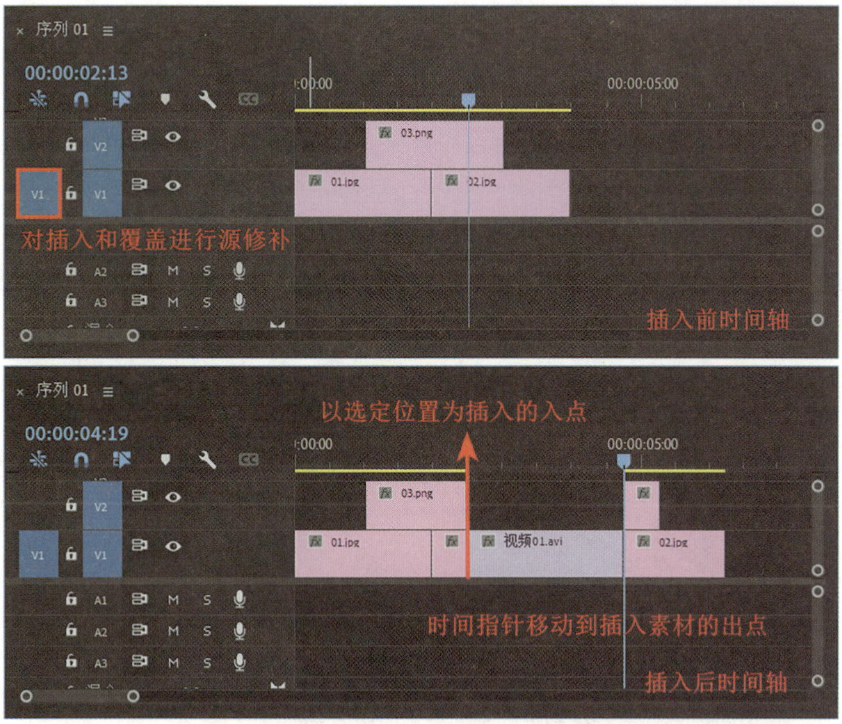
序列 01
00:00:02:13
00:00:05:00
03.png
01.jpg
02.jpg
对插入和覆盖进行源修补
插入前时间轴
序列 01
00:00:04:19
以选定位置为插入的入点
视频01.avi
时间指针移动到插入素材的出点
插入后时间轴

图　0-12

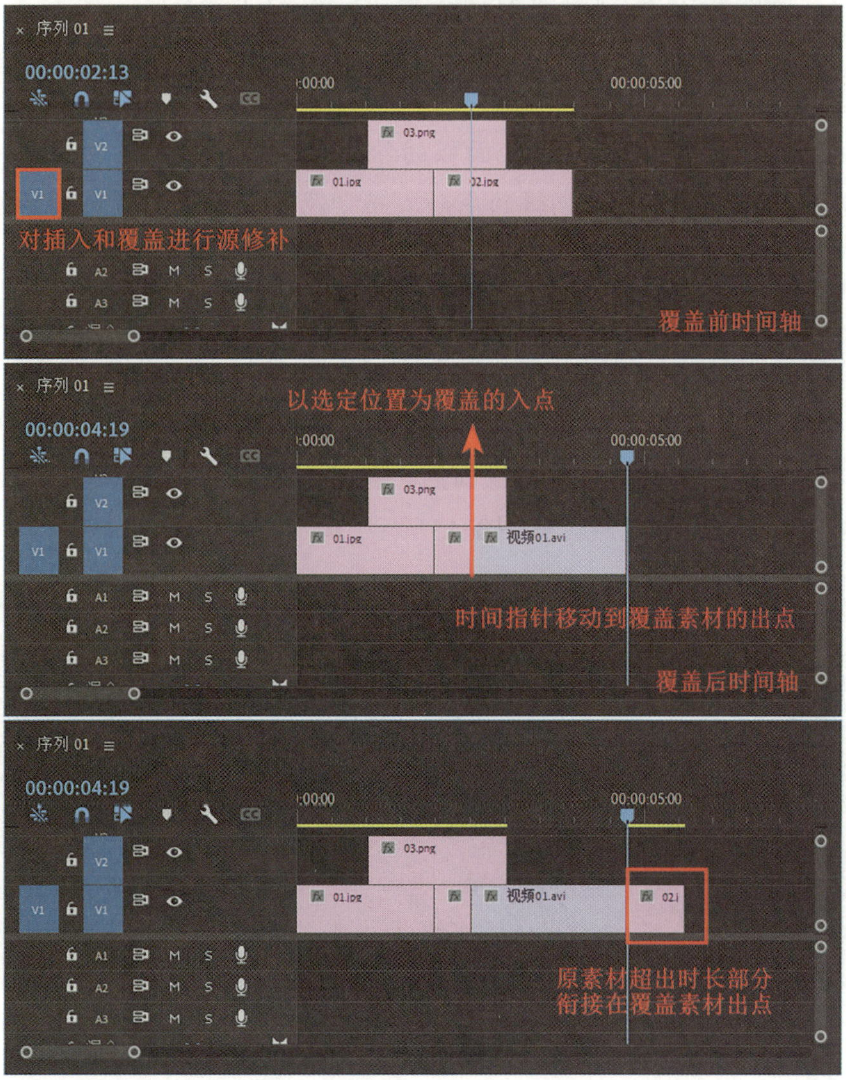
序列 01
00:00:02:13
00:00:05:00
03.png
01.jpg
02.jpg
对插入和覆盖进行源修补
覆盖前时间轴
序列 01
00:00:04:19
以选定位置为覆盖的入点
视频01.avi
时间指针移动到覆盖素材的出点
覆盖后时间轴
序列 01
00:00:04:19
原素材超出时长部分
衔接在覆盖素材出点

图　0-13

小提示

当使用“覆盖”功能时，只覆盖开启了“对插入和覆盖进行源修补”的目标轨道；当使用“插入”功能时，素材片段不仅会影响目标轨道，其他未被锁定的轨道也会受影响。

3）“节目监视器”面板。“节目监视器”面板的作用是显示当前正在编辑的序列画面。同“源监视器”相似，其中也包含用于播放和定位当前帧的控件，具有设置入点和出点、转到入点和出点，设置标记及提升和提取等功能，如图0-14所示。

图 0-14

注意

“源监视器”面板和“节目监视器”面板的外观、按钮相似，区别在于“节目监视器”面板针对的是当前“时间轴”正在编辑的序列，而“源监视器”面板针对的是源素材。

知识加油站

在“源监视器”面板和“节目监视器”面板的按钮区域，放置了一些常用功能的按钮，但还有一些如标尺、安全框等按钮被隐藏了，单击“按钮编辑器”按钮+，打开“按钮编辑器”，拖曳其中的按钮到常用按钮区，就可以将该按钮显示在常用按钮区，不需要时可向外拖曳该按钮进行隐藏，如图0-15所示。

图 0-15

①素材的提升。在“时间轴”面板“V1”轨道中拖入2张素材图片和1个视频，在“节目

监视器”面板中拖动“时间指示器”到视频素材的选定位置，单击“标记入点”按钮设置视频的入点，然后用同样的方法，使用“标记出点”按钮设置视频的出点。单击“提升”按钮，此时在“时间轴”面板“V1”轨道中，会将刚才标记好入点和出点的素材片段提升出来，提升的视频被删除，在原位置会留出相应时长的空白轨道，如图0-16所示。

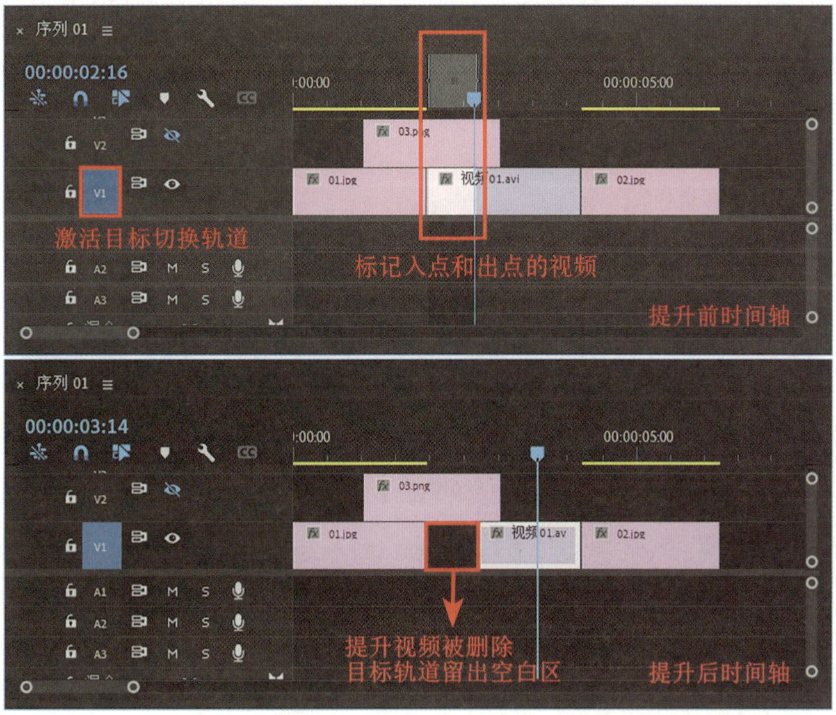

图 0-16

② 素材的提取。按<Ctrl+Z>快捷键，撤销刚才的提升操作。单击“提取”按钮，会将刚才标记好入点和出点的素材片段提取出来，提取的视频被删除，提取左侧的视频出点和提取右侧的视频入点衔接，如图0-17所示。

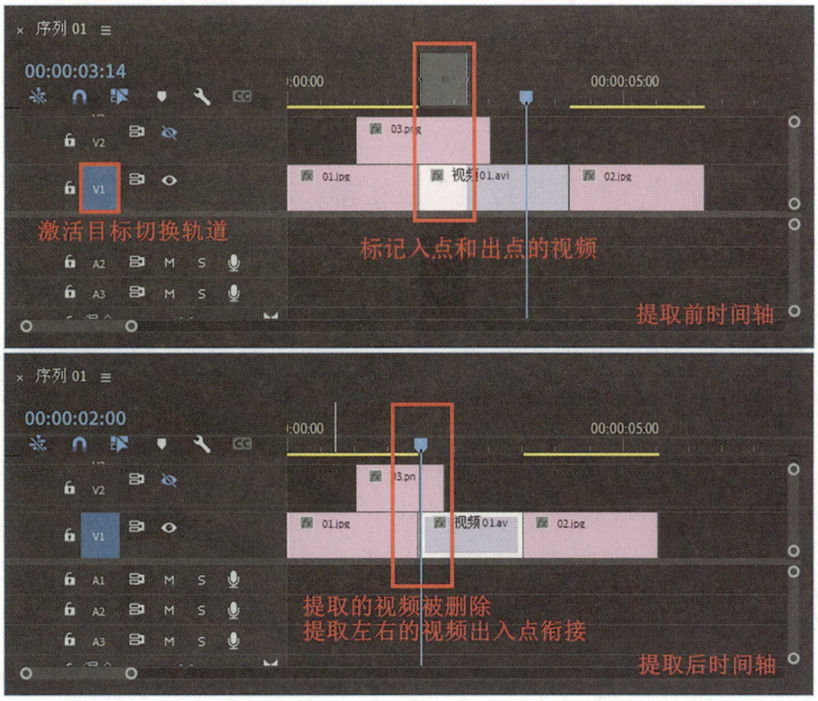

图 0-17

小提示

当使用“提升”和“提取”功能时，只针对开启“目标切换轨道”上的素材，未被开启的不受影响。

4）“时间轴”面板。“时间轴”面板的作用是剪接、编辑音/视频素材，还可以对素材进行各种特效处理，在两段素材之间增加各种切换效果。“时间轴”面板主要由轨道控制区、素材剪辑区、时间指示器和时间标尺等组成，如图0-18所示。

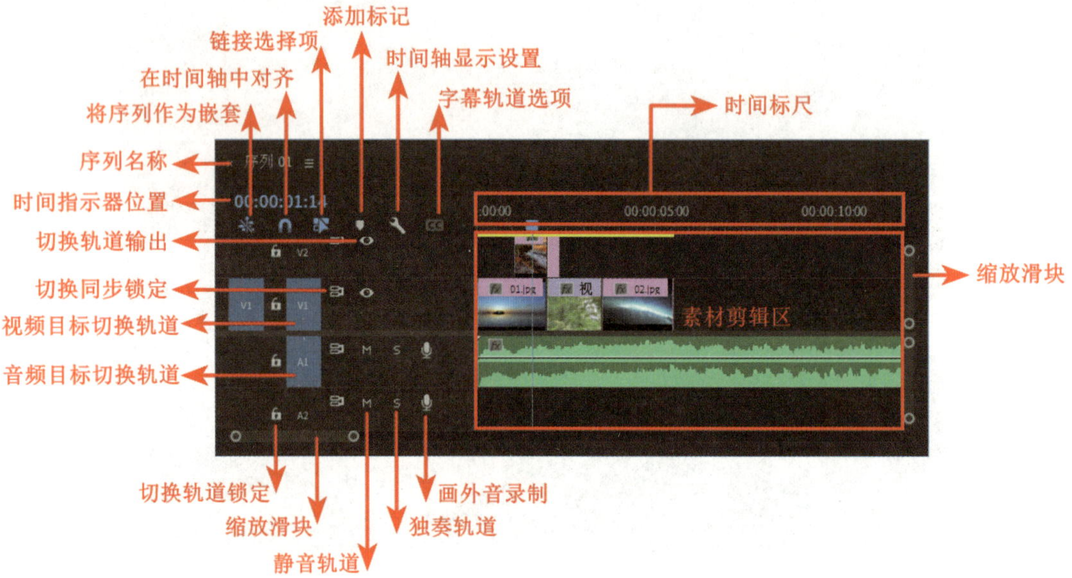

图　0-18

① 设置目标轨道。时间轴的轨道分为视频轨道“V”和音频轨道“A”两种。当进行素材片段的添加/删除、插入/覆盖、提升/提取操作时，需要单击开启视频“目标切换轨道”按钮 或音频“目标切换轨道”按钮 ，将其设置为操作的目标轨道。

小提示

预先设置轨道时，一次只能设置一个视频目标轨道和音频目标轨道。

② 将序列作为嵌套。“将序列作为嵌套”按钮 默认处于开启状态，此时把另一个序列拖入当前序列进行嵌套时，会将拖入的序列作为当前序列的一个剪辑；在非开启状态时拖入，则保持拖入序列原有剪辑的轨道设置。

③ 在时间轴中对齐。“在时间轴中对齐”按钮 默认处于开启状态，剪辑时拖曳的素材会自动靠拢并对齐其他剪辑或当前时间指示器位置。

④ 音/视频链接。“链接选择项”按钮 默认处于开启状态，在插入素材时，视频中自带的音频与视频成链接关系。

⑤ 添加标记。单击“添加标记”按钮 ，或按<M>快捷键，会在选中剪辑的时间指示器位置添加剪辑标记，如果未选中剪辑，会在时间标尺的时间指示器位置添加时间轴标记；如果想要删除已经添加的标记，可以在时间标尺处右击，从快捷菜单中选择“清除所选的标记”或“清除所有标记”命令。

⑥ 时间指示器位置。“时间指示器位置” 00:00:00:00 对应显示的时间为“时:分:秒:帧”。单击使其变为文本框，在其中输入数值，可使时间指示器跳转到对应的时间位置。

⑦ 轨道剪辑的显示与隐藏。“切换轨道输出”按钮用于控制轨道剪辑内容的显示与隐藏，默认处于开启状态。该轨道上的剪辑内容在播放中显示，再次单击关闭该按钮，则播放内容隐藏不可见。

⑧ 切换同步锁定与切换轨道锁定。“切换同步锁定”按钮，默认处于开启状态。在进行波纹编辑时，所有视频轨道上的剪辑内容将同步移动；如果在选定轨道关闭该按钮，选定轨道的剪辑内容则不会随着波纹编辑同步移动。

“切换轨道锁定”按钮用于控制轨道剪辑内容是否可以编辑，默认处于开启状态。正常轨道可以进行任何操作，再次单击关闭该按钮，则轨道的剪辑内容不能进行任何操作。

⑨ 静音轨道与独奏轨道。“静音轨道”按钮默认处于开启状态，可以播放该轨道中的音频，再次单击关闭该按钮，该轨道音频不能播放。

“独奏轨道”按钮默认处于关闭状态，单击开启后除了该轨道的音频可以播放，其他音频轨道都将被静音。

⑩ 轨道的添加、删除及重命名。执行“序列”→“添加轨道”命令，或在轨道控制区域右击，在弹出的快捷菜单中选择“添加轨道”命令，打开“添加轨道”对话框，在其中输入添加轨道的数量、放置位置及音频轨道的类型即可，如图0-19所示。

选中目标轨道，执行“序列”→“删除轨道”命令，或在轨道控制区域右击，在弹出的快捷菜单中选择“删除轨道”命令，打开“删除轨道”对话框。从中选择想要删除的轨道是视频轨道、音频轨道，还是两者（选中相应的复选框），再选择是删除目标轨道还是删除所有空轨道，如图0-20所示。

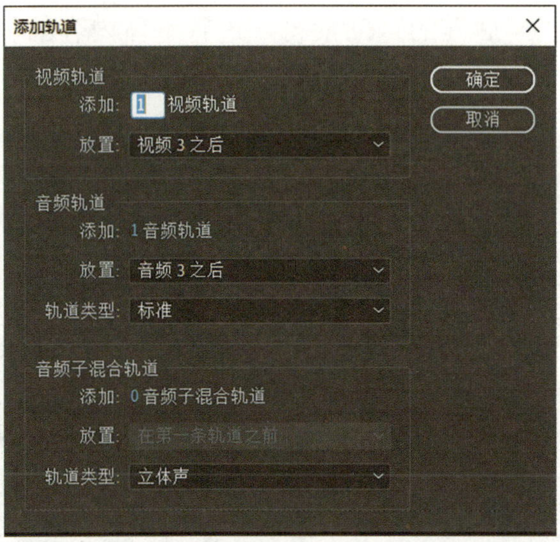

图　0-19

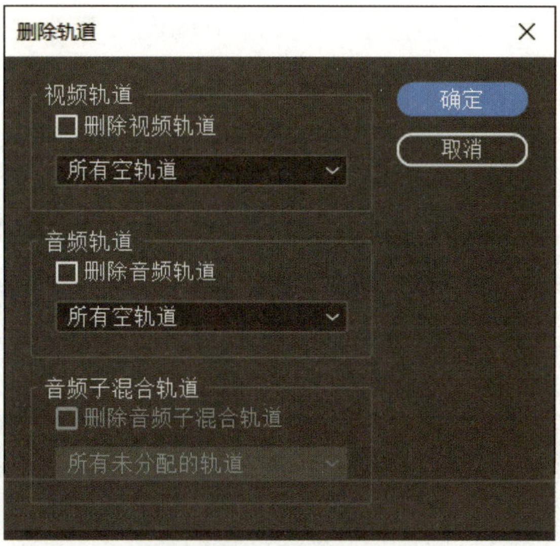

图　0-20

在轨道控制区域右击，在弹出的快捷菜单中选择“重命名”命令，输入新的轨道名称后按<Enter>键，即可完成轨道的重新命名。

5）“工具”面板。“工具”面板中包含了在时间轴中进行编辑操作的各种工具，又称为工具箱，如图0-21所示。

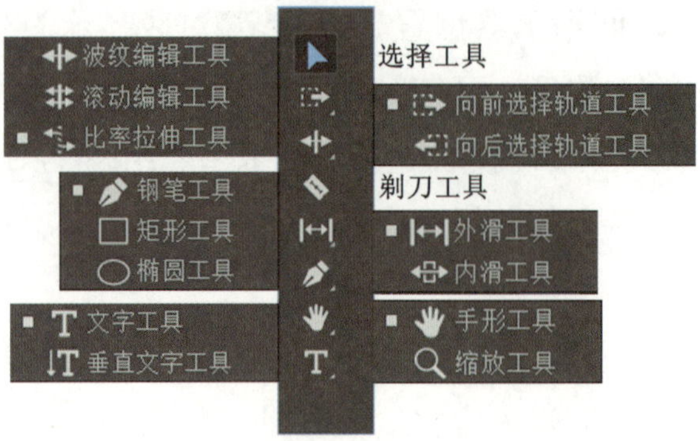

图　0-21

①“选择工具”。单击“选择工具”按钮，或按快捷键<V>可以使用该工具。它用于素材的选择和素材位置的移动调整，如图0-22所示。

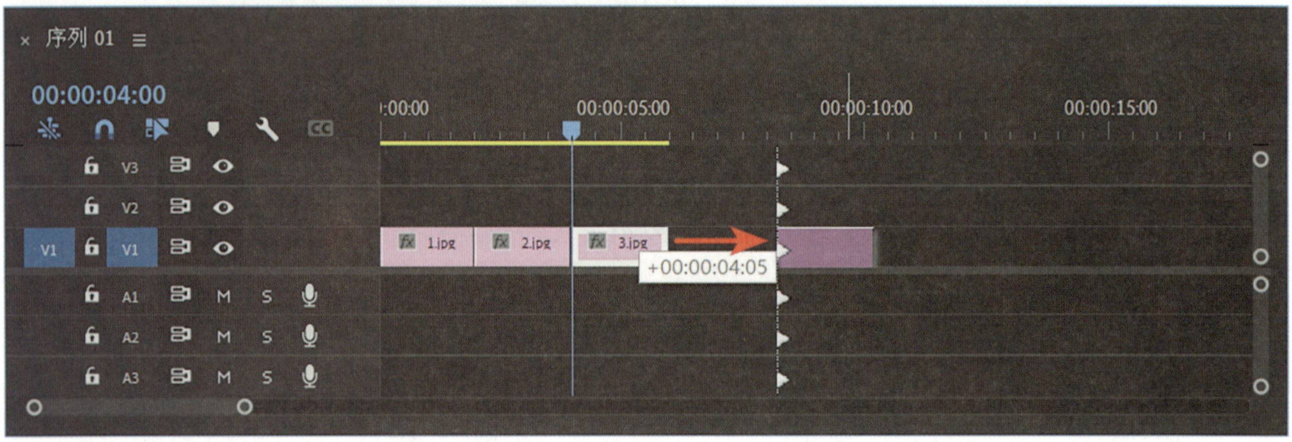

图　0-22

②“向前选择轨道工具”。单击“向前选择轨道工具”按钮，或按快捷键<A>可以使用该工具。长按该工具按钮会出现其隐藏的“向后选择轨道工具”按钮（快捷键为<Shift+A>）。它们用于选中现在位置“向前”或“向后”的全部素材，进行整体内容的位置调整，如图0-23所示。

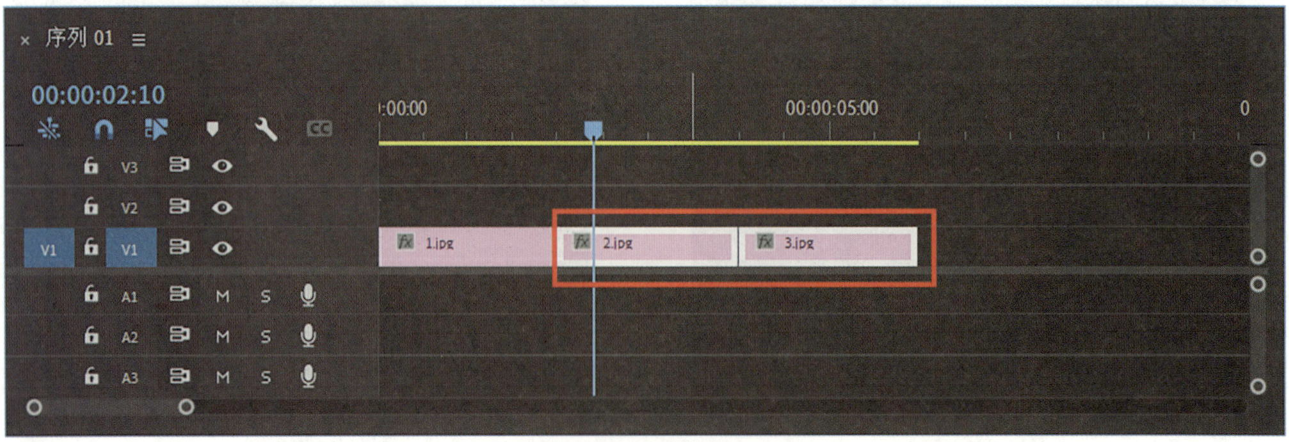

图　0-23

③“波纹编辑工具”。单击“波纹编辑工具”按钮，或按快捷键<B>可以使用该工具。它用于剪辑素材的出点和入点，通过向左或向右拖动素材来调整素材的持续时间和速度。与其相连的其他素材会同步跟随移动，但不会改变持续时间和速度，时间轴中全部素材的总体时长

会相应地延长或缩短，如图0-24所示。

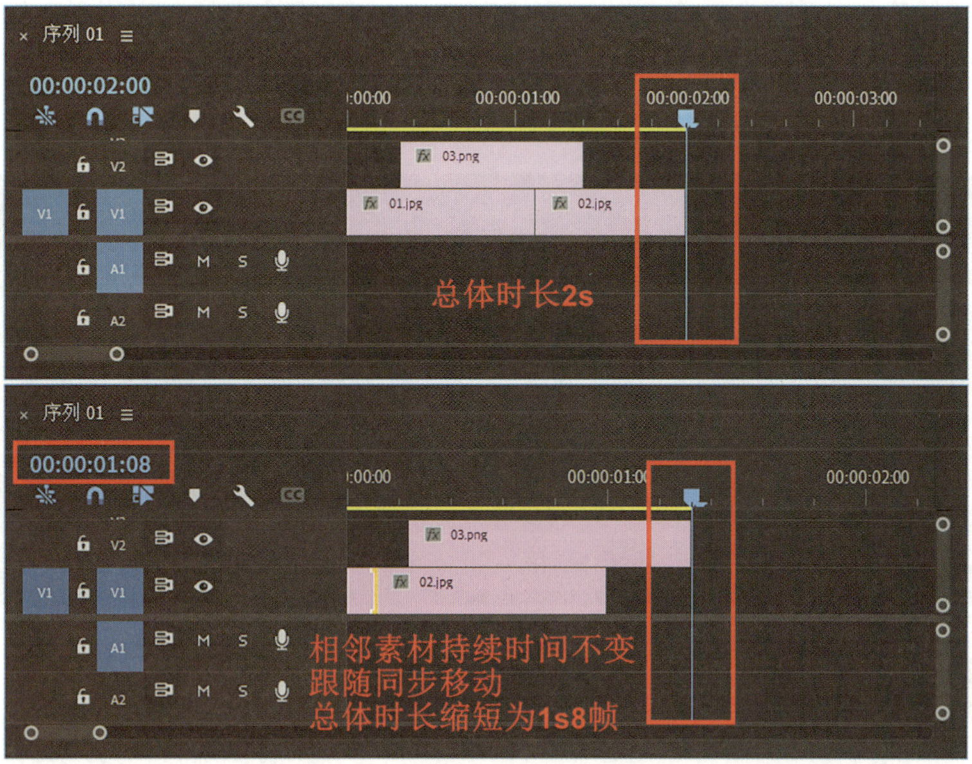

图　0-24

④“滚动编辑工具”。长按“波纹编辑工具”按钮会出现其隐藏的“滚动编辑工具”按钮。单击“滚动编辑工具”按钮，或按快捷键<N>可以使用该工具。它用于相邻剪辑素材的衔接处，当用它向左或向右拖曳素材时会调整素材的持续时间和速度，与其相连的其他素材会相应延长或缩短持续时间，但时间轴中全部素材的总体时长会保持不变，如图0-25所示。

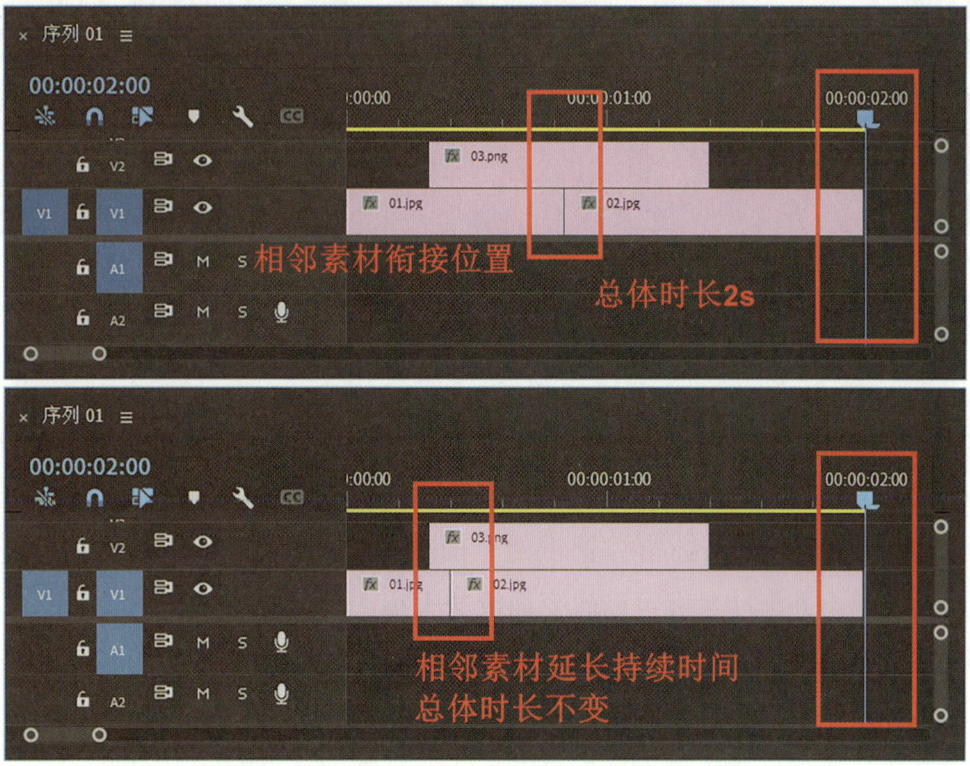

图　0-25

⑤“比率拉伸工具”。长按“波纹编辑工具”按钮会出现其隐藏的“比率拉伸工具”按钮。单击“比率拉伸工具”按钮，或按快捷键<R>可以使用该工具。它用于剪辑素材的入点和出点，可以通过向左或向右拖曳素材来任意改变其持续时间和播放速度，实现在适当位置“加快”或“减慢”素材的播放速度，如图0-26所示。

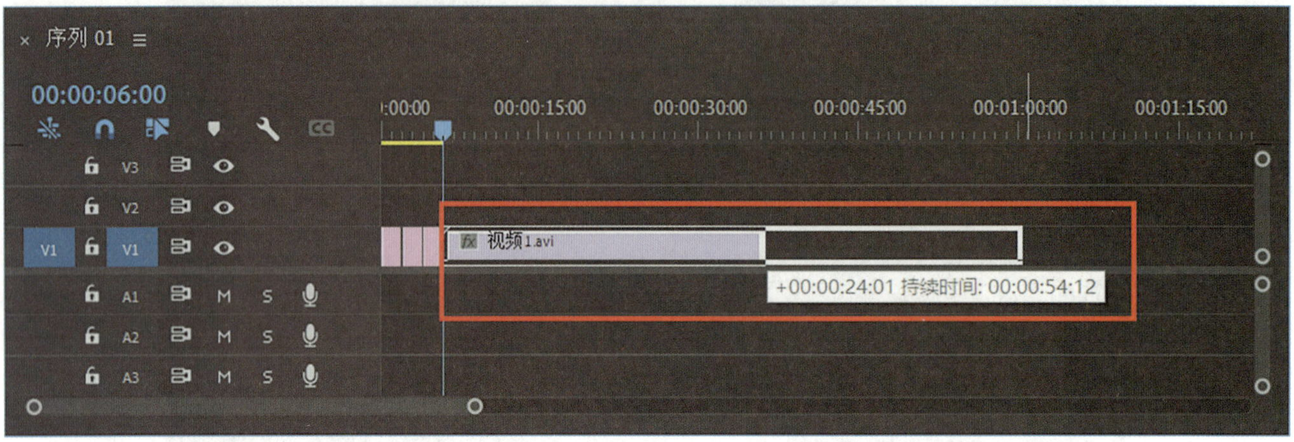

图 0-26

⑥“剃刀工具”。单击“剃刀工具”按钮，或按快捷键<C>可以使用该工具。它用于素材的裁剪。使用剃刀工具在轨道中选定的素材位置单击，可以将该素材裁剪为左右两个部分，如图0-27所示。再使用选择工具，选中想要删除的素材进行删除。

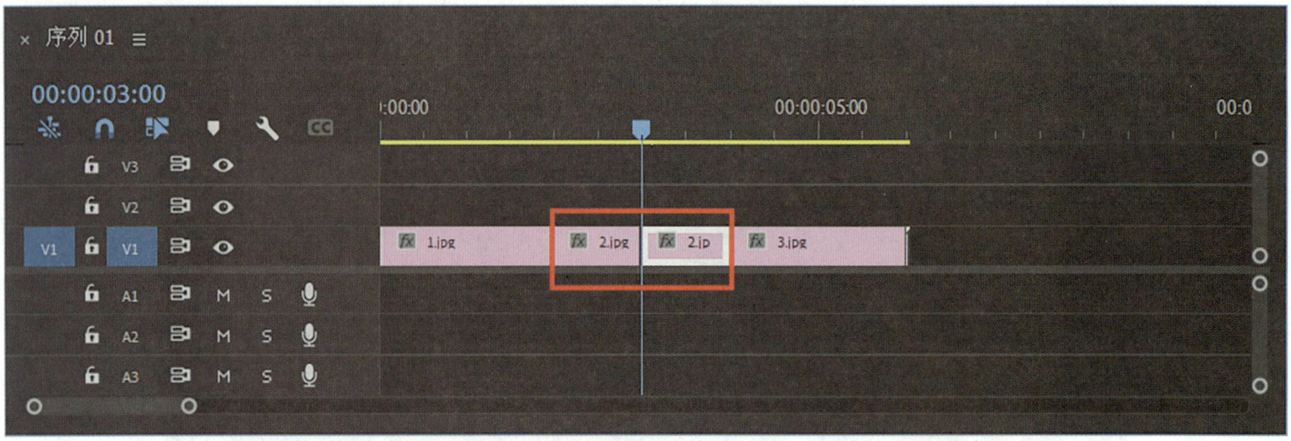

图 0-27

6）自定义面板状态。在Premiere中，可以根据个人工作习惯来组合面板，更改面板的大小或调整工作状态。

①面板的拖曳组合。单击需要重新定位的面板标签，将其拖曳至另一个面板的上、下、左、右任意区域，当该区域灰度显示时，再释放鼠标，面板就会组合到该区域的相应位置。

②面板的大小改变。将鼠标指针置于两个面板的中间区域时，鼠标指针会变为“双箭头”形状。此时，单击并拖动鼠标可以改变面板的大小。

③面板的关闭与浮动。单击面板名称右侧的按钮，在弹出的快捷菜单中可将该面板关闭或浮动，如图0-28所示。对于已经关闭的面板，可以在菜单栏的“窗口”菜单的下拉菜单中找到相应的面板名称，执行后该面板会重新打开。

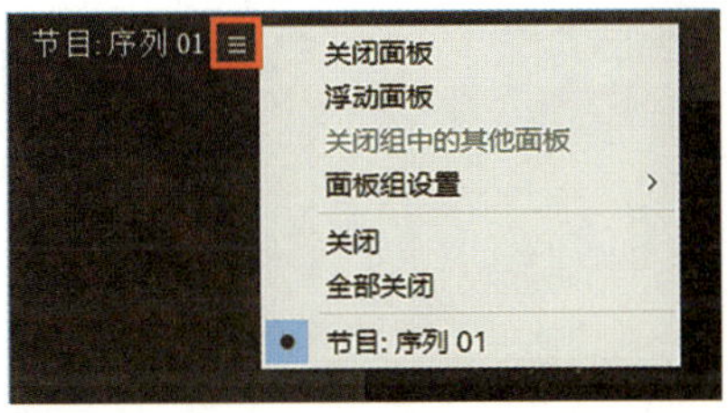

图 0-28

触类旁通

导学部分介绍了Premiere软件的功能、应用领域及对系统的要求，同时也重点介绍了界面中常用的命令、面板和工具等。目的是使初学者能够了解Premiere Pro 2021及其基本的界面和功能，方便后续的学习。

在后面各项目的学习和实际制作中，由于侧重的操作点不同，界面中重点使用的命令、面板、工具和设置也不同，读者可以根据实际操作情况灵活处理，创建适合个人工作风格的界面。

项目1 影片制作流程—— 旅游留念

项目情境

随着人们生活水平的不断提高，数字产品也已进入寻常百姓家，人们用手机、运动相机或无人机等将生活中的精彩画面记录下来，如聚会、外出游玩、运动、参加亲朋好友婚礼等。

一位朋友在休假期间到外地旅游，用手机拍摄了一些画面，现在他想把手机中的内容导入计算机中进行观看，并删除一些拍摄不够理想的画面，加上字幕和音乐记录下此次旅途中看到的美好风光。

项目分析

使用Premiere软件对日常视频设备中的视频内容进行编辑处理，必须先把该视频内容由设备（如手机、DV、运动相机等）导入计算机中。

在本项目中，视频素材来自日常拍摄的一些视频段落，为了提高观看体验且便于视频流传，需要删除冗余片段、按顺序组接、添加片头文字及必要的注释说明文字（说明性文字将采用横向滚动字幕的方式）、添加预设转场效果并加入背景音乐，最后渲染输出成完整视频影片。

本项目展现了从素材采集到影片输出的一个简单完整的制作过程，有助于读者对Premiere软件的影片制作流程有一个整体认识，以便于进一步深入学习。

影片最终的渲染输出效果如图1-1所示。

图 1-1

项目目标

1）明确创建并保存新项目、创建序列、导入素材的过程。

2）掌握剪辑素材，并按顺序组接剪辑的方法。

3）学会添加片头文字及字幕、预设转场效果的方法。

4）明确渲染输出完整视频的过程。

项目实施

扫一扫
查看教学视频

一、新建项目文件

1）启动Premiere软件，在启动界面单击“新建项目”按钮（见图1-2），或者在软件启动后执行“文件”→“新建”→“项目”命令（见图1-3）。

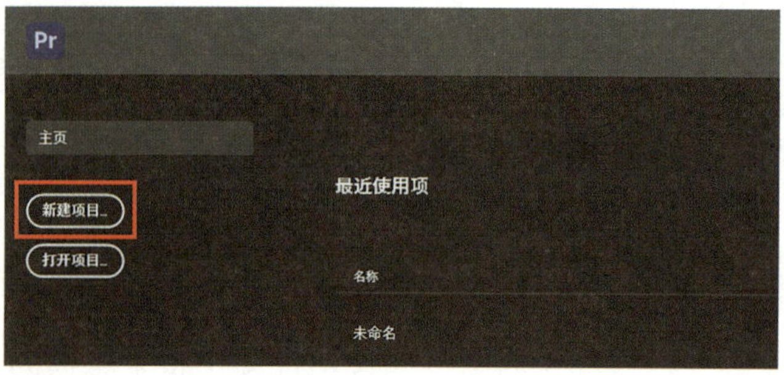

图　1-2

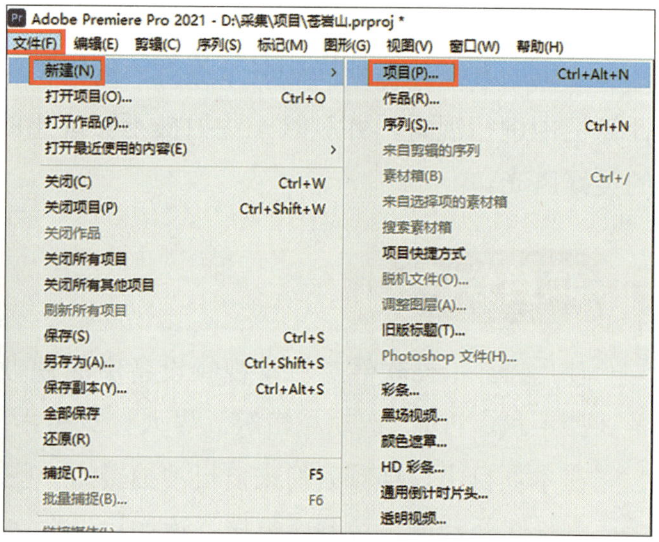

图　1-3

说明

使用“打开项目”按钮，或单击“最近使用项”列表下面显示的项目名称都可以打开原来保存过的项目。

2）在打开的“新建项目”对话框的“名称”文本框中输入项目文件的名称，这里命名为“苍岩山”，单击“位置”项右侧的“浏览”按钮（见图1-4），打开“请选择新项目的目标路径”对话框，新建或选择存放项目文件的目标文件夹之后，单击“选择文件夹”按钮，关闭“请选择新项目的目标路径”对话框，如图1-5所示。返回“新建项目”对话框，单击“确定”按钮，完成项目文件的建立并关闭“新建项目”对话框，进入Premiere的工作界面。

3）创建序列。单击“项目”面板右下角的“创建新项目”按钮■，在弹出的菜单中选择“序列”选项，如图1-6所示。或者执行“文件”→“新建”→“序列”命令，如图1-7所示。

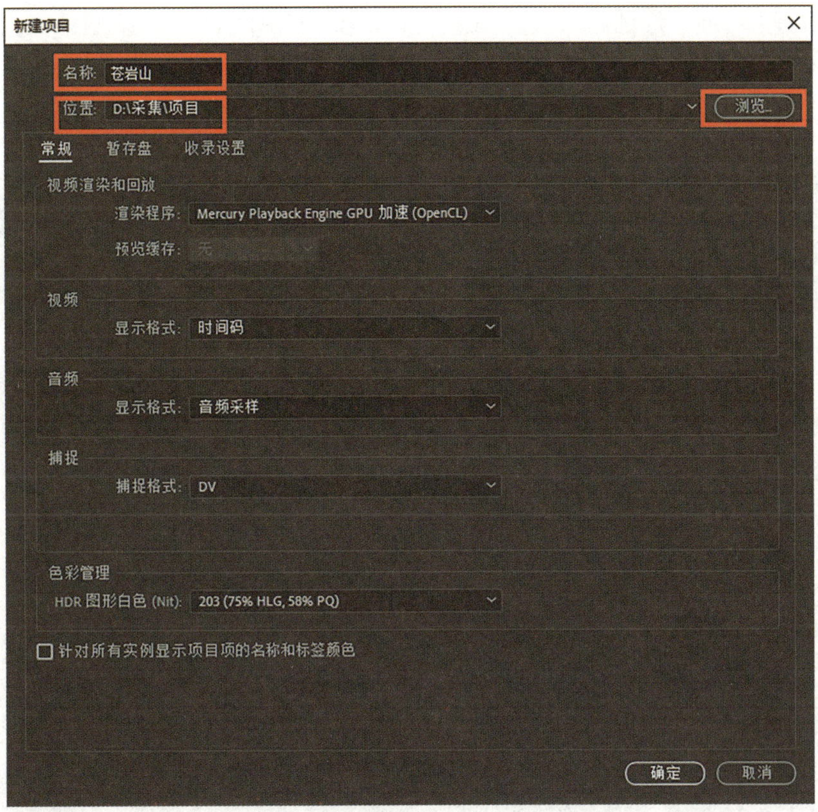

图 1-4

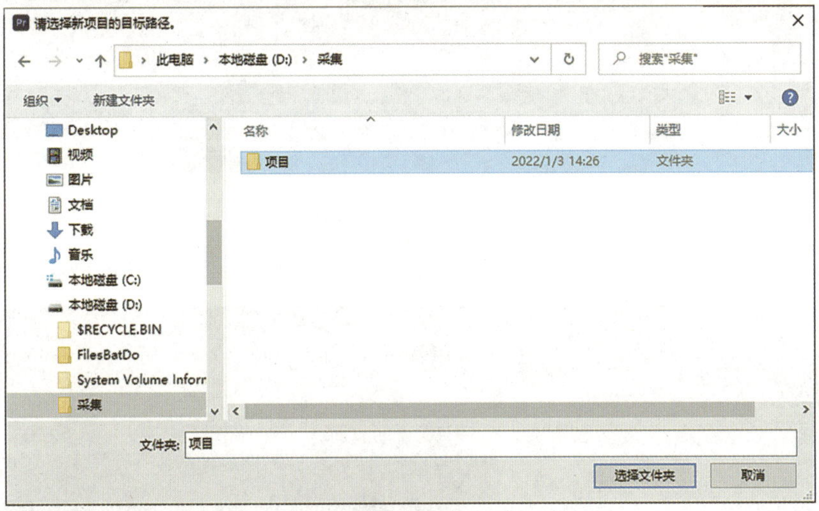

图 1-5

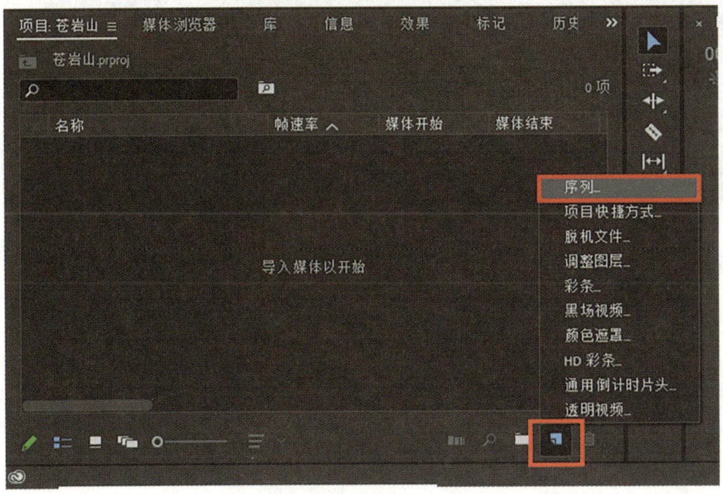

图 1-6

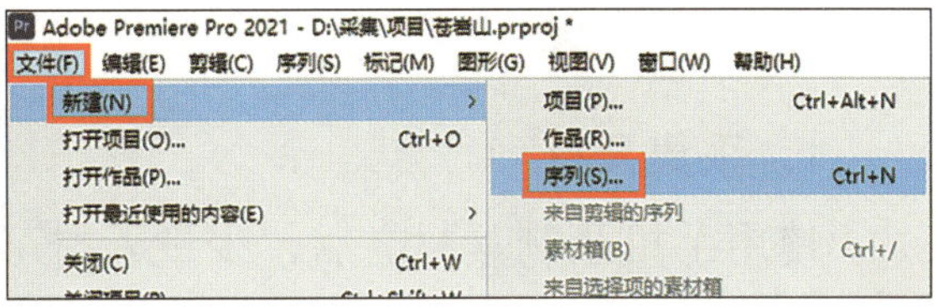

图 1-7

在弹出的“新建序列”对话框中进行设置，如图1-8所示。DV-PAL制标准48kHz是我国目前通用的电视制式。

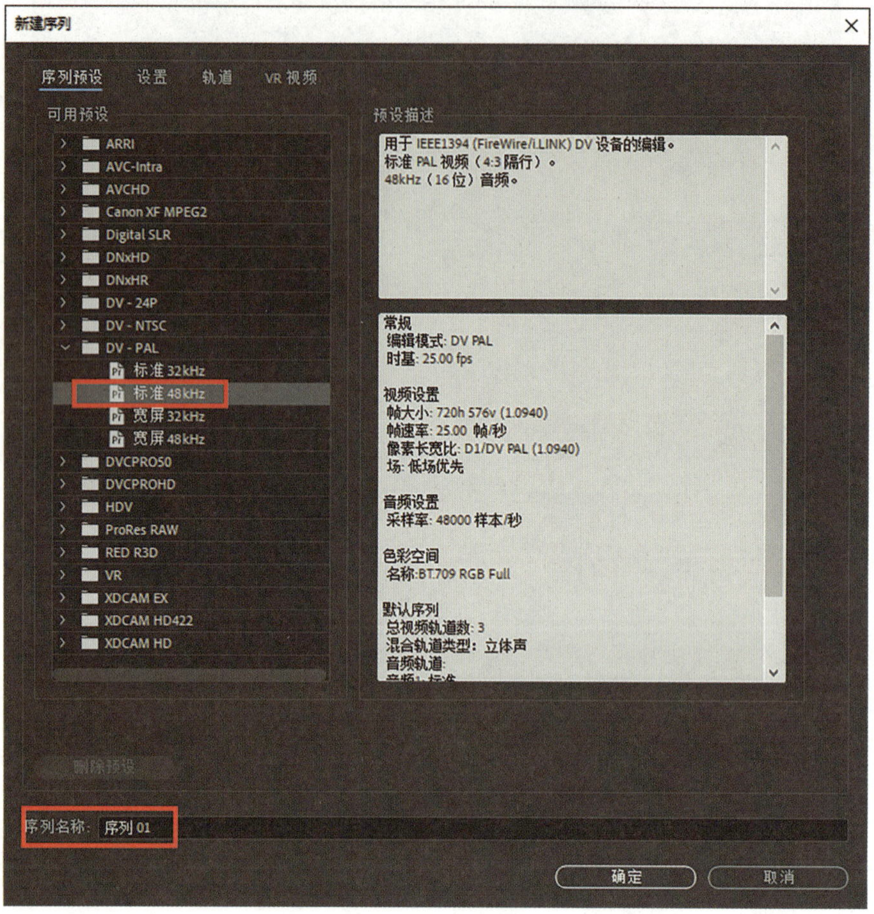

图 1-8

单击“确定”按钮后在“时间轴”面板的左上角出现“序列01”，如图1-9所示。

图 1-9

二、收集素材

1. 采集素材

使用手机录制素材之后，少量素材可以通过蓝牙、网盘、文件助手等无线传输方式传输到计算机中。如果素材比较大、比较多，则使用数据线（USB）连接到计算机会更有效率。

图 1-10

1）手机与计算机通过数据线连接之后，在手机界面弹出的“USB的用途”中选择“传输文件”或“传输照片”命令，如图1-10所示。

2）在计算机中打开“此电脑”窗口，可以在“设备和驱动器”列表中看到手机设备，如图1-11所示。打开手机存储素材的文件夹，挑选相应视频并将其复制到计算机中。（不同品牌的手机其存储位置会有不同，可以在手机中打开视频或图片查看文件信息，找到具体存储位置，以便于在计算机中查找。）

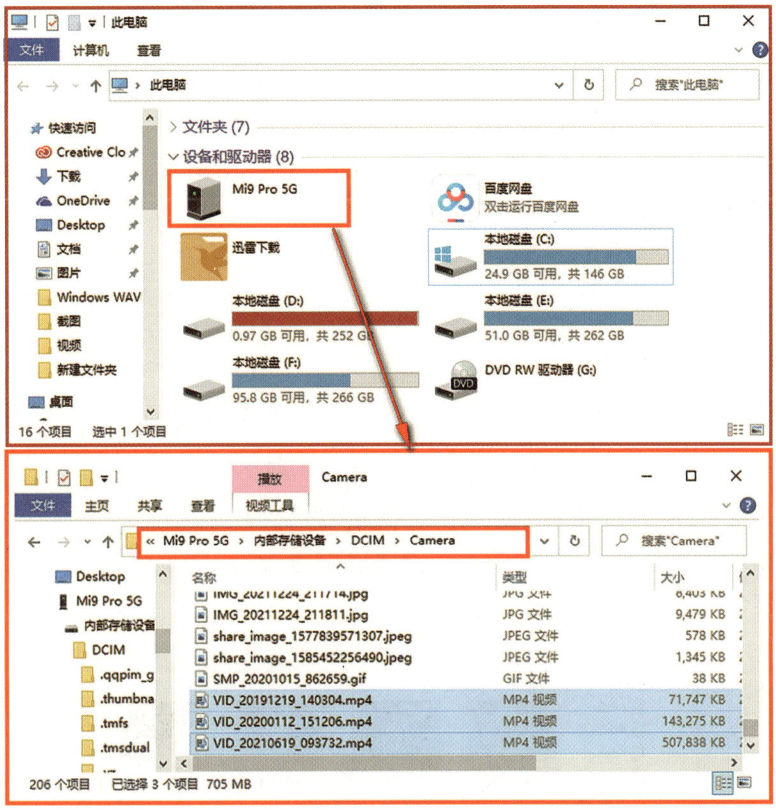

图 1-11

小提示

其他设备如DV、运动相机等使用存储卡的数码产品虽然可以通过读卡设备由计算机直接访问，但为了便于处理，不管是哪种设备采集到的素材，都需要把存储卡中的素材复制出来，并存放于系统分区外且剩余磁盘空间较大的分区中。

说明

Premiere所支持的导入视频格式包括：3GP、AVI、DV、H.264/AVC、MOV、MP4、MTS、MXF、MPEG、VOB、WMV等。一般安卓系统手机录制的视频格式是3GP或者MP4格式的，iOS系统手机录制的视频是MOV格式的，通常这些视频可以直接导入Premiere软件。如果遇到无法导入的情况，最简便的方法是通过一个可以打开视频的转码器，如格式工厂等转换一下视频格式，如图1-12所示。注意，在输出设置时选择Premiere支持的视频编码，如图1-13所示。本项目所用的素材片段转换为AVI格式文件，读者可在配套素材“项目1素材”文件夹中的“视频”文件夹进行查看。

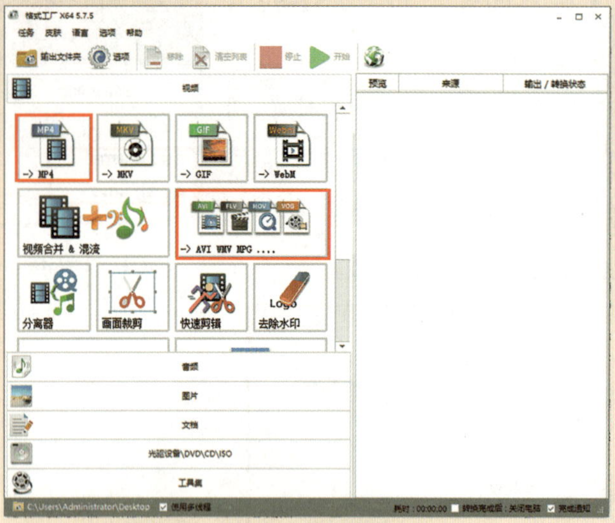

图　1-12

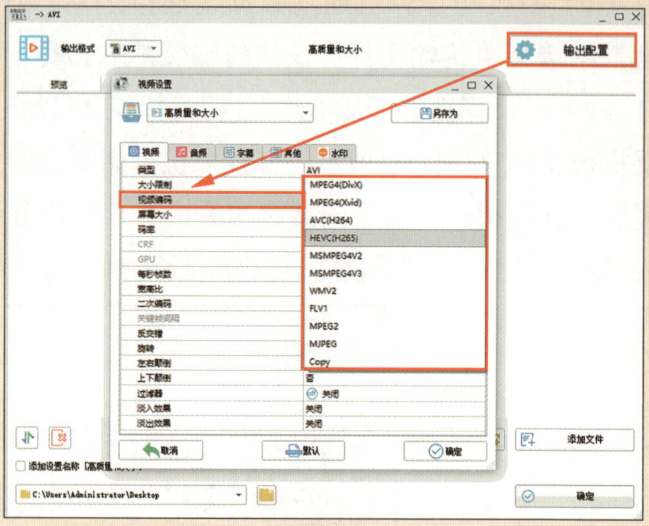

图　1-13

2. 导入并剪辑素材

1）导入视频文件。执行“文件”→“导入”命令（或按<Ctrl+I>快捷键），打开“导入”对话框，在对话框中找到存储的视频文件。如图1-14所示，单击“导入”对话框下方的“打开”按钮，将其导入“项目”面板中。

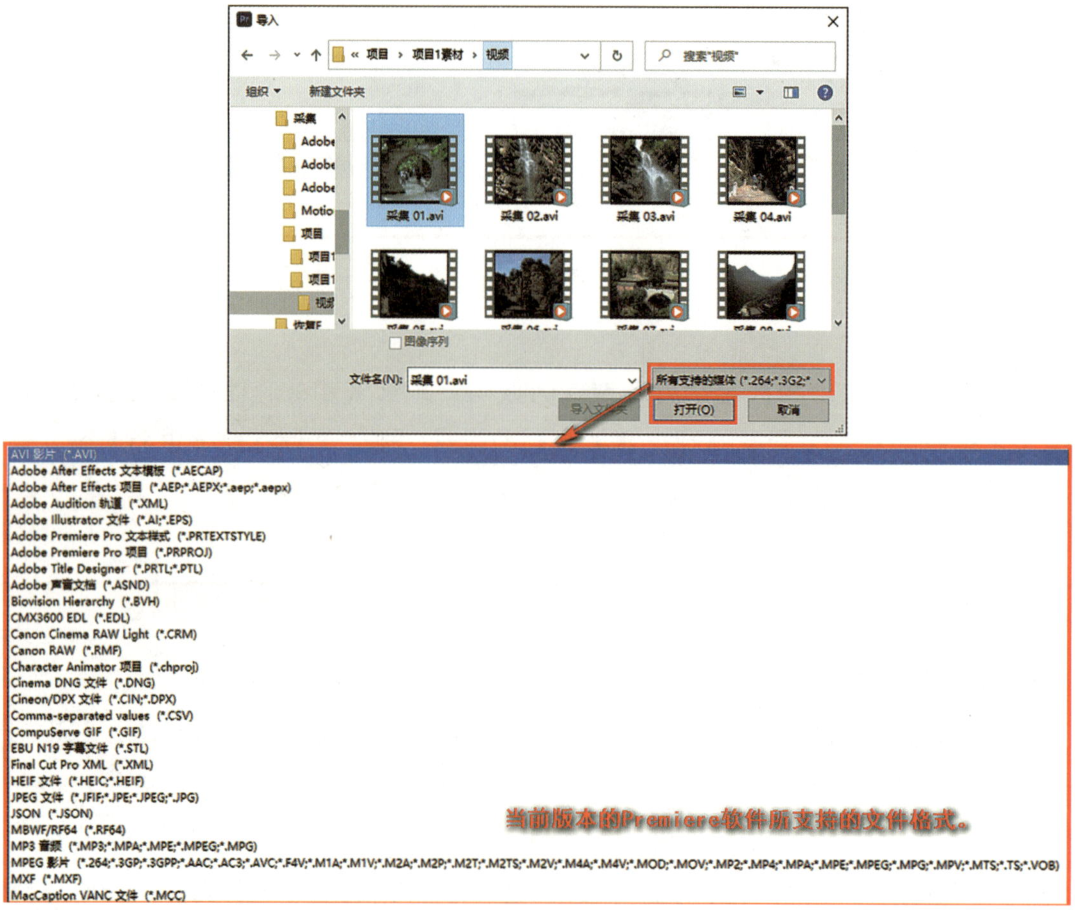

图　1-14

在“项目”面板中双击该文件图标，在“源监视器”面板中将其打开，如图1-15所示。

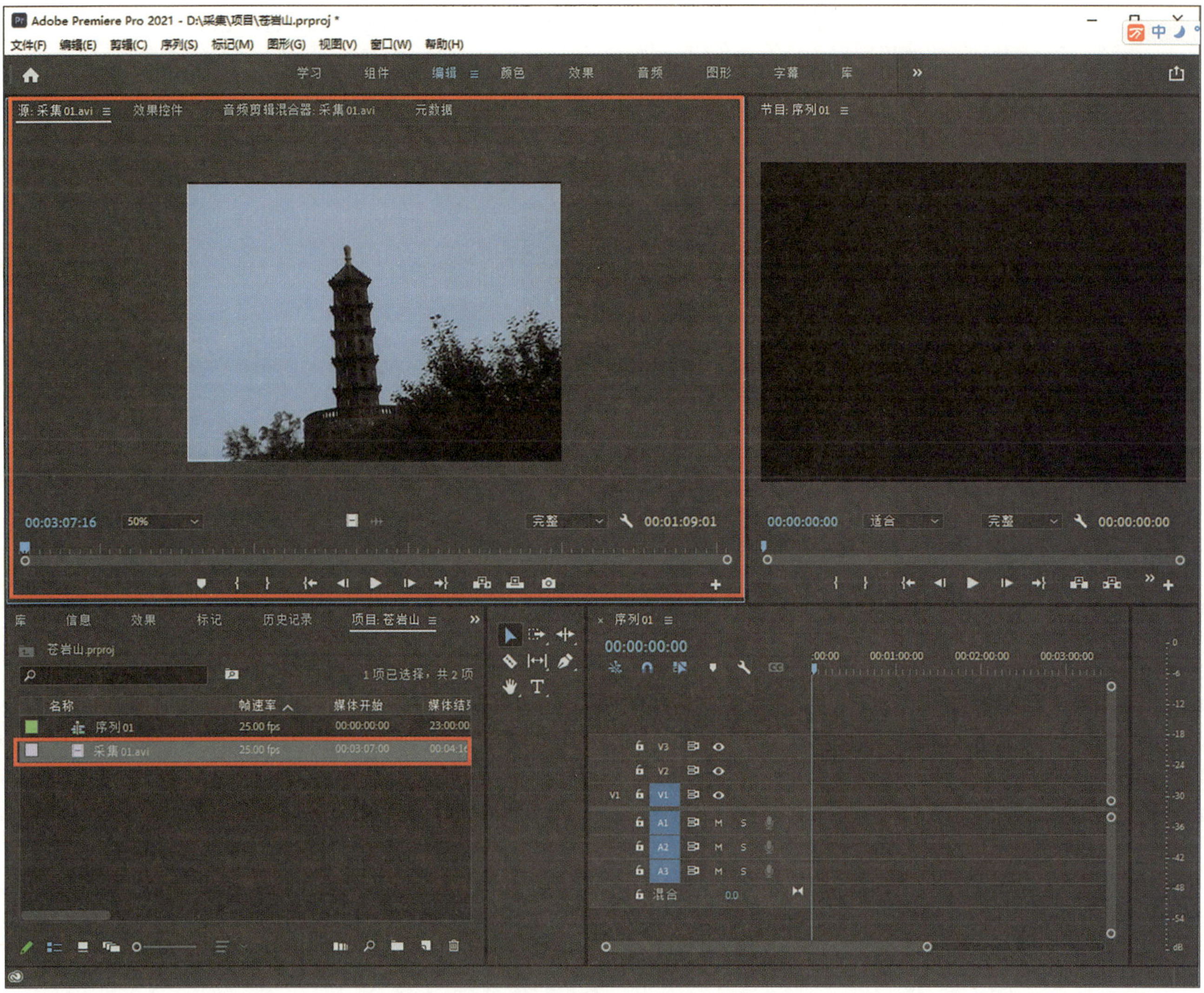

图　1-15

2）剪辑素材。剪辑之前先拖动“时间指示器”到00:02:38:24处，单击“标记入点”按钮，设置入点，再次拖动“时间指示器”到00:03:25:19处，并单击“标记出点”按钮设置出点，则入点和出点之间的部分为要剪辑的视频片段，如图1-16所示。

图　1-16

3）分离视频。回到“源监视器”面板，在视频上右击，在弹出的快捷菜单中选择“制作子剪辑”命令，在弹出的对话框中输入剪辑视频名称后单击“确定”按钮，如图1-17所示。

4）所剪辑的视频素材片段会在“项目”面板中以离线的形式出现，如图1-18所示。

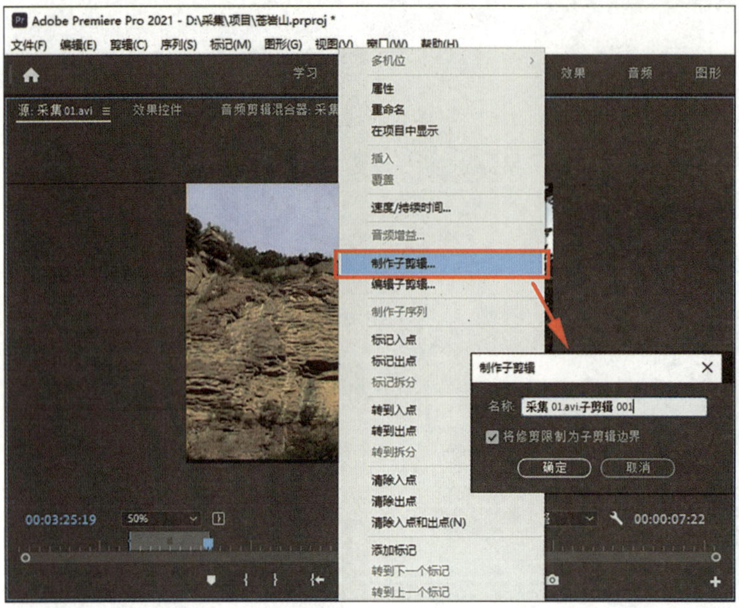

图 1-17

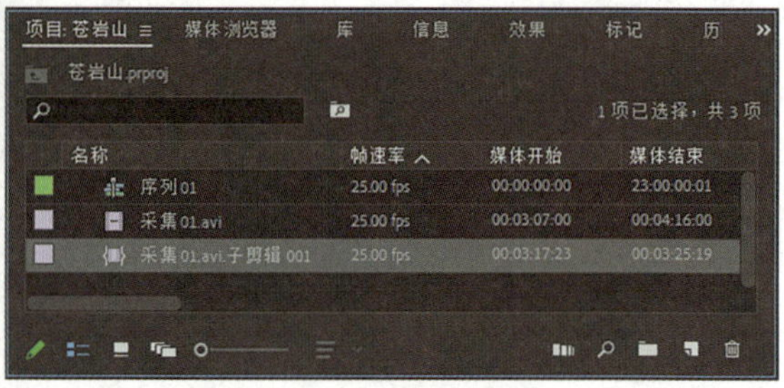

图 1-18

三、导入音频素材

执行“文件”→“导入”命令（或按<Ctrl+I>快捷键），打开“导入”对话框。在对话框中找到配套资源中的“项目1\项目1素材”文件夹，选中其中的“音乐.mp3”音频文件，单击“导入”对话框下方的“打开”按钮，将其导入“项目”面板中，如图1-19所示。

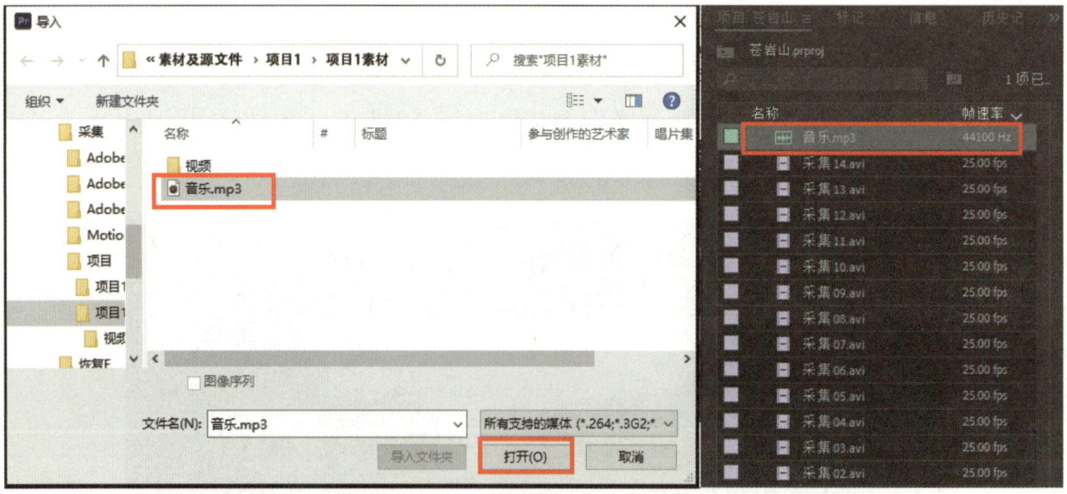

图 1-19

小提示

读者可以再次执行“文件”→“导入”命令，打开“导入”对话框。将配套资源中“项目1素材\视频”文件夹中的“采集02.avi”～“采集14.avi”素材文件选中，导入“项目”面板中。

在“导入”对话框中进行素材文件的选择时，可以按<Ctrl+A>快捷键选择全部文件，或配合<Shift>键进行连续多个素材文件的选择，或配合<Ctrl>键进行多个不连续素材文件的选择。

四、组接素材

1）在“项目”面板中，双击“采集 09.avi”素材，在“源监视器”面板中将其打开。单击面板下方的“播放”按钮或拖动“时间指示器”，对素材进行预览。在00:09:24:18 处，单击“标记入点”按钮，设置素材的入点；在00:09:32:00处，单击“标记出点”按钮，设置素材的出点；再单击“插入”按钮，将其添加到时间轴序列中，如图1-20所示。

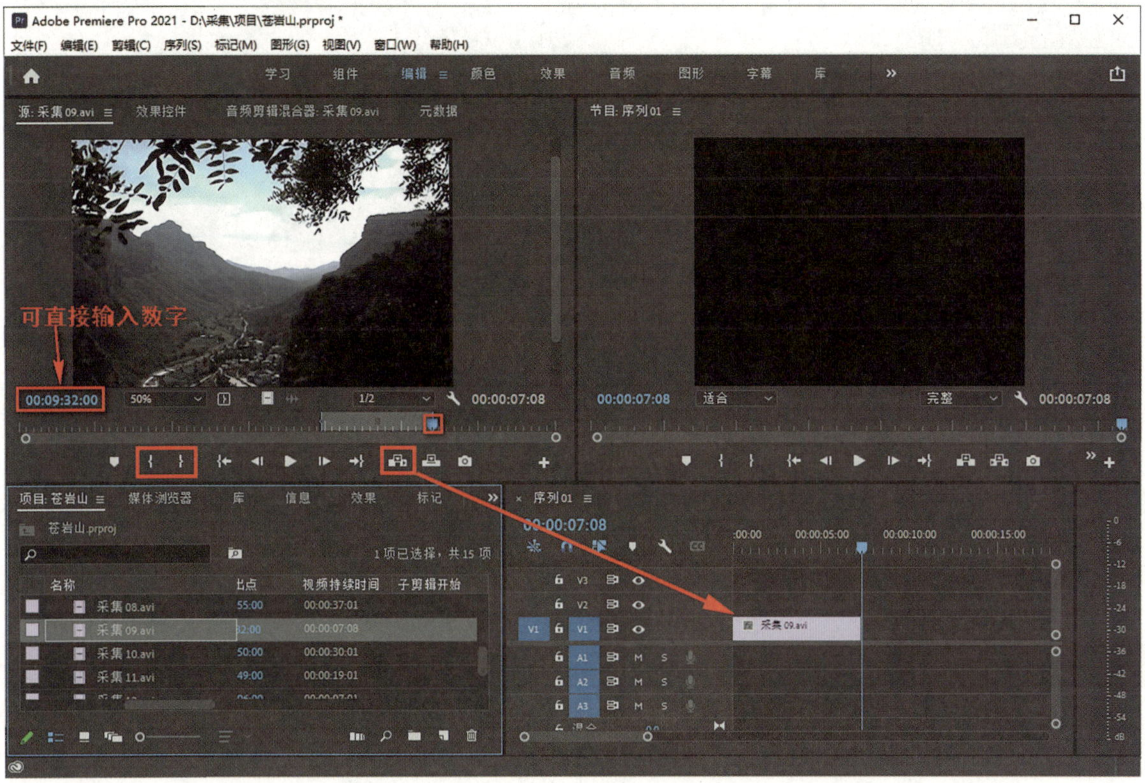

图　1-20

小提示

拖动“时间轴”面板左下方的“缩放滑块”，可以改变时间标尺的显示比例，如图1-21所示。

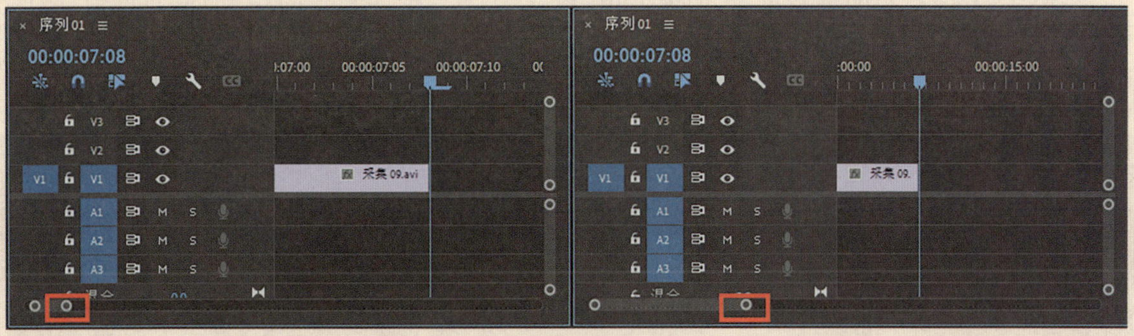

图　1-21

2）在“项目”面板中，双击“采集 08.avi”素材，在“源监视器”面板中将其打开。在00:08:34:24处，设置素材的入点；在00:08:38:24处，设置素材的出点；单击“插入”按钮，将其添加到时间轴序列中（“采集 09.avi”素材片段的后面），如图1-22所示。

图　1-22

3）采用同样的方法，分别对其他素材进行入点和出点的设置（可参考表1-1），并添加它们到时间轴序列中，如图1-23所示。

表　1-1

镜　　号	素 材 名 称	入　　点	出　　点	镜　　号	素 材 名 称	入　　点	出　　点
3	采集01.avi	00:04:07:14	00:04:13:14	14	采集02.avi	00:04:32:22	00:04:41:04
4	采集01.avi	00:03:46:21	00:03:49:04	15	采集03.avi	00:05:06:09	00:05:08:11
5	采集01.avi	00:04:00:18	00:04:02:22	16	采集03.avi	00:05:22:02	00:05:24:01
6	采集01.avi	00:03:51:06	00:03:53:03	17	采集12.avi	00:13:01:16	00:13:03:15
7	采集10.avi	00:11:20:21	00:11:25:09	18	采集04.avi	00:05:40:23	00:05:48:22
8	采集10.avi	00:11:44:20	00:11:46:22	19	采集07.avi	00:07:47:13	00:07:57:17
9	采集10.avi	00:11:28:13	00:11:41:06	20	采集06.avi	00:06:52:24	00:07:00:16
10	采集05.avi	00:06:05:00	00:06:13:15	21	采集13.avi	00:13:21:06	00:13:23:05
11	采集05.avi	00:06:18:01	00:06:25:01	22	采集01.avi	00:03:12:06	00:03:14:12
12	采集05.avi	00:06:28:22	00:06:37:08	23	采集14.avi	00:13:40:00	00:13:45:00
13	采集11.avi	00:12:43:21	00:12:46:16				

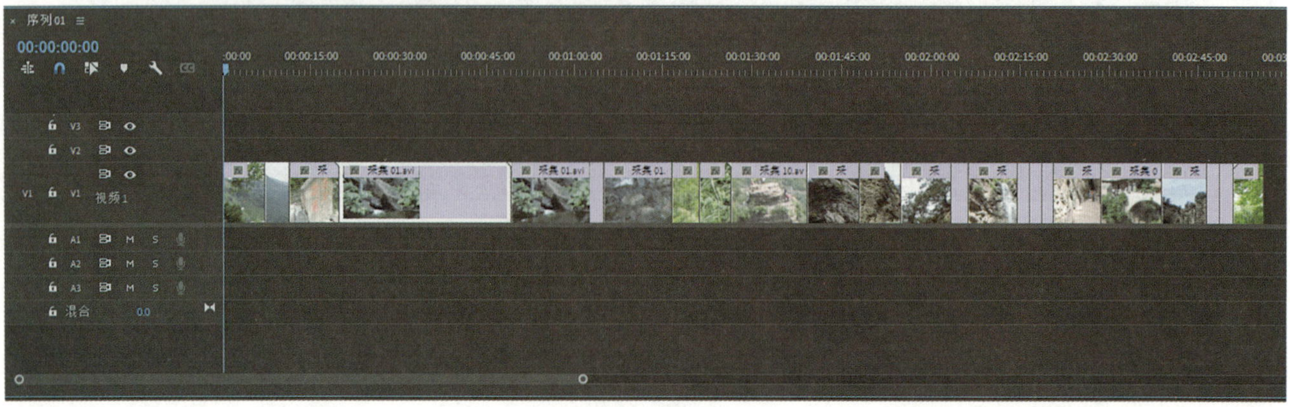

图　1-23

小提示

“时间轴”面板和“节目监视器”面板中的“时间指示器”是同步的，可以通过拖曳改变两个面板中的任何一个“时间指示器”的位置或者通过“节目监视器”面板中的播放按钮来预览视频（见图1-24），确认编辑效果，检查剪辑的视频内容是否有错漏重复、顺序是否错误等。

图　1-24

五、制作字幕

1. 片头字幕的制作

扫一扫
查看教学视频

1）将当前“时间指示器”置于00:00:00:00处，执行“文件”→“新建”→“旧版标题”命令，打开“新建字幕”对话框，输入字幕名称“片头文字”，如图1-25所示。单击“确定”按钮关闭对话框，调出“字幕”面板，如图1-26所示。

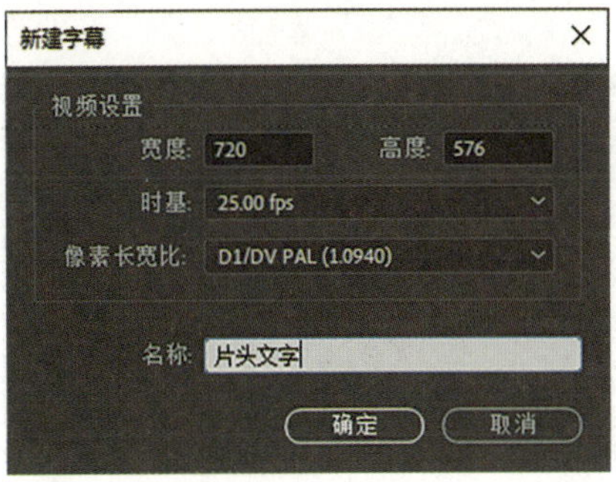

图　1-25

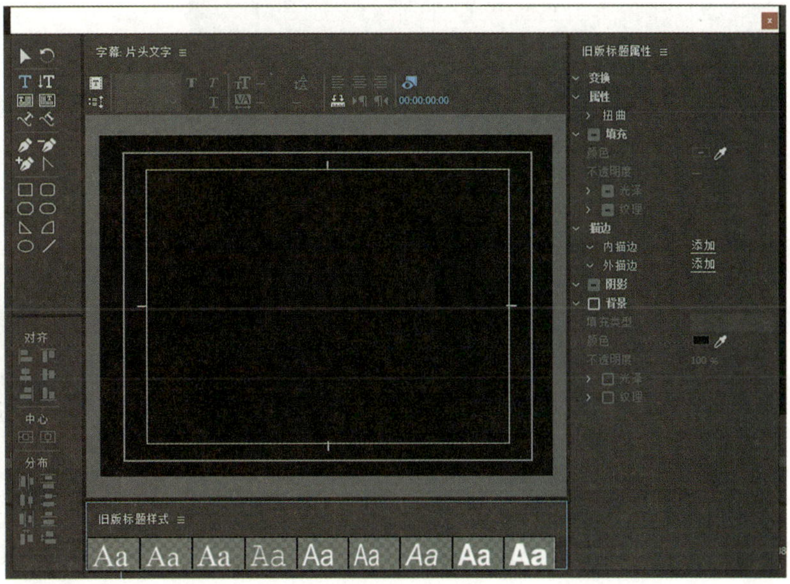

图　1-26

2）在“字幕”面板中输入片头文字并设置字体、字号及位置。在绘制区域单击要输入文字的开始点，出现闪动光标，输入片头文字“苍岩山风光”，输入完毕后单击左侧工具箱中的“选择工具”按钮▶结束输入。保持文本的选中状态，在右侧“属性”选项区中设置“字体系列”为“华文行楷”、“字体大小”为“67.0”；在“变换”选项区中设置“X位置”参数值为“385.1”、“Y位置”参数值为“240.6”。具体如图1-27所示。

图 1-27

3）设置片头文字的颜色及阴影效果。

设置文本填充颜色为红色（R:247、G:9、B:9），为其添加“外描边”，设置“大小”值为“25.0”，颜色为白色。

对文本添加投影：选中“阴影”复选框，设置“不透明度”值为“75%”、“角度”值为“−225.0°”、“距离”值为“5.0”、“扩展”值为“17.0”，如图1-28所示。

关闭“字幕”面板，“片头文字”字幕素材出现在“项目”面板中，如图1-29所示。

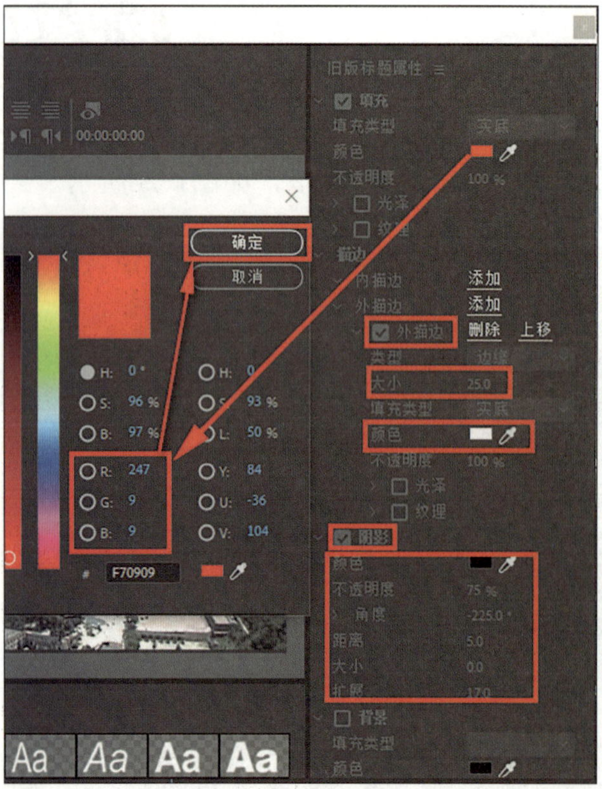

图 1-28

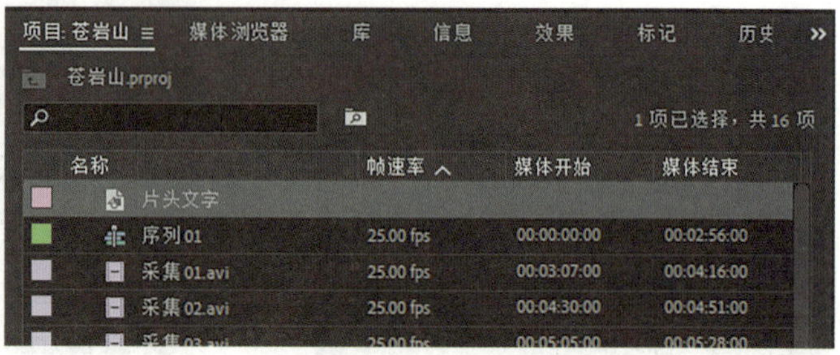

图 1-29

2. 第1部分简介文字的制作

1）执行“文件”→“新建”→“旧版标题”命令，弹出“新建字幕”对话框，输入字幕名称“简介-1”，单击“确定”按钮关闭对话框，调出“字幕”面板。

2）输入并编辑简介文字。

单击左侧工具箱中的“文本工具”按钮T，在绘制区域单击要输入文字的开始点，出现闪动光标，输入第一段简介文字（文字内容请参见配套素材“项目1素材”文件夹中“文字简介.docx”文件的第一段）。输入完毕后，单击“选择工具”按钮结束输入。

保持文本的选中状态，在右侧“旧版标题属性”选项区域中，设置“X位置”参数值为“1080.0”，设置“Y位置”参数值为“523.0”；在“字体系列”列表中选择“华文细黑”字体，“字体大小”设为“30.0”；设置文本填充颜色为白色；为其添加“外描边”，设置“大小”值为“45”、颜色为黑色。具体如图1-30所示。

3）单击“滚动模式”按钮，弹出“滚动/游动选项”对话框。按图1-31所示进行设置，完成后单击“确定”按钮，关闭对话框。

图　1-30

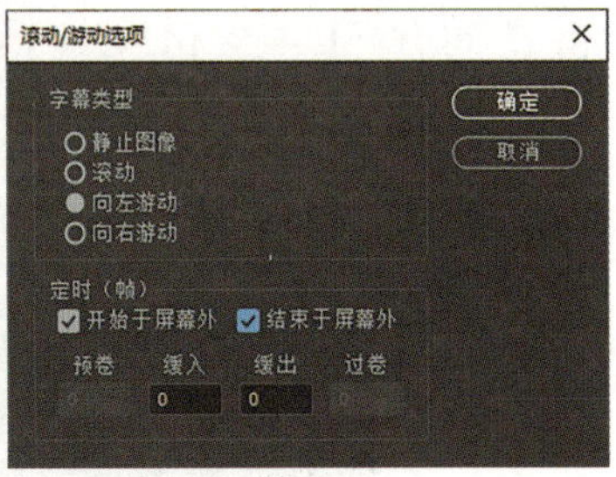

图　1-31

小提示

选中“开始于屏幕外”和“结束于屏幕外”复选框的作用是使字幕从屏幕外面滚动进入，并且在结束时滚动出屏幕。

4）关闭“字幕”面板，“简介-1”字幕素材也出现在“项目”面板中。

3. 第2部分简介文字的制作

1）执行“文件”→“新建”→“旧版标题”命令，弹出“新建字幕”对话框，输入字幕名称“简介-2”，单击“确定”按钮关闭对话框，调出“字幕”面板。

2）输入文本内容为配套资源“文字简介.docx”文件的第2段，“X位置”的参数值为“1000.9”，其余各项参数设置均与“简介-1”字幕素材相同。

4. 第3部分简介文字的制作

1）执行“文件”→“新建”→“旧版标题”命令，弹出“新建字幕”对话框，输入字幕名称“简介-3”，单击“确定”按钮关闭对话框，调出“字幕”面板。

2）输入文本内容为配套资源“文字简介.docx”文件的第3段，“X位置”的参数值为“1339.7”，其余各项参数设置均与“简介-1”字幕素材相同。

六、添加字幕至序列中

1）将当前“时间指示器”置于00:00:00:00处，从“项目”面板中，将“片头文字”素材文件拖到“时间轴”面板的“V2”轨道中，如图1-32所示。

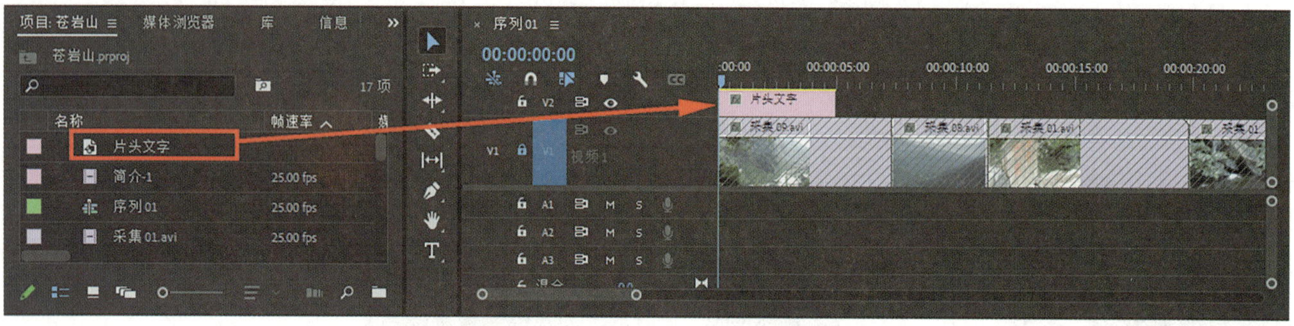

图 1-32

2）在“V2”轨道中的“片头文字”素材文件上右击，在弹出的快捷菜单中选择“速度/持续时间”命令，打开“剪辑速度/持续时间”对话框，设置“持续时间”为00:00:04:00，即4s，如图1-33所示。单击“确定”按钮关闭对话框。

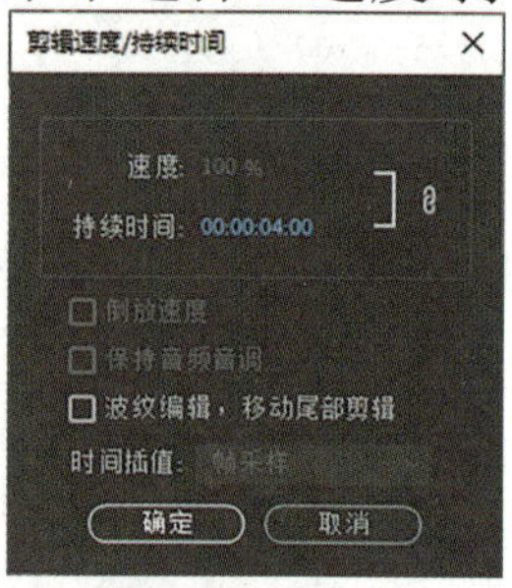

图 1-33

3）将当前“时间指示器”置于00:00:07:08处，从“项目”面板中，将“简介-1”素材文件拖至“V2”轨道；在其上右击，在弹出的快捷菜单中选择“速度/持续时间”命令，在弹出的对话框中设置“持续时间”为00:00:30:00，即30s。“时间轴”面板如图1-34所示。

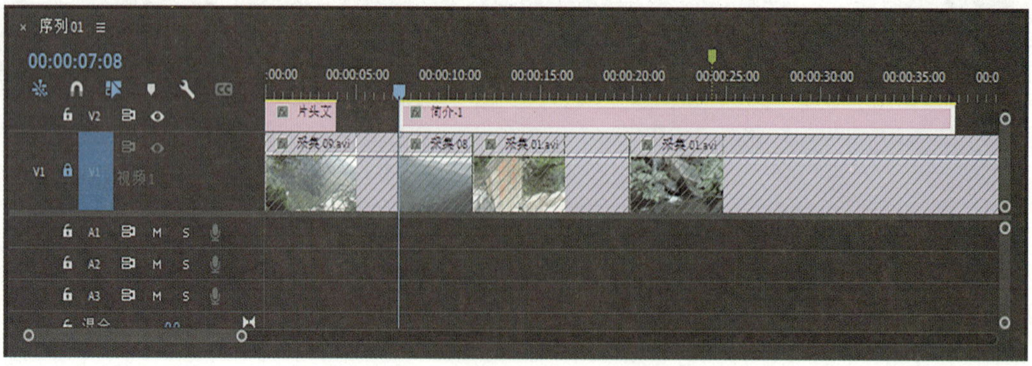

图 1-34

4）将当前“时间指示器”置于00:00:44:19处，从“项目”面板中，将“简介-2”素材文件拖至“V2”轨道；在其上右击，在弹出的快捷菜单中选择“速度/持续时间”命令，在弹出的对话框中设置“持续时间”为00:00:30:00。“时间轴”面板如图1-35所示。

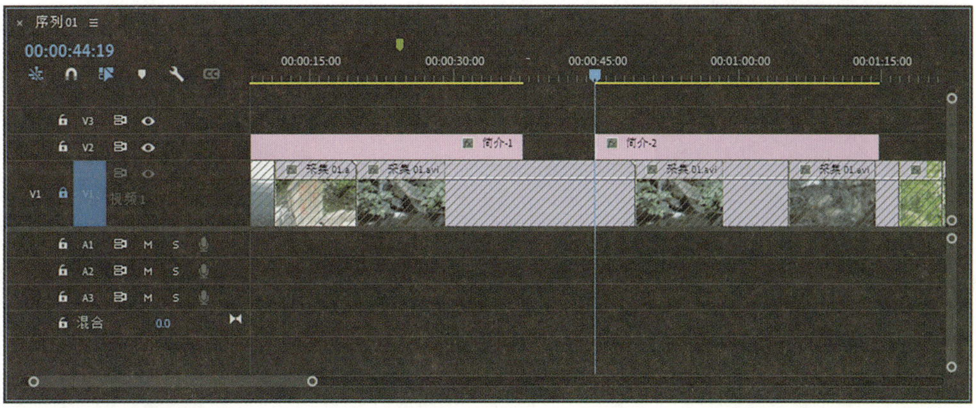

图　1-35

5）将当前“时间指示器”置于00:01:24:00处，从“项目”面板中，将“简介-3”素材文件拖至“V2”轨道；在其上右击，在弹出的快捷菜单中选择“速度/持续时间”命令，在弹出的对话框中设置“持续时间”为00:00:30:00。“时间轴”面板如图1-36所示。

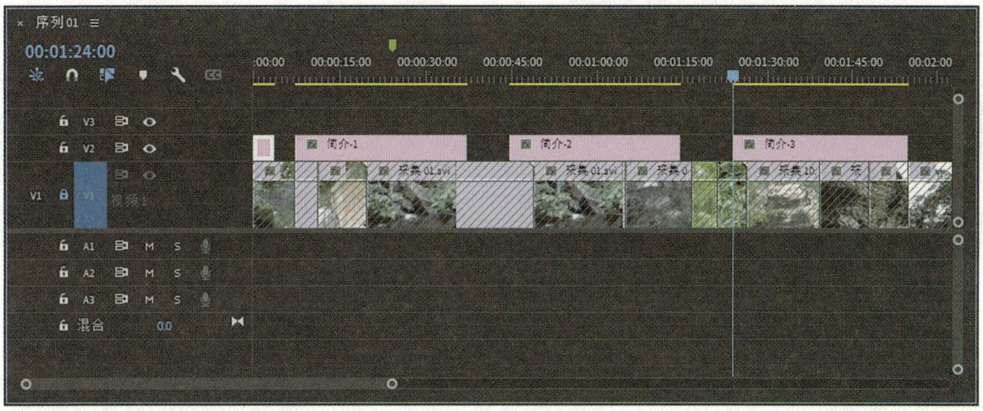

图　1-36

七、为素材添加转场效果

扫一扫
查看教学视频

1）在“效果”面板中，展开“视频过渡”文件夹中的“溶解”文件夹，将其中的“交叉溶解”拖到“V2”轨道中素材“片头文字”的入点处，如图1-37所示。

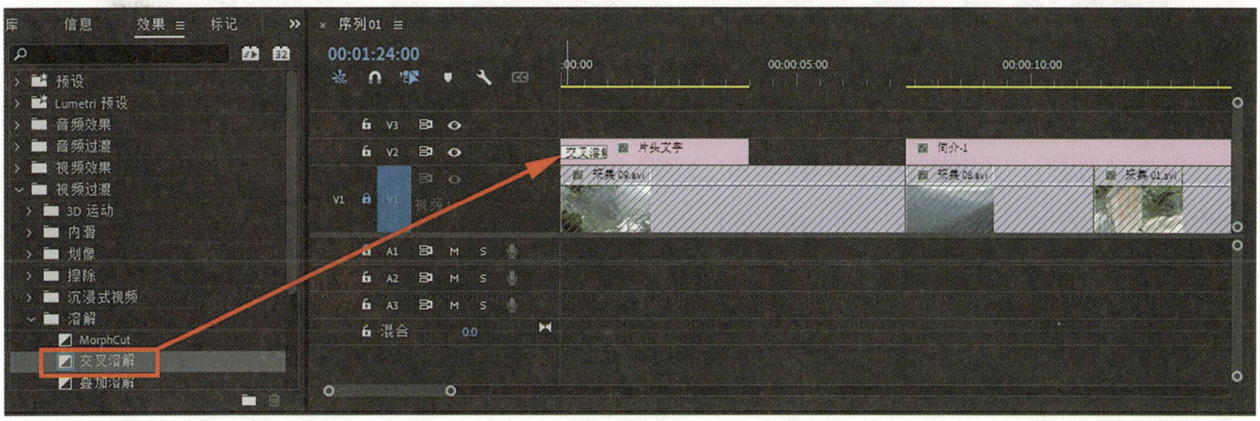

图　1-37

2）在“时间轴”面板中，双击刚添加的“交叉溶解”转场，弹出“设置过渡持续时间”对话框，将“持续时间”设置为00:00:00:20（即20帧），如图1-38所示。

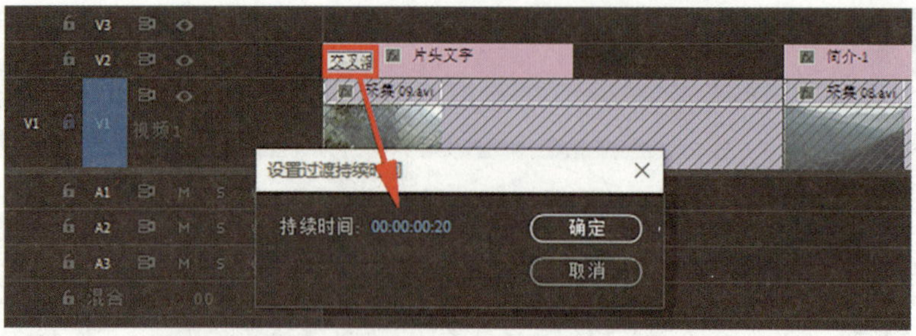

图 1-38

3）从“效果”面板中，将“交叉溶解”拖至“V2”轨道中素材“片头文字”的出点处，如图1-39所示。

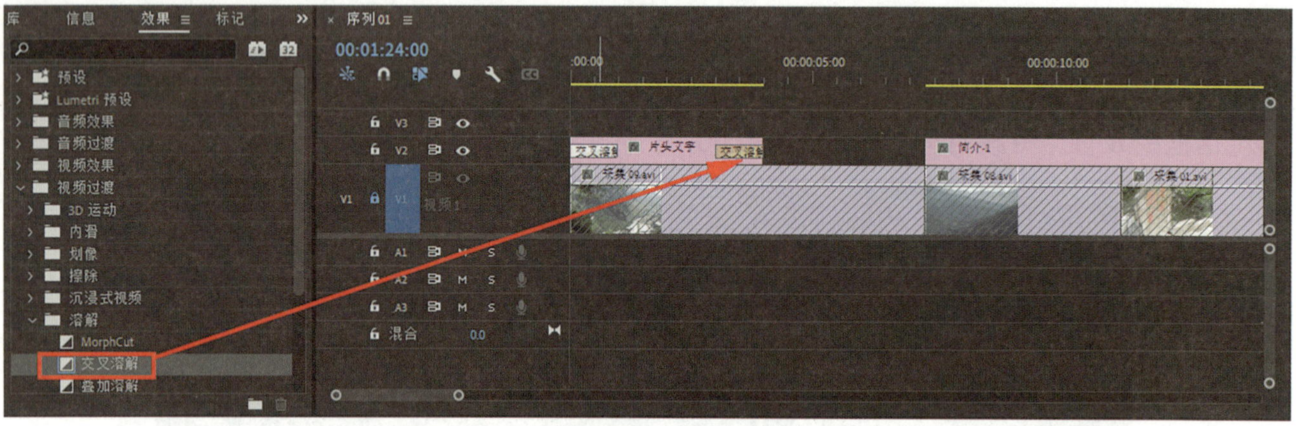

图 1-39

同样设置转场的持续时间为20帧，此时“时间轴”面板如图1-40所示。

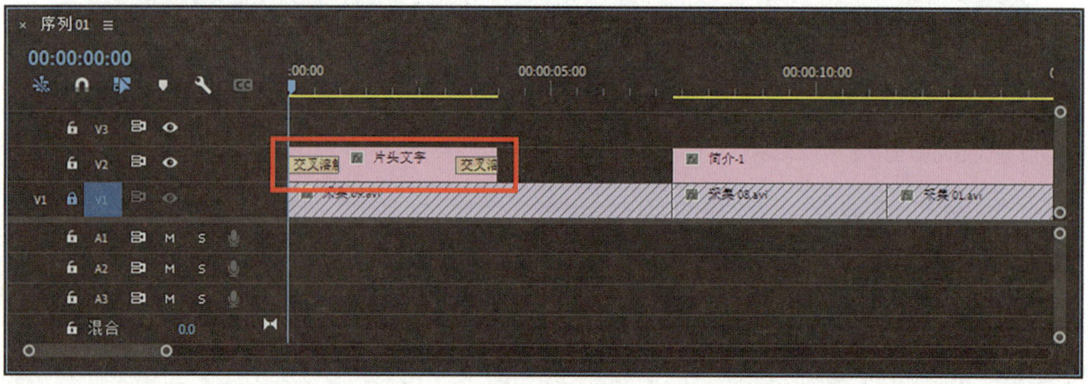

图 1-40

4）从“效果”面板中，将“交叉溶解”拖至“V1”轨道中第一个素材片段“采集09.avi”的入点处；双击刚添加的“交叉溶解”转场，弹出“设置过渡持续时间”对话框，将“持续时间”设置为00:00:01:05（即30帧）。

5）将“效果”面板中的“交叉溶解”分别拖至“V1”轨道中下面几个位置。

①“采集08.avi”与“采集 01.avi”之间，即00:00:11:09处。

②“采集11.avi”与“采集 02.avi”之间，即00:01:10:08处。

③“采集 03.avi”与“采集 12.avi”之间，即00:01:22:19处。

④ 最后一个素材片段“采集 14.avi”的出点处。

将各个转场的持续时间均设置为20帧，即将“设置过渡持续时间”对话框中“持续时间”

设置为00:00:00:20。

“时间轴”面板如图1-41所示。

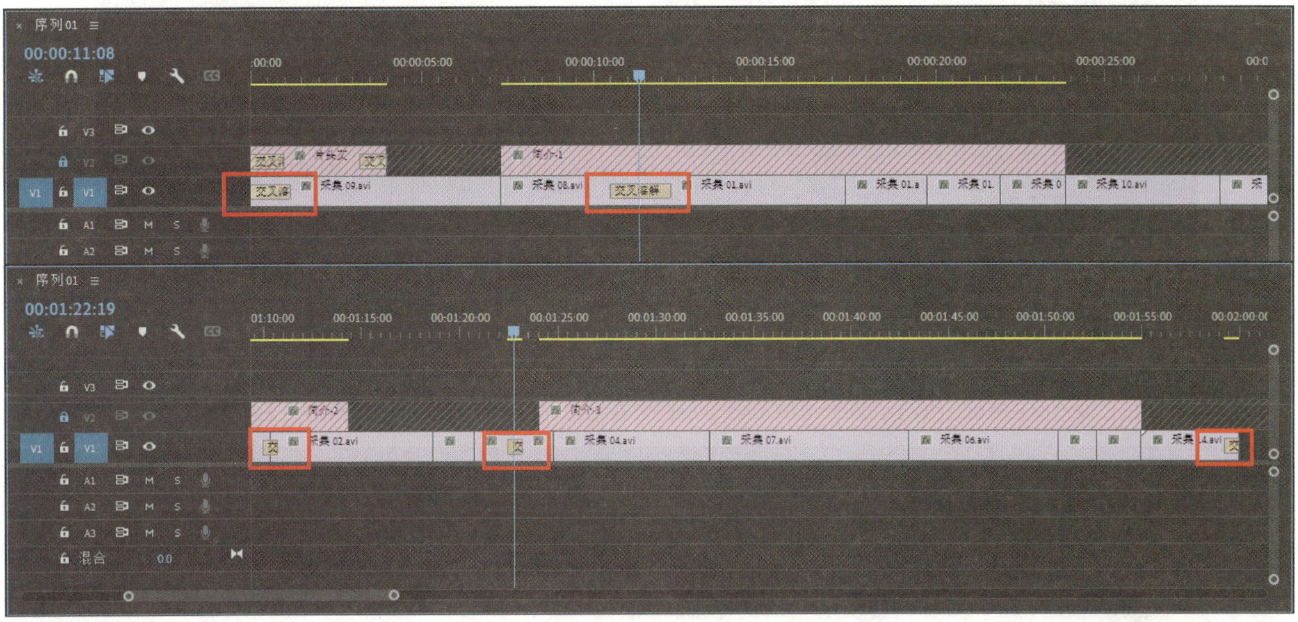

图 1-41

八、添加音频素材

1）将当前“时间指示器”置于00:00:00:00处，从“项目”面板中，将“音乐.mp3”素材拖至“A1”轨道，如图1-42所示。

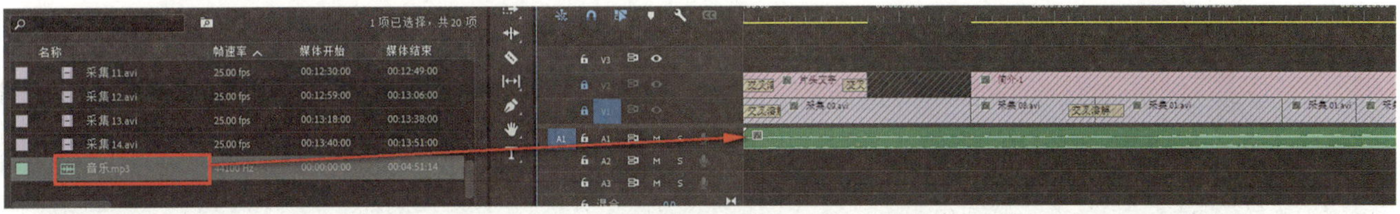

图 1-42

2）将当前“时间指示器”置于00:02:00:00处，单击“工具”面板中的“剃刀”工具，再在“音乐.mp3”素材当前“时间指示器”处单击，在此处将其分割为两部分，如图1-43所示。

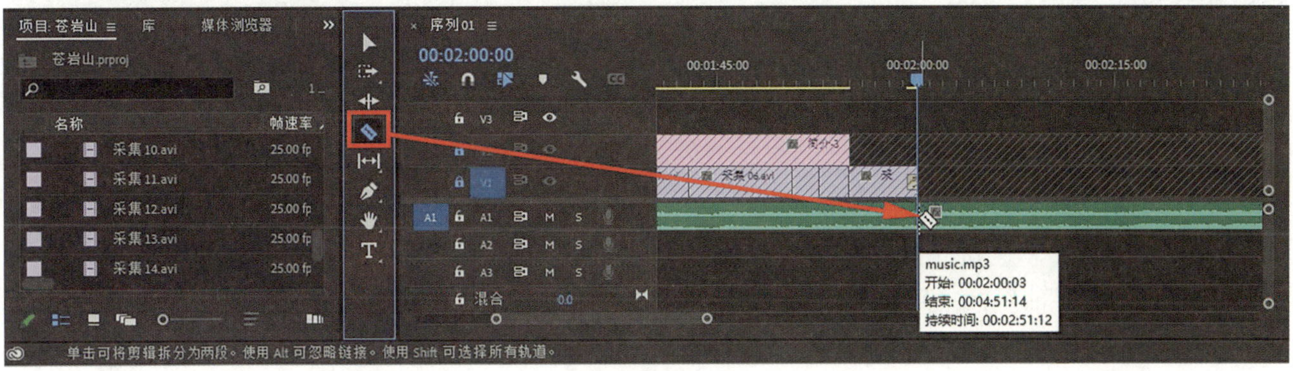

图 1-43

3）单击“工具”调板中的“选择”工具，再单击“音乐.mp3”素材被分割出的后半部分，将其选中，如图1-44所示。按<Delete>键将其删除。

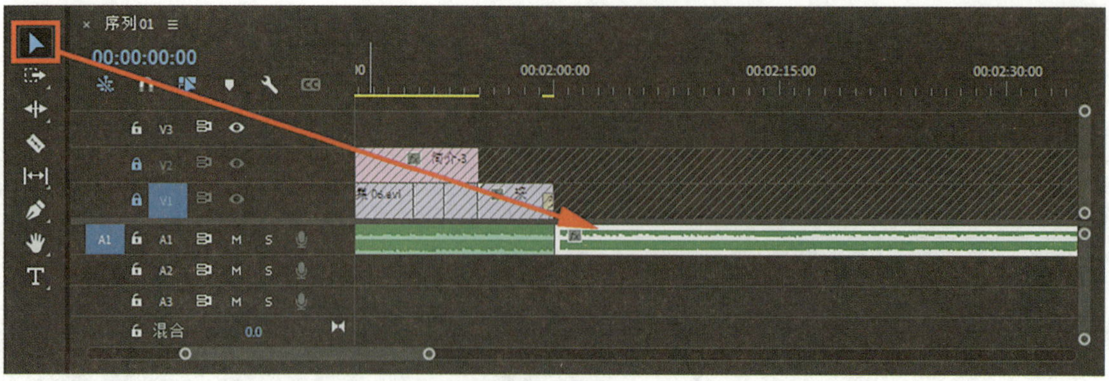

图　1-44

4）在“效果”面板中，展开“音频过渡”文件夹中的“交叉淡化”文件夹，将其中的“恒定功率”拖至“A1”轨道中素材片段“音乐.mp3”的出点处，如图1-45所示。

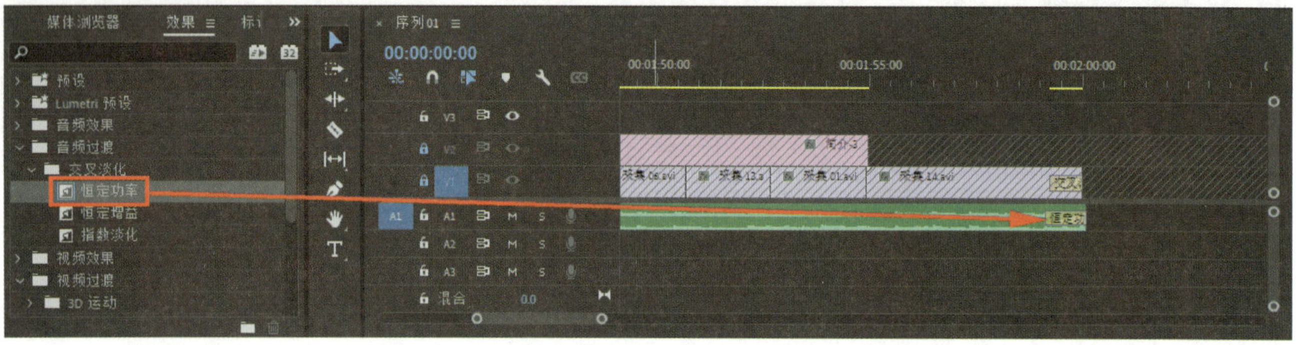

图　1-45

5）双击“A1”轨道中刚添加的“恒定功率”转场，弹出“设置过渡持续时间”对话框，将“持续时间”设置为00:00:02:00（即2s）。此时，“时间轴”面板如图1-46所示。

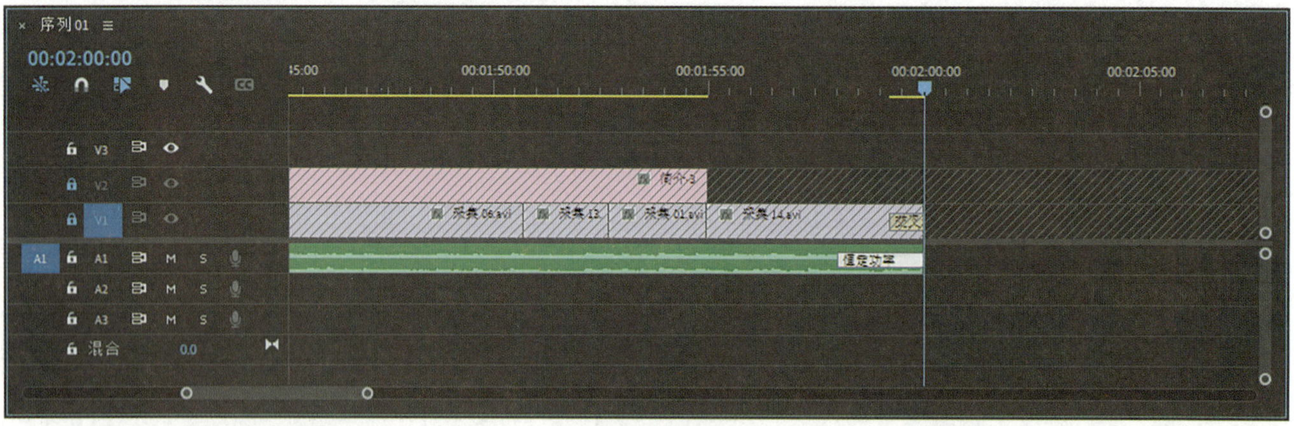

图　1-46

九、输出影片

1）在“时间轴”面板或“节目监视器”面板中的任意位置单击，以激活面板。

2）执行“文件”→“导出”→“媒体”命令，打开“导出设置”对话框。指定输出“格式”为“AVI”；指定输出影片的保存路径及文件名，本项目中命名为“旅游留念.avi”；确认“导出视频”和“导出音频”复选框处于选中状态，即输出带音/视频文件；单击“导出”按钮，开始影片的渲染输出。具体如图1-47所示。

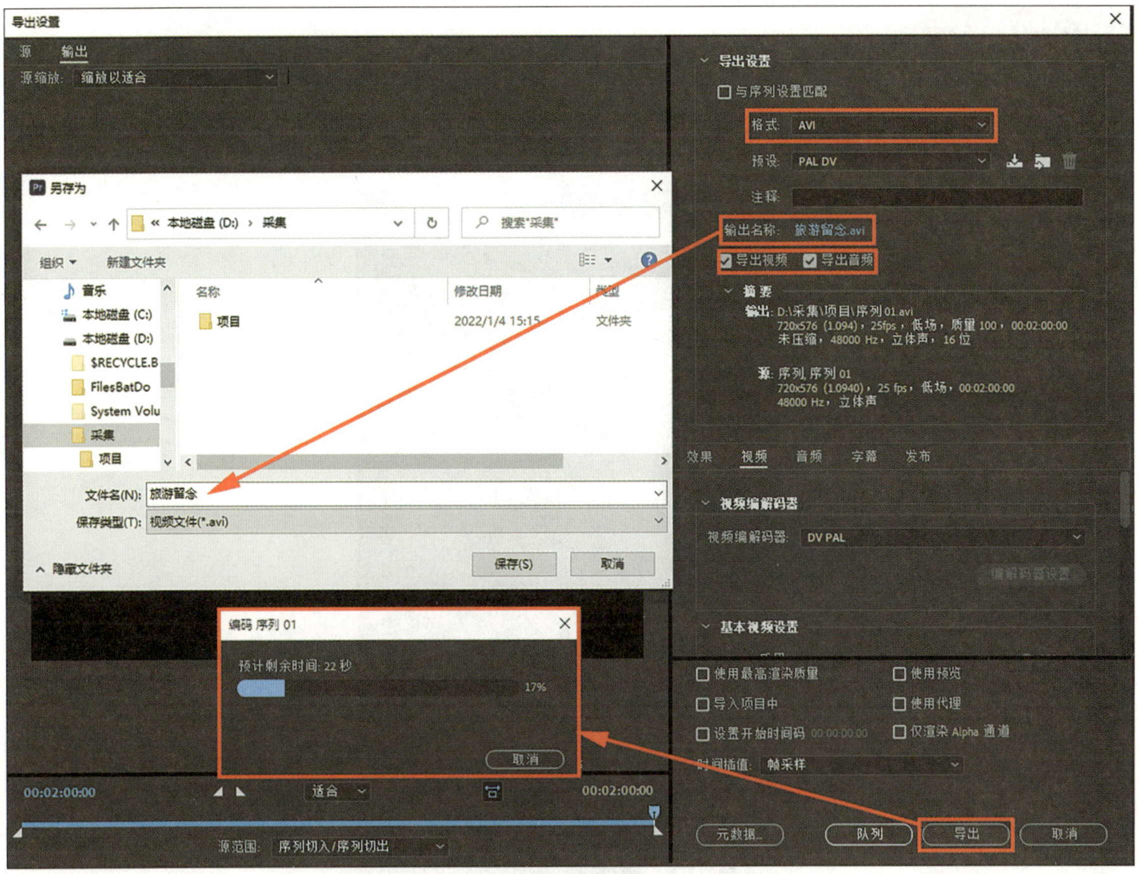

图　1-47

小提示

建议在影片导出前先通过“节目监视器”面板上的“播放”按钮或拖动“时间指示器”，预览检查一遍视频的画面内容、字幕、声音是否有问题，严谨认真地对待自己的作品。

等渲染完毕后，即可用播放器观看影片效果，如图1-48所示。

图　1-48

知识加油站

Premiere还可以输出其他格式的影片。在“导出设置”对话框中，可以选择预输出的文件格式，并进行相应的参数设置，如图1-49所示。

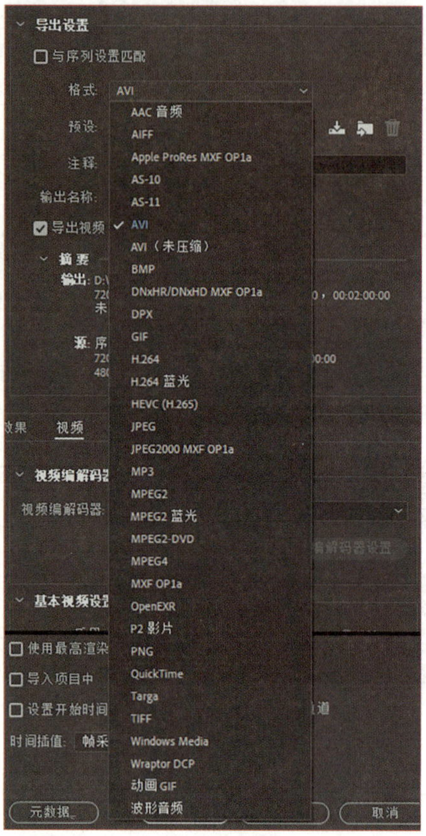

图 1-49

设置完成后，单击“导出”按钮，即开始影片的渲染输出。

触类旁通

本项目展现了利用Premiere软件从素材采集到最终影片输出的一个较为完整的制作过程。其中有两点需要注意：

1）采集素材。这里以手机为例，主要介绍了使用数据线把手机中的素材导入软件的方法，以及从存储卡较大视频中采集素材的方法。

2）编辑素材。主要是对于素材入点、出点的设置及在序列中进行整合。

小提示

在影片的编辑过程中，往往还需要对素材添加效果（视频&音频效果）、设置动画关键帧等，读者可参见本书后面的内容。

对于音频素材的编辑，还可以使用Adobe Audition和Adobe Soundbooth软件。这两个软件可以实现音频素材更为高级、复杂的编辑操作。

实战强化

长亭外，古道边，芳草碧连天。

晚风拂柳笛声残，夕阳山外山。

天之涯，地之角，知交半零落。

一壶浊酒尽余欢，今宵别梦寒……

《送别》是一首由艺术家李叔同作词的中文歌曲，几十年来经久不衰，曾被选为《早春二月》《城南旧事》等电影的插曲。2004年9月30日，《送别》入选中宣部、中央文明办等单位为庆祝中华人民共和国成立55周年而评选的“百首爱国主义教育歌曲”。歌曲运用了借景抒情的艺术创作手段，通过一些具有送别特征的客观景物，抒发了作者送别好友的复杂心绪。歌词清新淡雅，情真意挚，曲调婉转悠扬，意境深远。

人有悲欢离合，请大家结合歌词利用手机拍下身边相关意境的事物，积累若干视频素材片段，结合本项目配套素材中提供的歌词文本及音频文件，使用Premiere软件剪辑制作一部音乐短片。

制作要求：

1）影片时长为90～150s。

2）乐曲需适当剪辑，内容要相对完整，长度要与视频长度保持一致。

3）视频素材的剪辑组接要有连贯性，转场自然顺畅。

4）片头文字可自选，但要贴合主题，积极向上。

5）影片制作要细致、严谨，注重画面、音乐、字幕的整体协调性，使影片能够音画和谐，展现祖国美丽山河，体现同学、朋友间珍重、不舍之情。

项目2

转场应用——花卉展览

项目情境

沉醉于优美的旋律中，徜徉在花的海洋里，一股股清香扑鼻而来，一年一度的花卉展览要开始了。花木公司的客户带来了一些数字照相机拍摄的花卉照片，要求先制作一个样片，让公司领导审看现场花卉的效果。

制作要求：

1）形式新颖、有特色。

2）各照片间的衔接不生硬，有一定的转场切换方式。

3）有背景音乐的衬托。

项目分析

转场是视频中段落、场景或镜头之间的过渡衔接。在视频编辑中，经常出现前后素材组接后画面效果比较生硬的情况，此时添加转场后就会比较自然，使片子更加流畅、生动。

本项目要制作的花卉展览视频，需要有一种轻松、愉悦的氛围和流畅、动感的视觉效果，所以在编辑过程中，要合理使用多种转场方式对前后两个相邻的画面进行组接，目的就是要让“呆板”的图片“动”起来，通过转场使视频显得活泼而不呆板，还能体现出花卉的种类繁多。通过本项目的学习，可以达到掌握视频中转场效果应用的目的。

在影片开头和结尾部分，设计一个画卷“展开”和“卷起”的动画，分别起到引出后面图片及结束影片的作用，形式较为新颖；同时，选择了相似风格的背景音乐来衬托古风的“画卷”，使整个视频更具特色风格，和谐自然。影片最终的渲染输出效果如图2-1所示。

图　2-1

项目目标

1）掌握导入图片素材和调整图片素材默认持续时间的方法。

2）明确导入PSD分层文件的方法，掌握“导入分层文件”对话框内各个选项的作用。

3）掌握制作图片大小缩放动画、位移动画和颜色变化动画的方法。

4）掌握添加转场效果的方法。

扫一扫
查看教学视频

项目实施

一、新建项目文件

1）启动Premiere软件，单击“新建项目”按钮，打开“新建项目”对话框。

2）在“名称”文本框中输入文件名称“花卉展览”。单击“浏览”按钮，打开“浏览文件夹”对话框，新建或选择存放项目文件的目标文件夹，本项目为“项目2”，单击“确定”按钮，关闭“浏览文件夹”对话框。再单击“新建项目”对话框下方的“确定”按钮，完成项目文件的建立，并关闭“新建项目”对话框。

3）执行“文件”→“新建”→“序列”命令，打开“新建序列”对话框。展开“DV-PAL”文件夹，选择其下的“标准48kHz”（我国目前通用的电视制式），如图2-2所示。单击“确定”按钮，完成制式设置和时间轴序列的创建。

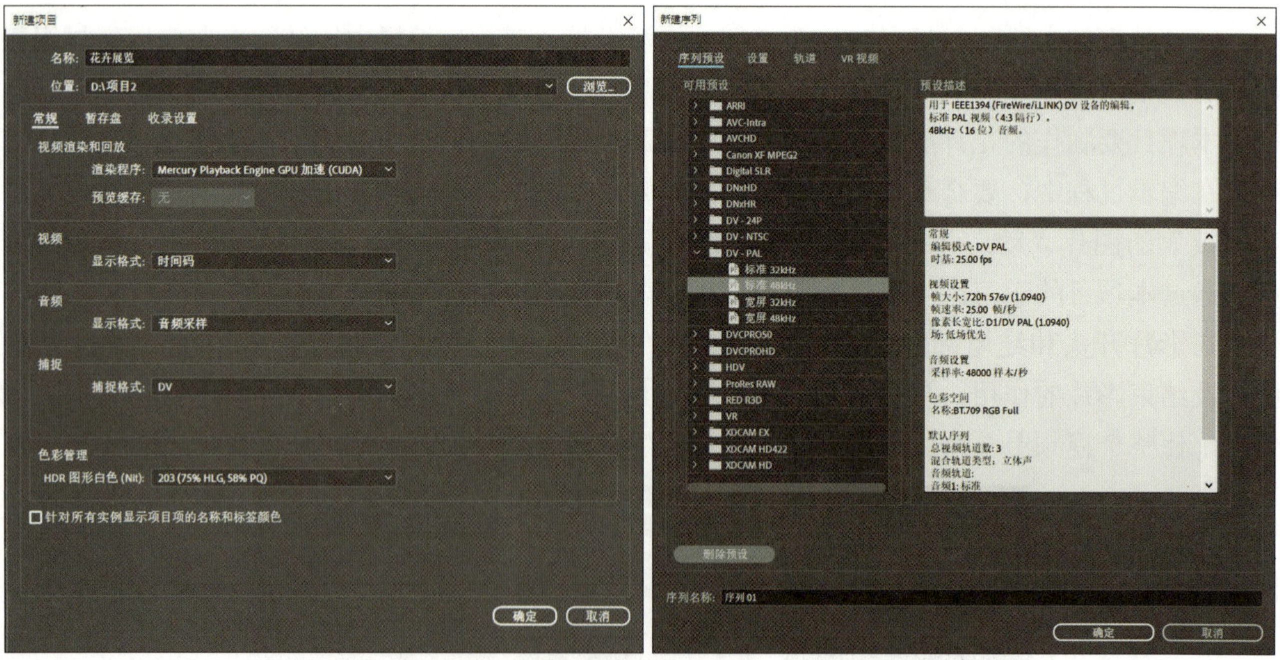

图 2-2

二、导入素材

1. 花卉图片素材的导入

由于将来在制作中需要每幅参与转场操作的图片持续时间都为2s，所以，在导入图片素材前，可以把静止图片默认持续时间设置为50帧，即2s。这样可以提高制作效率。

1）执行“编辑”→“首选项”→“常规”命令，打开“首选项”对话框。单击左侧“时间轴”选项后，将右侧“静止图像默认持续时间”项的数值设置为“50”帧（即将默认导入静止图片的持续时间设置为50帧），如图2-3所示。单击“确定”按钮关闭对话框。

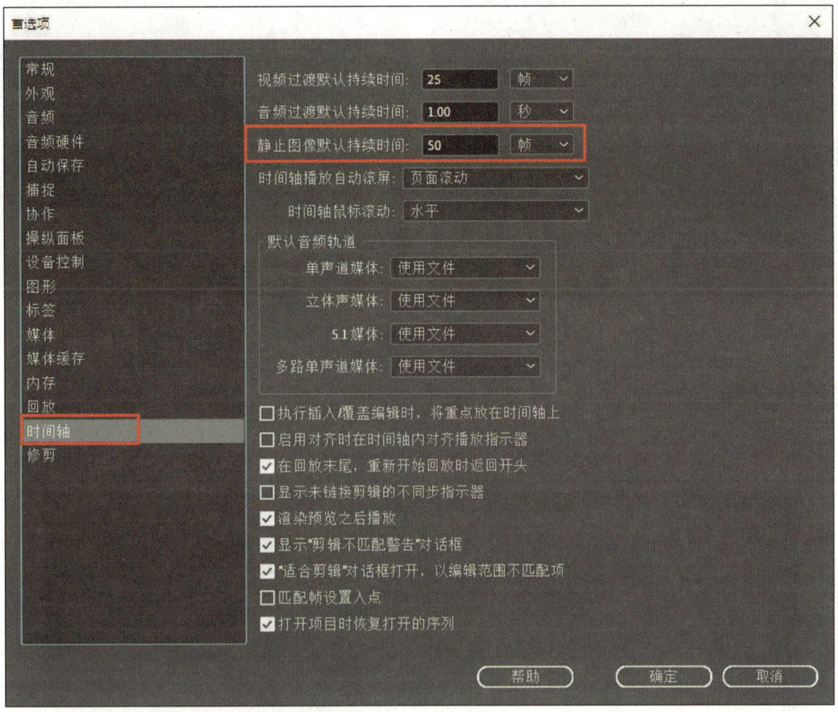

图　2-3

2）执行“文件”→“导入”命令（或按<Ctrl+I>快捷键），打开“导入”对话框。在对话框中找到配套资源“项目2”文件夹中的“项目2素材”文件夹，选中“图片”文件夹，单击“导入文件夹”按钮，如图2-4所示。将“图片”文件夹及其内的所有花卉素材都导入“项目”面板中，如图2-5所示。

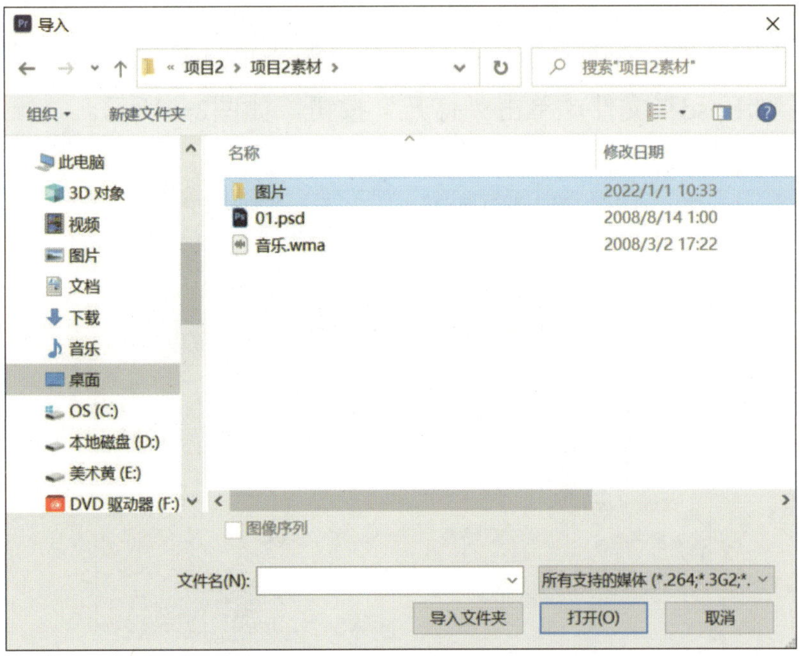

图　2-4

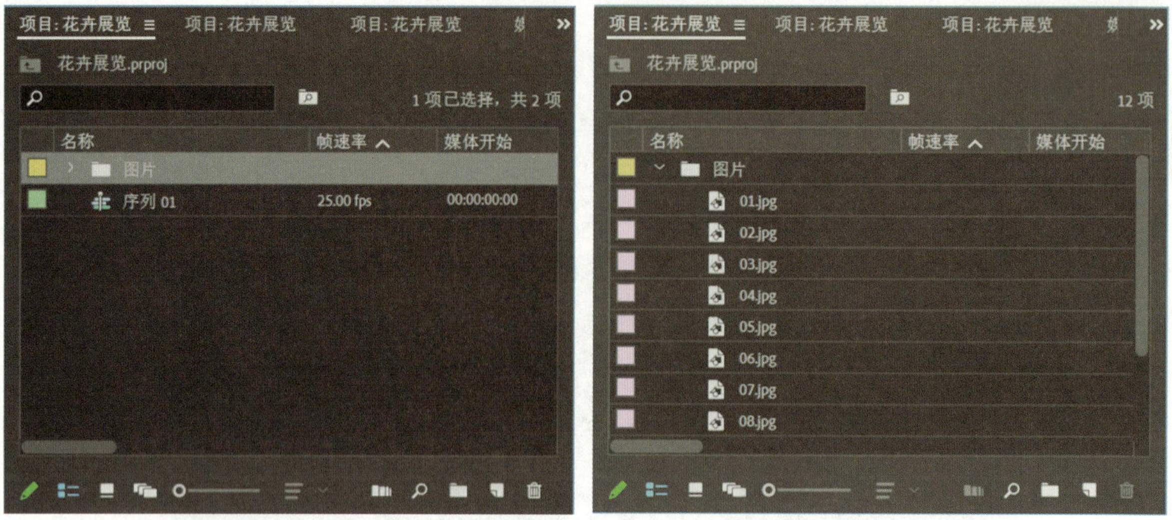

图 2-5

2. 导入分层的Photoshop文件——“画轴”

本项目中还会用到一个“01.psd”画轴图片素材，其在Photoshop中打开的效果如图2-6所示。

图 2-6

1）在“项目”面板的空白处单击，执行“文件”→“导入”命令（或按<Ctrl+I>快捷键），打开“导入”对话框。在对话框中找到配套资源“项目2”文件夹中的“项目2素材”文件夹，打开后选中“01.psd”文件，单击“打开”按钮，如图2-7所示。

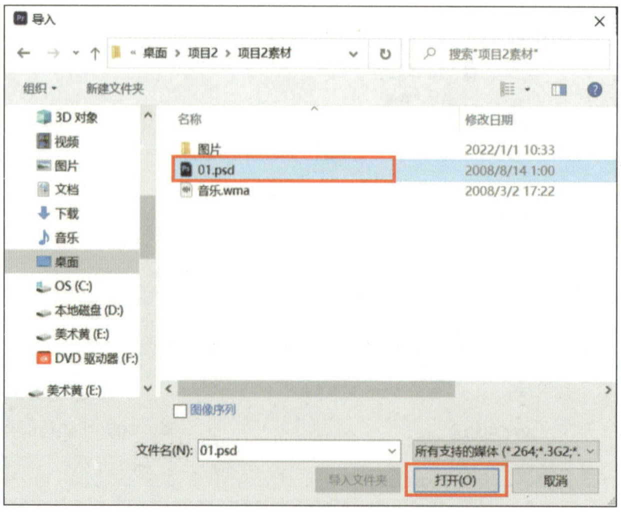

图 2-7

此时，会弹出“导入分层文件:01”对话框，如图2-8所示。

2）在“导入为”下拉列表框中，选择“序列”，然后单击“确定”按钮，如图2-9所示，即可以序列的方式导入“01.psd”画轴素材文件。

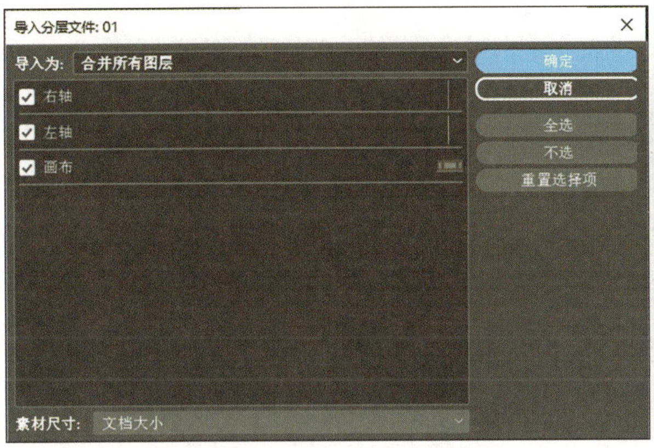

图　2-8

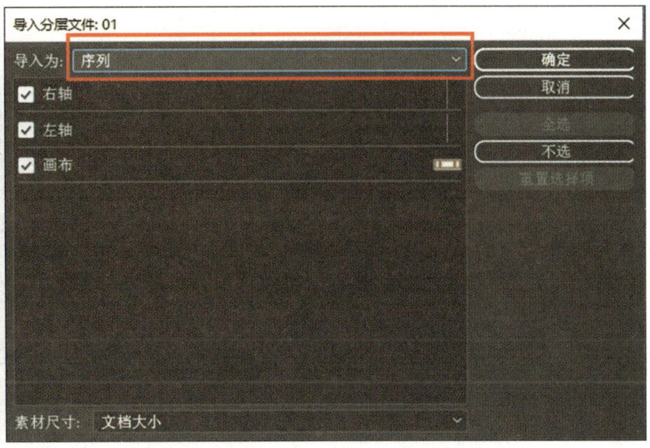

图　2-9

导入素材后的“项目”面板如图2-10所示。

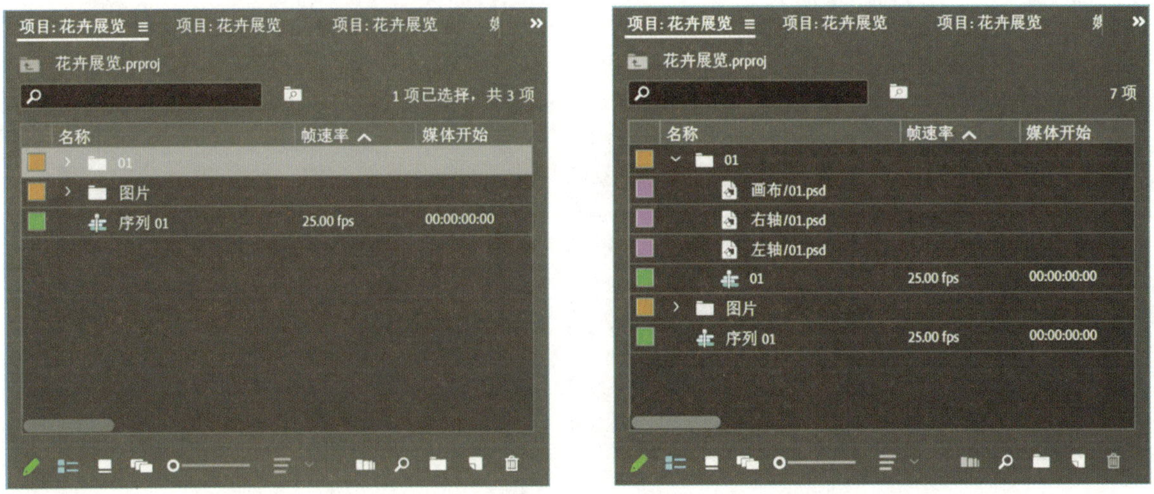

图　2-10

小提示

以序列方式导入素材后，在“项目”面板中会自动建立一个与源PSD文件同名的素材箱。分层的PSD文件会自动转化为同名的序列，层会转化为轨道中的静止图片素材，且保持着与源PSD文件相同的图层排列顺序，如图2-11所示。

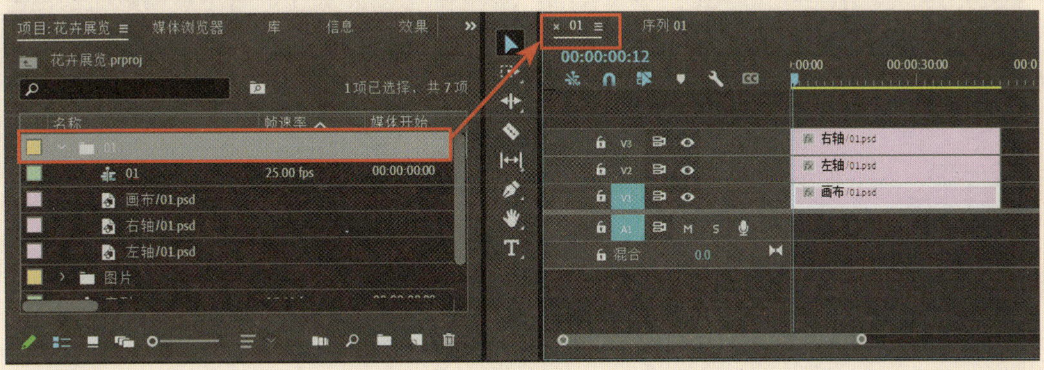

图　2-11

知识加油站

在“导入分层文件”对话框的“导入为”下拉列表框中，选择“合并所有图层”选项，则将PSD文件中所有的图层合并为一个层，以PSD素材的方式导入，如图2-12所示。

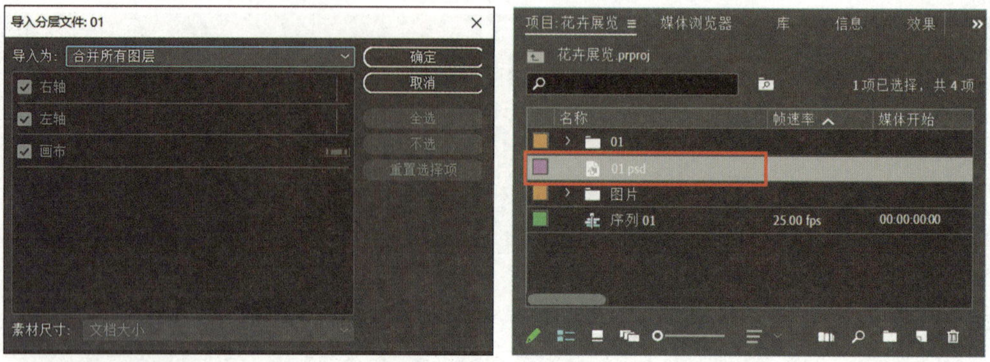

图 2-12

在“导入分层文件”对话框的“导入为”下拉列表框中，选择“合并的图层”选项，可以通过下方的复选框来选择需要导入的PSD图层，选中后的图层会合并为一个图层，以PSD素材的方式导入，如图2-13所示。

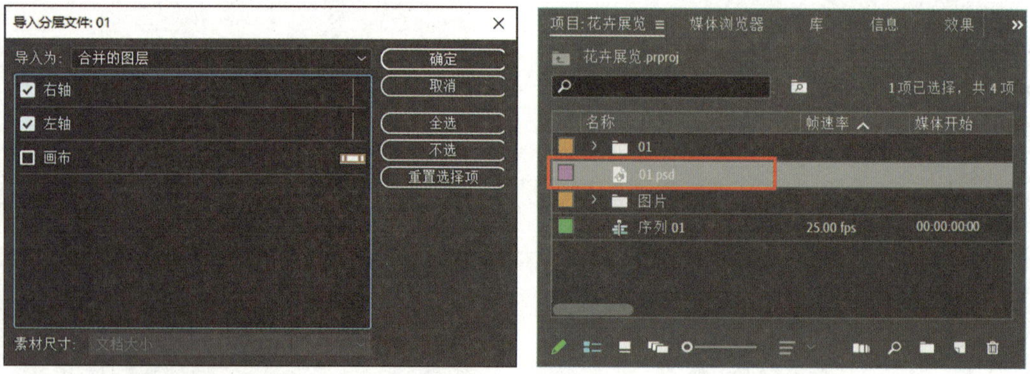

图 2-13

在“导入分层文件”对话框的“导入为”下拉列表框中，选择“各个图层”选项，可以通过下方的复选框来选择需要导入的PSD图层，选中后的图层将分别以PSD素材的方式导入，并存放于一个文件夹中。选中了要导入的某个图层后，在“素材尺寸”下拉列表框中，需要选择“文档大小”或者“图层大小”，如图2-14所示。

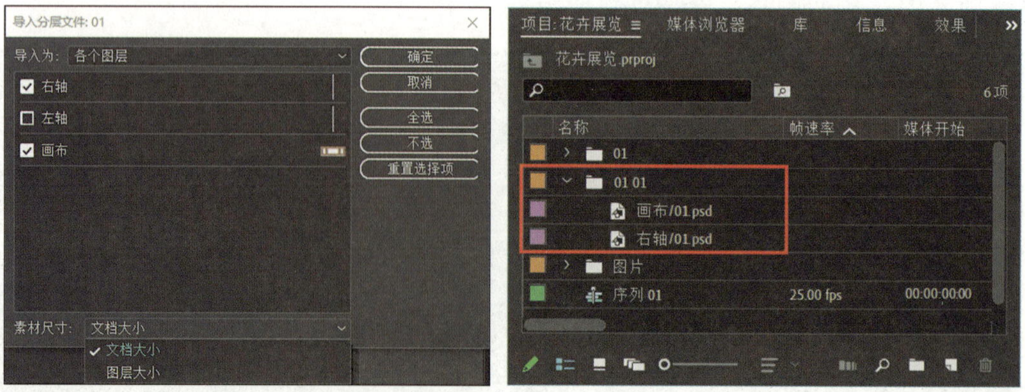

图 2-14

3. 导入音频文件

在“项目”面板的空白处单击，再执行“文件”→“导入”命令（或按<Ctrl+I>快捷键），打开“导入”对话框。在对话框中找到配套资源“项目2”文件夹中的“项目2素材”文件夹，打开后选中“音乐.wma”文件，单击“打开”按钮，完成素材的导入。

扫一扫
查看教学视频

三、制作画卷展开效果

1. “装配”画卷

1）在“项目”面板中展开“01”素材箱，单击选中“画布/01.psd”素材文件，并将其拖至“时间轴”面板“序列01”的“V1”轨道中，如图2-15所示。如果“时间轴”面板中的素材不便于观察，则可以拖动面板左下方的“缩放滑块”改变时间标尺的显示比例。

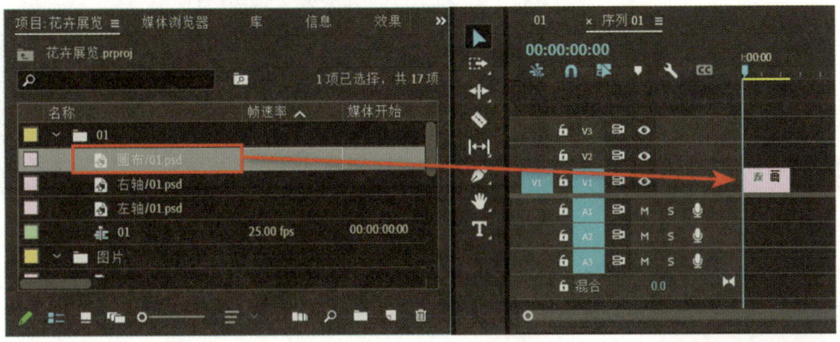

图　2-15

2）将素材文件“左轴/01.psd”拖至“时间轴”面板的“V2”轨道中；展开“图片”素材箱，将花朵图片素材“01.jpg”拖至“V3”轨道中。此时的“时间轴”面板如图2-16所示。

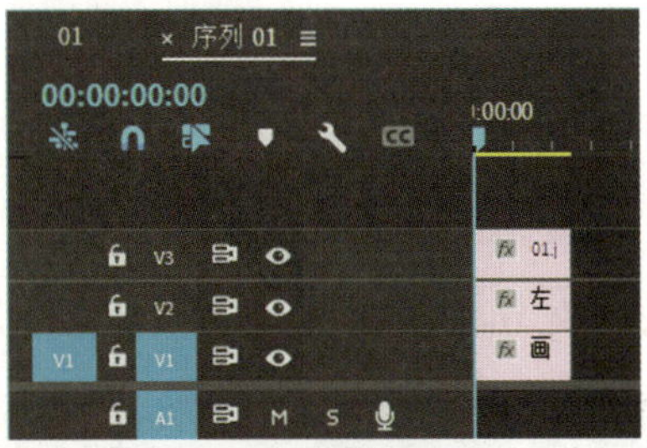

图　2-16

在“时间轴”面板中的素材“01.jpg”上右击，在弹出的快捷菜单中选择“缩放为帧大小”命令，以使其满屏显示，如图2-17所示。

图　2-17

小提示

由于图片素材“01.jpg”的图像尺寸为1024×768（在“项目”面板中的素材“01.jpg”上右击，在弹出的快捷菜单中选择“属性”命令，新出现的窗口中显示素材的相关信息），而项目设置中图像尺寸为720×576，如图2-18所示。显然，素材尺寸偏大，致使图片在“节目监视器”面板中显示不全，需要使用“缩放为帧大小”进行调整。

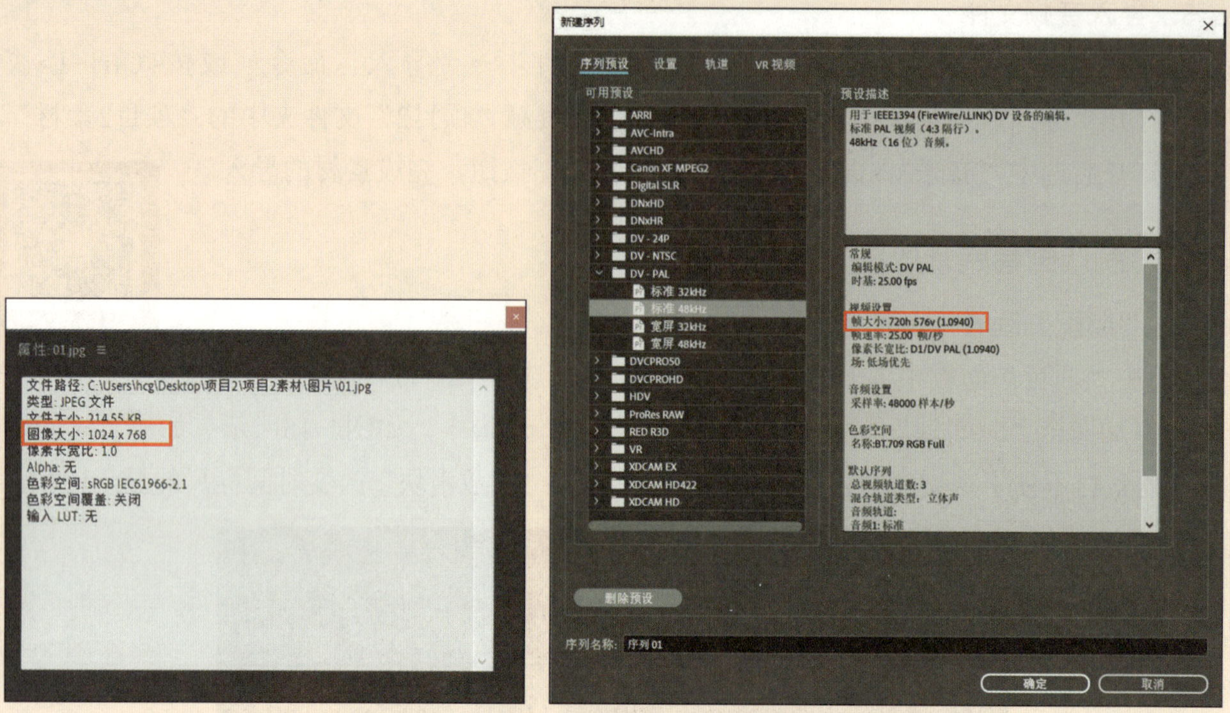

图　2-18

3）要制作由左向右展开的卷轴画，运动过程中，右侧画轴应压住画卷中的花朵画面。所以，在“时间轴”面板中，应使“右轴/01”轨道在花朵图片“01.jpg”轨道上方。

在“项目”面板中展开“01”素材箱，单击选中“右轴/01.psd”素材文件，并将其拖至“时间轴”面板“序列01”的“V3”轨道的上方，如图2-19所示。

释放鼠标后，轨道“V3”的上方会新增一条“V4”视频轨道，“右轴/01.psd”素材也已置入此轨道中，在“节目监视器”面板中的效果如图2-20所示。

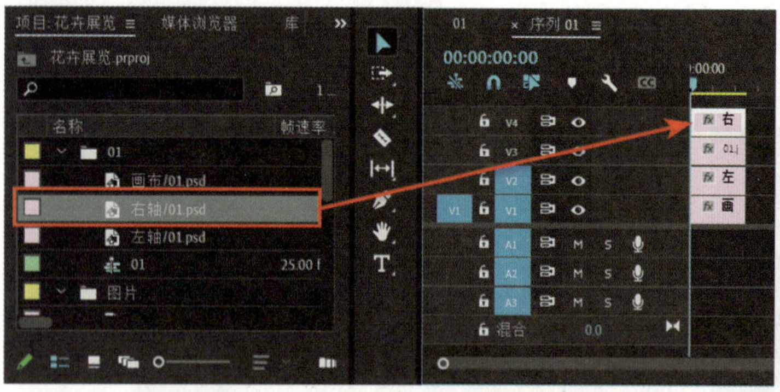

图　2-19

图　2-20

小提示

也可以执行“序列”→“添加轨道”命令（或在轨道控制区域右击，在弹出的快捷菜单中选择“添加轨道”命令），添加一条视频轨道；再将“右轴/01.psd”素材文件拖至“时间轴”面板新增的轨道中。

2. 调整画卷素材持续时间

制作意图说明：画卷用3s展开后，画卷中的图片素材用1s由单色效果变为彩色效果；图片素材再用1s放大成全屏显示。所以，动画过程共需5s。

1）将“时间指示器”移至00:00:05:00（即5s）处，再移动鼠标指针到时间轴“V1”轨道中素材“画布/01.psd”的右侧出点位置，会出现“剪辑出点”图标，拖动出点至“时间指示器”处，即可将其持续时间调整为5s，如图2-21所示。

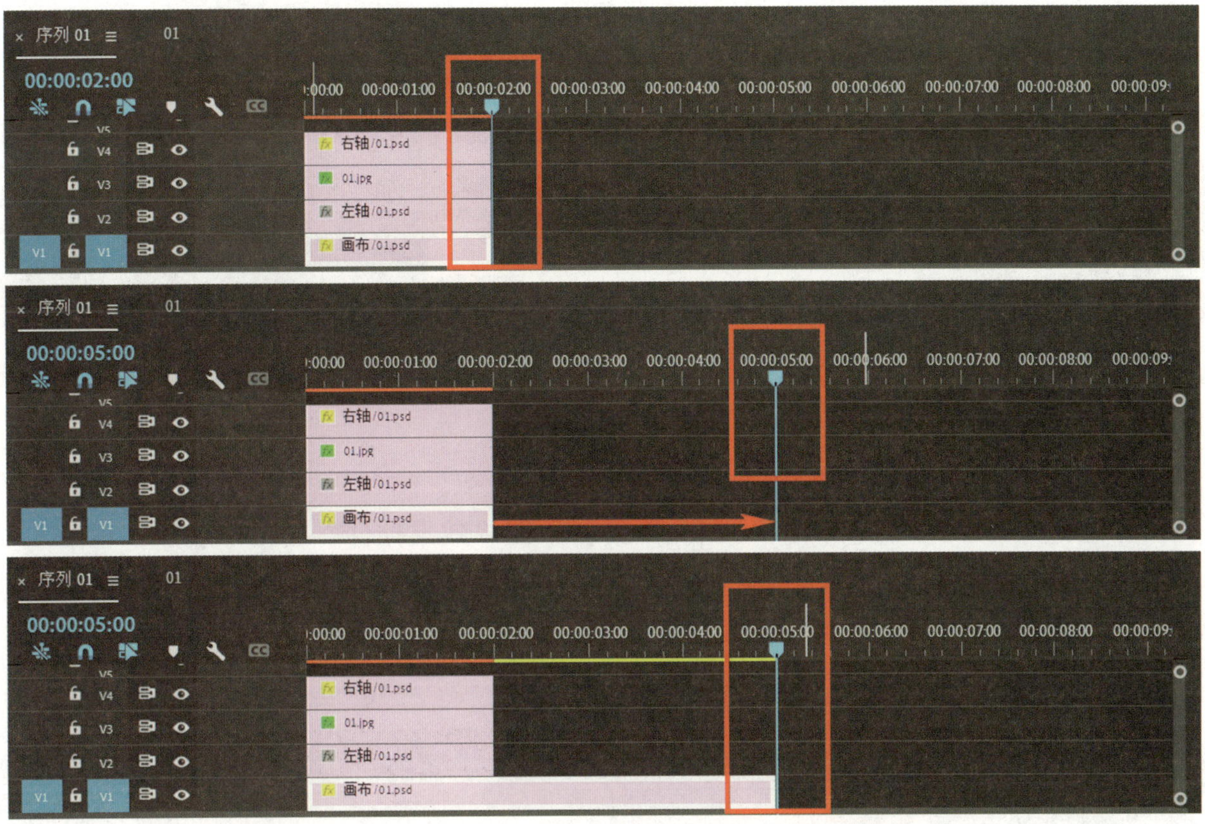

图　2-21

注意

在“时间轴”面板中，左上方的“在时间轴中对齐”按钮默认为蓝色的激活状态，便于操作中的对位。如果是灰色未激活状态，那么单击将其激活。

知识加油站

利用“时间轴”面板的“在时间轴中对齐”功能，可以在移动素材片段时，使其与一些特殊的点进行自动对齐。例如，素材片段的入点、出点、时间指示器处、标记点等。

2）用同样的方法，将“V2”轨道中的素材文件“左轴/01.psd”和“V4”轨道中的素材文件“右轴/01.psd”的持续时间也调整为5s，如图2-22所示。

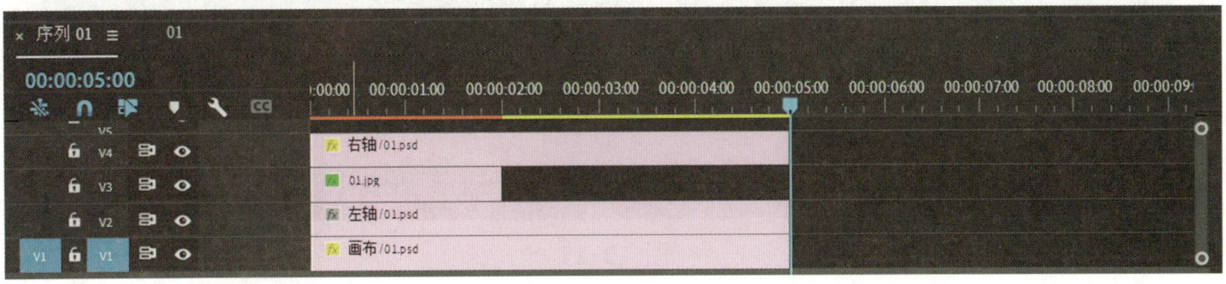

图　2-22

小提示

也可以同时选中“V1”轨道、“V2”轨道和“V4”轨道中的素材文件，然后拖动其出点至“时间指示器”处，即可以同时调整这三个素材文件的持续时间。

3）由于素材“01.jpg”在放大过程中应逐渐覆盖右侧的画轴，所以其放大动画（1s）需在另一轨道中制作。为此，将其持续时间调整为4s，如图2-23所示。

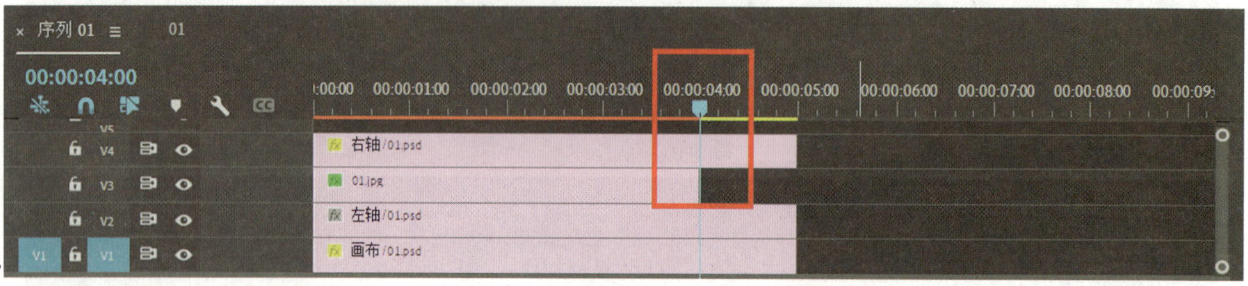

图　2-23

3. 调整画卷中图片的大小和颜色

1）单击选中“V3”轨道中的“01.jpg”素材，在“效果控件”面板中展开“运动”项，取消“等比缩放”复选框的选中状态，设置“缩放高度”的值为“45.0”，设置“缩放宽度”的值为“70.0”，效果如图2-24所示。

图　2-24

2）在“效果”面板中，展开“视频效果”文件夹中的“过时”文件夹，将其中的“颜色平衡（HLS）”效果拖至“V3”轨道中素材片段“01.jpg”上，如图2-25所示。

图　2-25

3）再将“过时”文件夹中的“快速颜色校正器”效果也拖至“V3”轨道中素材片段“01.jpg”

上。此时，“效果控件”面板如图2-26所示。

4）在“效果控件”面板中，展开“颜色平衡（HLS）”效果，将其下的“饱和度”的值设为“-100.0”，如图2-27所示。

5）在“效果控件”面板中，展开“快速颜色校正器”效果，分别将其下的“平衡数量级”参数值设置为“31.77”、“平衡增益”参数值设置为“15.44”、“平衡角度”参数值设置为“-106.1°”，如图2-28所示。

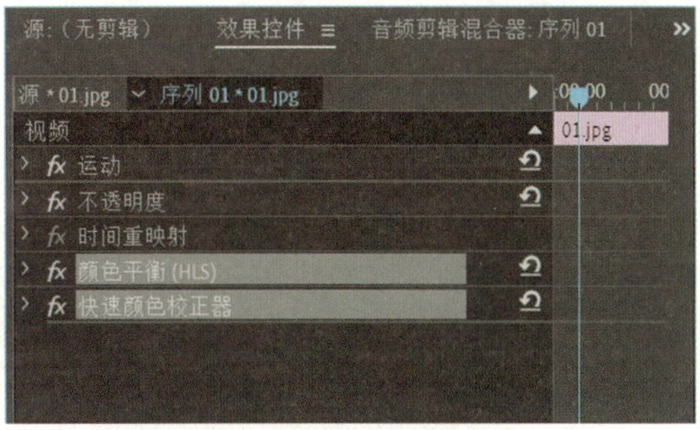

图　2-26

图　2-27

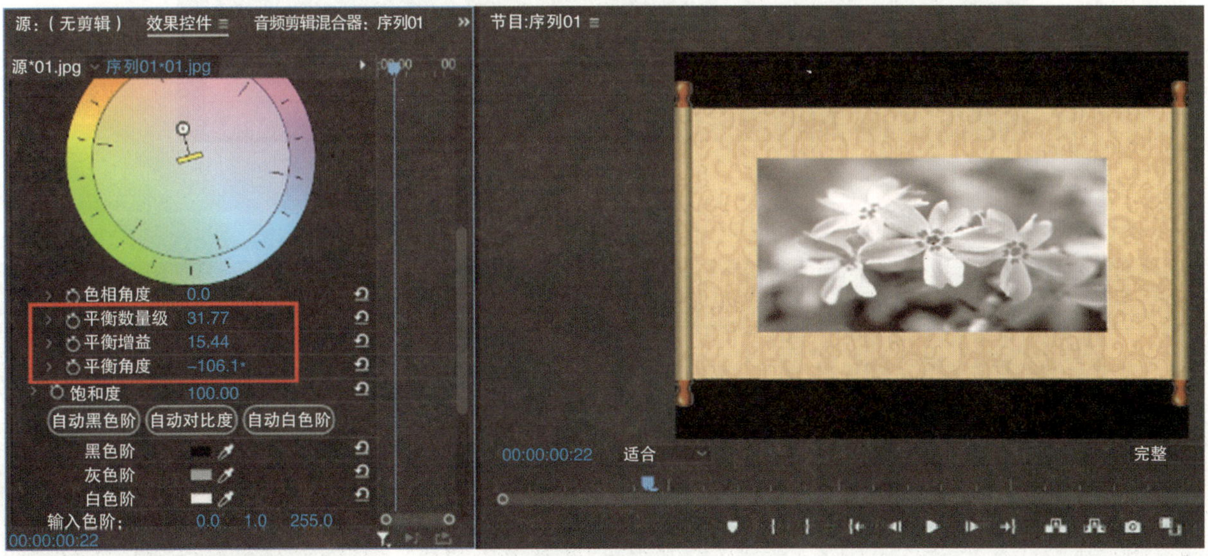

图　2-28

知识加油站

“视频效果”中的“过时”文件夹中，“颜色平衡（HLS）”效果可以改变素材画面的色相、亮度和饱和度；“快速颜色校正器”效果可以对素材片断整个范围的颜色和亮度进行快速调整。

4．添加转场效果，制作展开动画

1）在“效果”面板中，展开“视频过渡”文件夹中的“擦除”文件夹，将其中的“划出”转场拖至“V1”轨道中素材“画布/01.psd”的入点处，如图2-29所示。

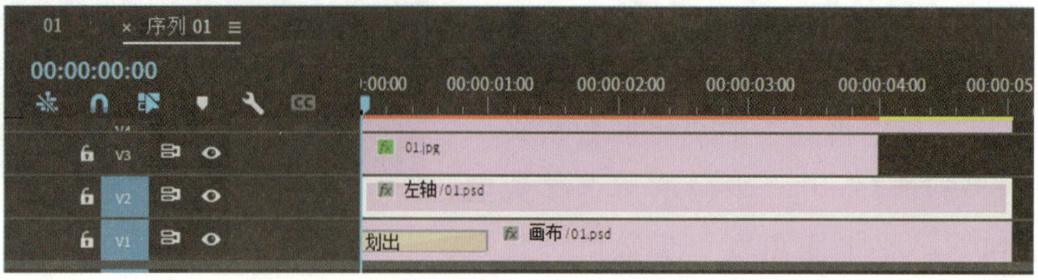

图　2-29

2）希望画卷展开的时间是3s，所以还需要对转场持续时间进行调整。

在“时间轴”面板中，双击刚才添加的“划出”转场，调出“效果控件”面板，将“持续时间”（转场时间）设置为00:00:03:00（即3s），如图2-30所示。

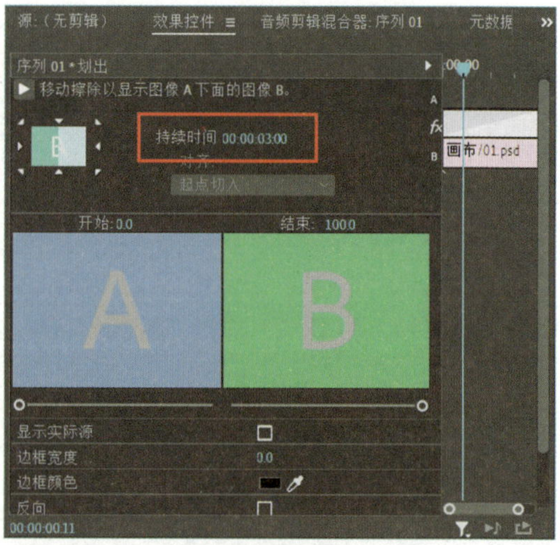

图　2-30

3）用同样的方法，将“划出”转场拖至“V3”轨道中花朵素材“01.jpg”的入点处，并将其转场持续时间也调整为3s，如图2-31所示。

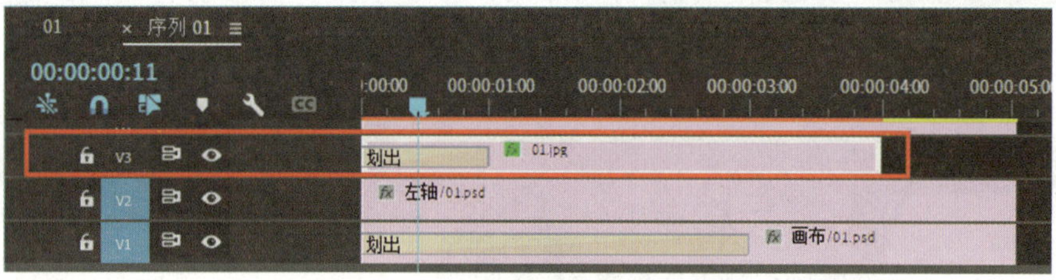

图　2-31

此时，“节目监视器”面板中的播放效果如图2-32所示。

图　2-32

5．制作右侧画轴的位移动画

1）将“时间指示器”置于00:00:00:00处，单击选中“V4”轨道中的“右轴/01.psd”素材，在“效果控件”面板中展开“运动”项，在“位置”的第一个参数“360.0”上单击，将其修改为“-337.0”。

小提示

“位置”的两个参数分别代表素材的X轴坐标和Y轴坐标。修改这两个参数，可以改变素材在屏幕中的位置。

单击“位置”左边的“切换动画”按钮（见图2-33），开启此属性动画设置，即设置第1个关键帧。

2）将“时间指示器”置于00:00:03:00处，将“位置”的第1个参数（即刚才的X轴坐标值）修改为“360.0”，“位置”属性会自动产生第2个关键帧，如图2-34所示。此时，会使“右轴/01.psd”素材产生由左向右的运动动画。

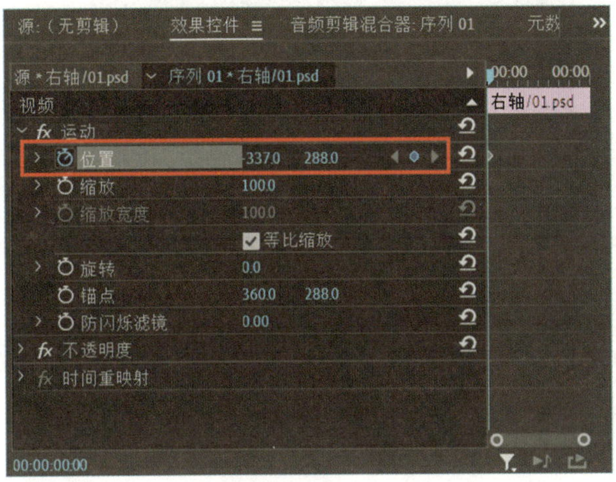

图　2-33

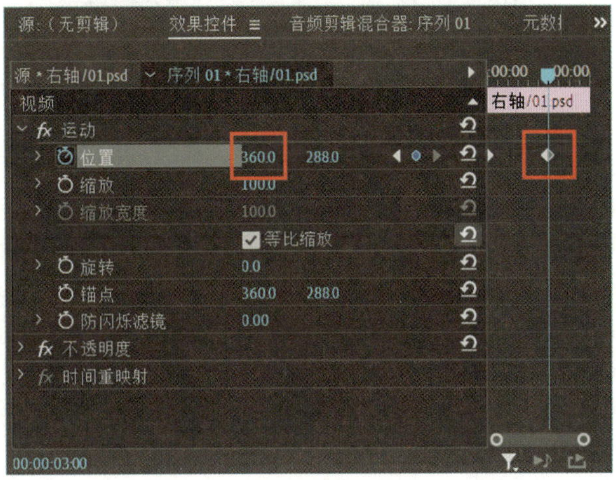

图　2-34

此时，“节目监视器”面板中的播放效果如图2-35所示。可以看出，随着画轴的运动，“画卷”逐渐展开了，美丽的图画呈现在眼前。

图　2-35

四、制作画卷中画面变色及放大动画

扫一扫
查看教学视频

1．画面由单色变为彩色

1）将“时间指示器”置于00:00:03:00处，单击选中“V3”轨道中的花朵素材“01.jpg”，在“效果控件”面板中，展开“颜色平衡（HLS）”效果，单击其下“饱和度”左边的“切换动画”按钮，开启此属性动画设置，即设置第1个关键帧；再在此面板中展开“快速颜色校正器”效果，分别单击其下“平衡数量级”“平衡增益”“平衡角度”属性前的“切换动画”按钮，开启其动画设置，即设置关键帧，如图2-36所示。

2）将“时间指示器”置于00:00:03:24处，将“颜色平衡（HLS）”效果中的“饱和度”

的值设为“0.0”；将“快速颜色校正器”效果中的“平衡数量级”参数值设置为“0.00”、“平衡增益”参数值设置为“20.00”、“平衡角度”参数值设置为“0.0°”。自动产生第2个关键帧，如图2-37所示。

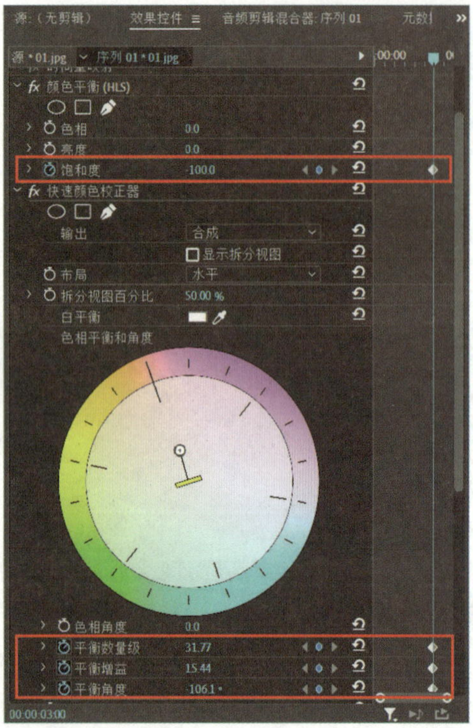

图 2-36

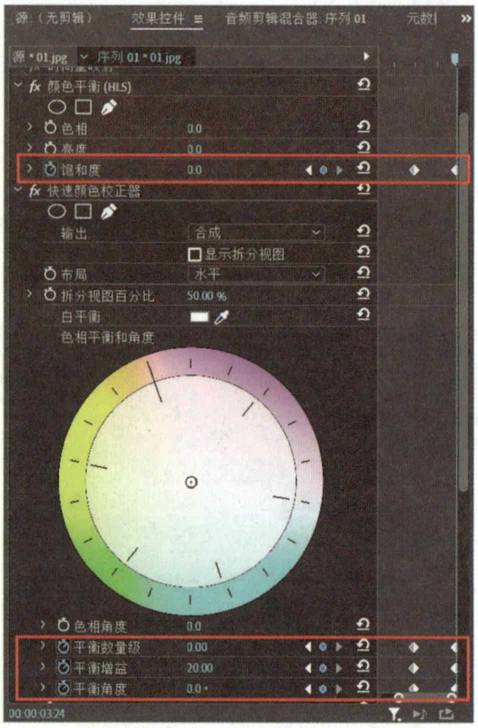

图 2-37

2. 画面放大动画

1）将“时间指示器”置于00:00:04:00处，从“项目”面板的“图片”素材箱中，将花朵素材文件“01.jpg”拖至“V4”轨道上方空白轨道的“时间指示器”处。释放鼠标后，轨道“V4”的上方会新增一条“V5”视频轨道，且花朵素材“01.jpg”也置入此轨道“时间指示器”处，如图2-38所示。此时，“时间轴”面板左上方的“在时间轴中对齐”按钮应处于选中的蓝色激活状态。

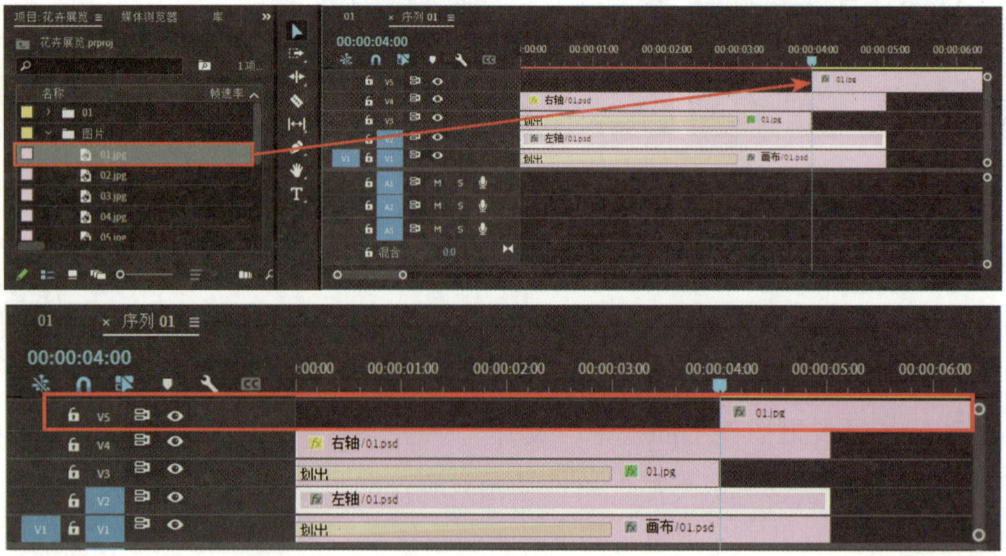

图 2-38

2）在“V5”轨道中的素材“01.jpg”上右击，在弹出的快捷菜单中选择“缩放为帧大小”命令，使其满屏显示。

3）运用前面的方法，在“时间轴”面板中拖动此素材的出点至00:00:07:00处，即将其持续时间调整为3s，如图2-39所示。

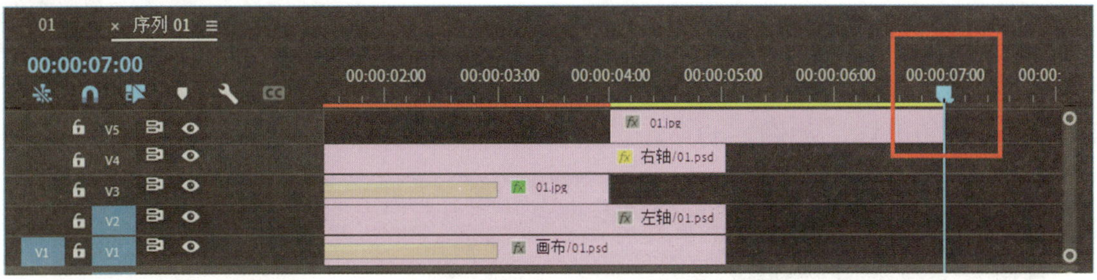

图　2-39

4）调整此素材大小。将“时间指示器”置于00:00:04:00处，在“效果控件”面板中展开“运动”项，取消“等比缩放”复选框的选中状态，设置“缩放高度”的值为“45.0”，设置“缩放宽度”的值为“70.0”。

5）分别单击“缩放高度”属性和“缩放宽度”属性前的“切换动画”按钮，设置关键帧，如图2-40所示。

6）将“时间指示器”置于00:00:05:00处，再次设置“缩放高度”的值为“100.0”，设置“缩放宽度”的值也为“100.0”，即恢复图片原来大小。此时，会自动产生第2个关键帧，如图2-41所示。

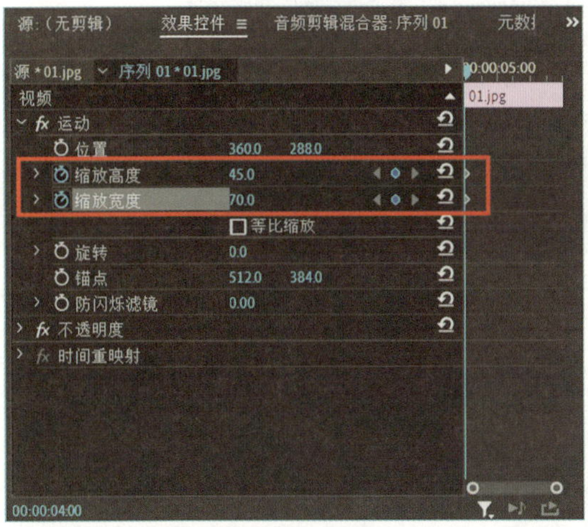

图　2-40

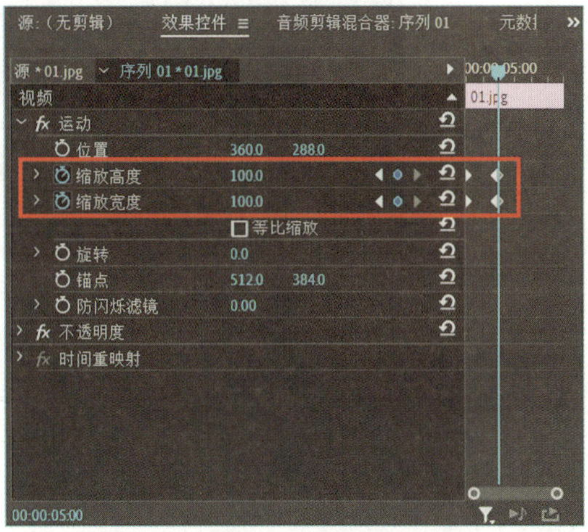

图　2-41

这样，就完成了画卷中的画面用1s逐渐放大到全屏显示的动画。“节目监视器”面板中的播放效果如图2-42所示。

图　2-42

五、加入各花卉图片

扫一扫
查看教学视频

1）将“时间指示器”置于00:00:07:00处，在“项目”面板中展开“图片”素材箱，单击选中素材文件“02.jpg”，再按<Shift>键，单击素材文件“10.jpg”。这样可以同时选中花朵素材“02.jpg”～“10.jpg”共9个文件。

2）将这9个文件一起拖至“V5”轨道中花朵“01.jpg”素材文件的出点处，即“时间指示器”处，完成素材的组接，如图2-43所示。

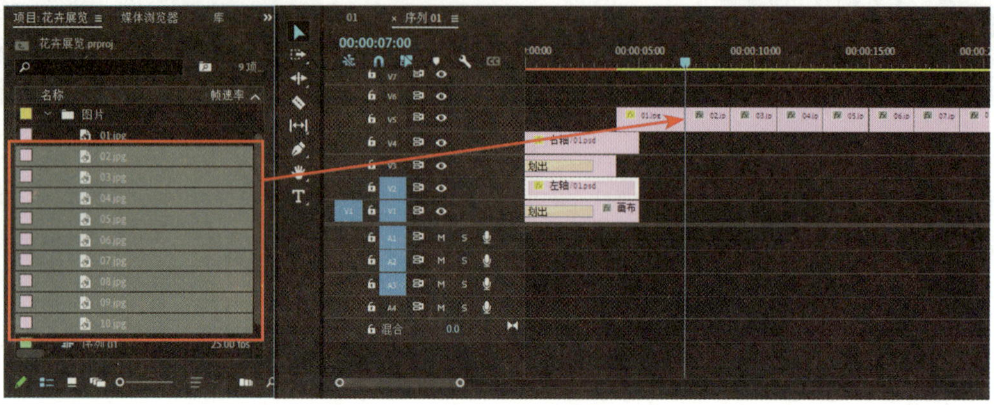

图 2-43

此时，“时间轴”面板如图2-44所示。

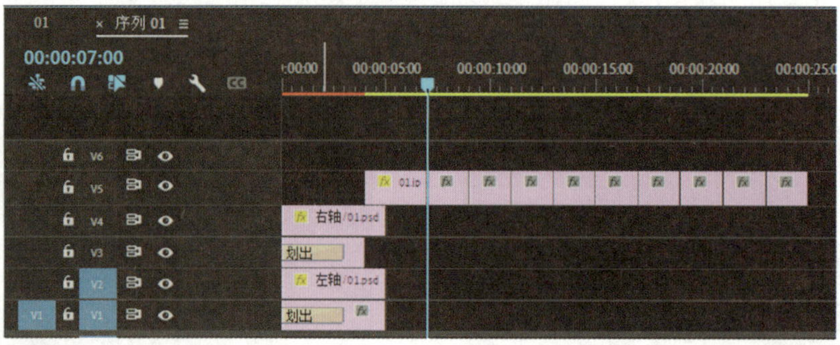

图 2-44

知识加油站

在“项目”面板中选择素材时，可以同时选中多个素材，然后一同拖至“时间轴”面板的轨道中，实现多个文件的插入，提高制作效率。

3）因为这9个图片素材的画面尺寸均为1024×768，所以也要将它们调整为满屏显示。在“时间轴”面板中使用“选择工具”按钮拖曳出一个区域，将素材片段“02.jpg”～“10.jpg”同时选中，如图2-45所示。

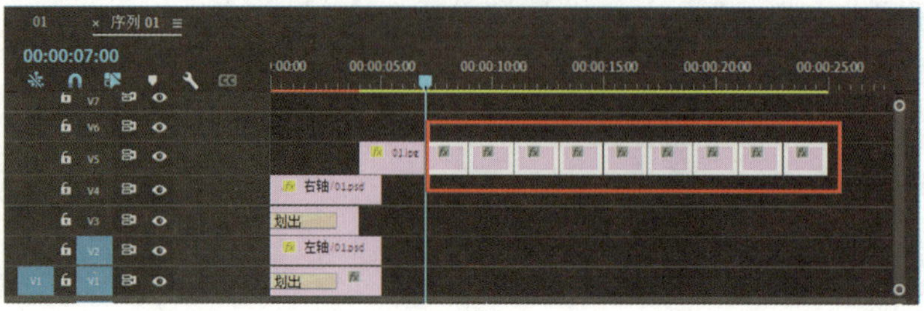

图 2-45

在其中某一个素材上右击，在弹出的快捷菜单中选择“缩放为帧大小”命令，使这些素材片段全部满屏显示。

六、为各花卉图片加入转场效果

由于各个图片间的转场时间都是1s，而且本项目中添加的转场数量较多，所以，可以先调整Premiere的默认转场持续时间，然后再为图片之间添加转场。

1．调整默认转场持续时间

执行“编辑”→“首选项”→“常规”命令，打开“首选项”对话框，单击左侧“时间轴”选项后，将“视频过渡默认持续时间”的值设置为“25”（即将默认转场持续时间设置为25帧，即1s），如图2-46所示。单击“确定”按钮关闭对话框。

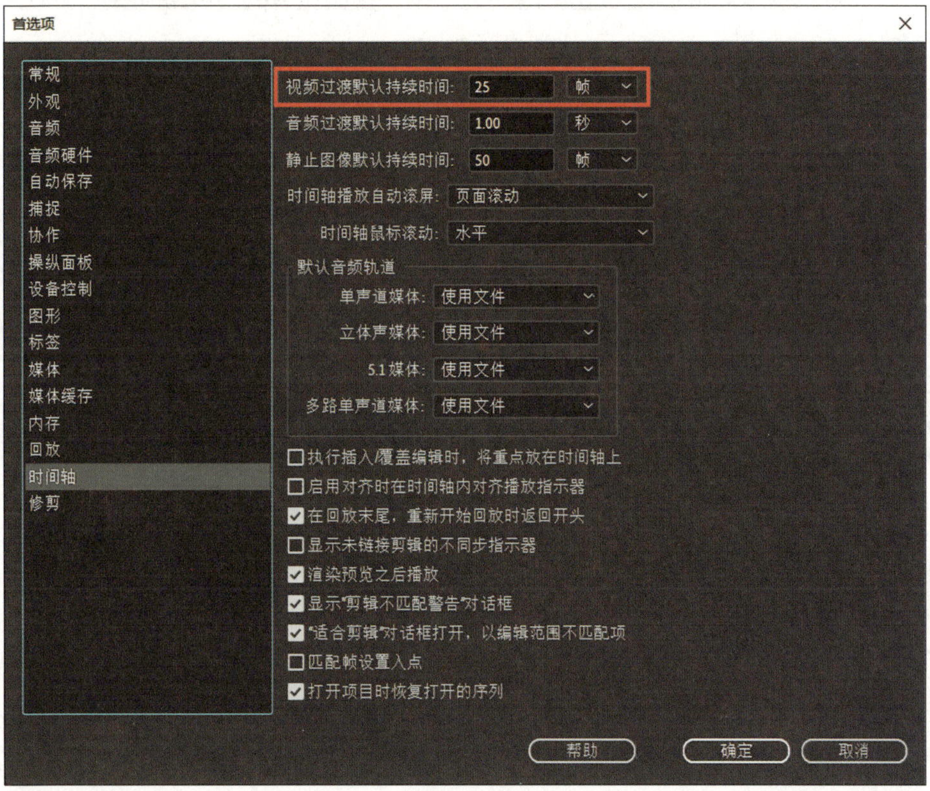

图　2-46

知识加油站

在“首选项”的“时间轴”选项中，“音频过渡默认持续时间”的值为默认的音频转场持续时间。如果更改此数值，可以对以后添加在音频素材片段上的转场产生影响。

2．添加转场效果

1）在“效果”面板中，展开“视频过渡”文件夹中的“3D运动”文件夹，将其中的“立方体旋转”转场拖至“V5”轨道中素材“01.jpg”和素材“02.jpg”的中间，如图2-47所示。

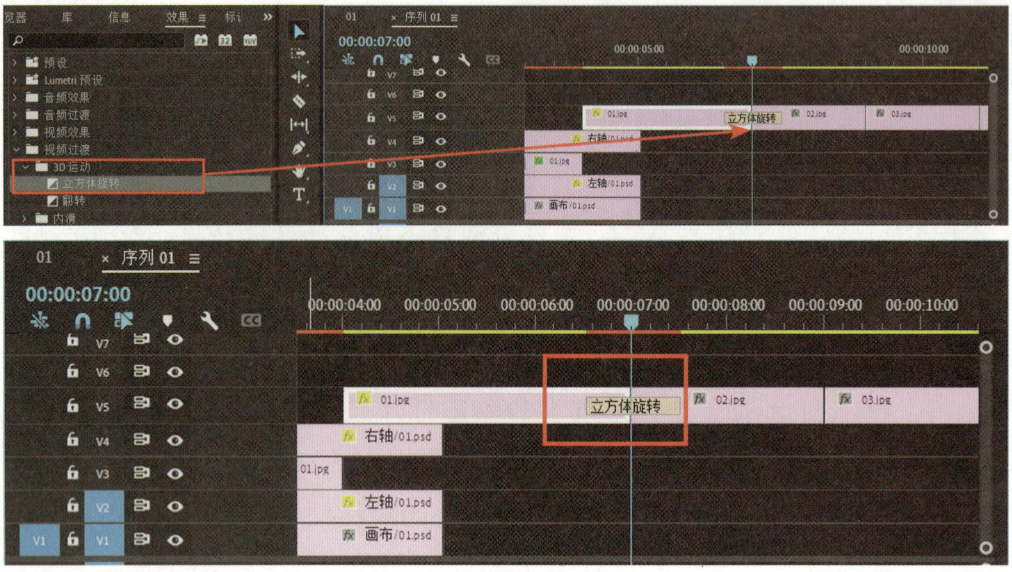

图 2-47

“节目监视器”面板中的播放效果如图2-48所示。

图 2-48

知识加油站

把某个转场从“效果”面板拖至“时间轴”面板中左、右两个素材片段间，有三种情况，如图2-49所示。由上到下分别表示：转场的结束点与左侧素材片段的出点对齐，即这个转场效果添加在左侧素材末端并同步结束；转场与左、右两个素材间的切线居中对齐，即这个转场效果从左侧素材末端开始，在右侧素材开端结束；转场的起始点与右侧素材片段的入点对齐，即这个转场效果添加在右侧素材开端并同步开始。

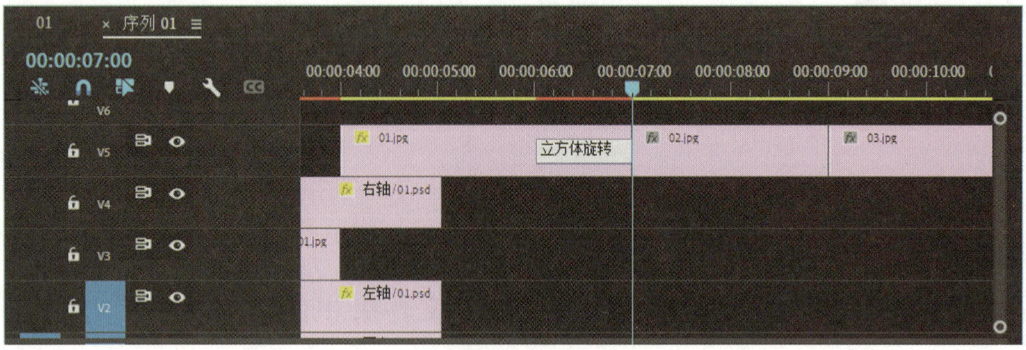

图 2-49

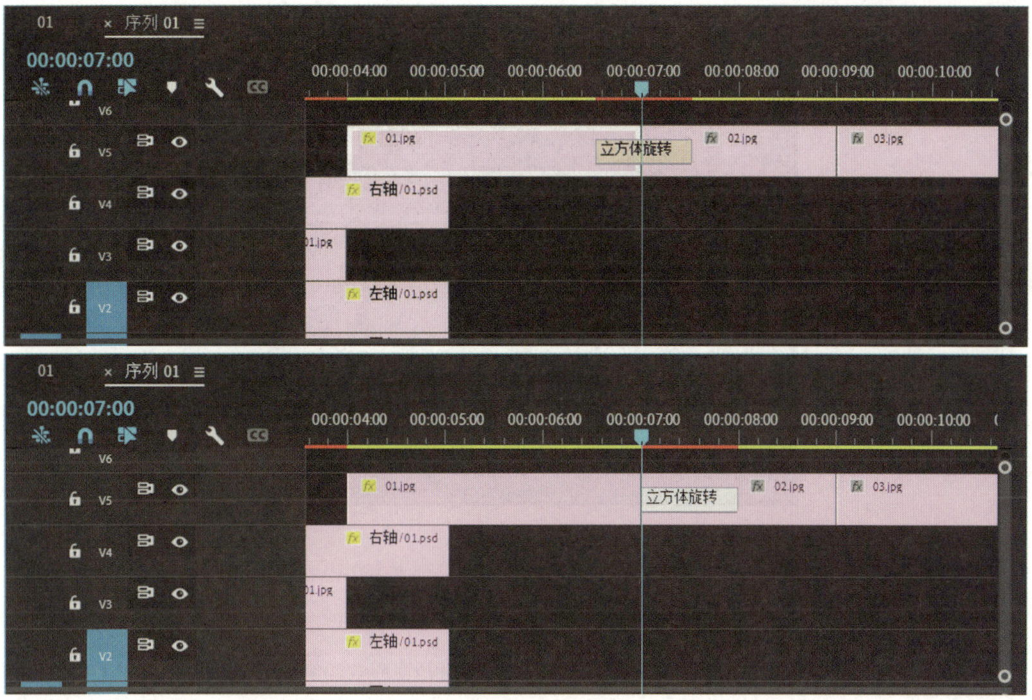

图　2-49（续）

2）双击“V5”轨道中刚添加的转场，打开其“效果控件”面板，如图2-50所示。在面板中，可以对转场参数进行调整。

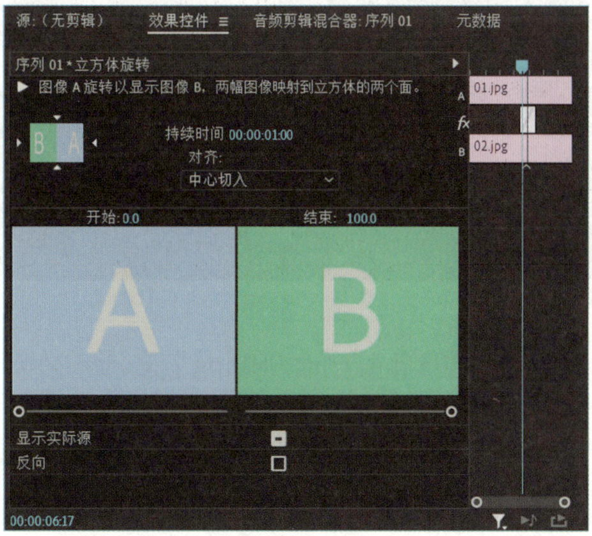

图　2-50

注意

本项目中使用该转场的默认参数，不对其进行任何修改。

小提示

在“效果控件”面板中，可以通过修改“持续时间”的值来改变转场的持续时间；在“对齐”下拉列表框中，可以选择转场的对齐方式；在图中红框标注的区域，可以单击三角按钮改变转场的方向；下方的“显示实际源”复选框，代表是否显示画面素材；“反向”表示对转场进行翻转。具体如图2-51所示。

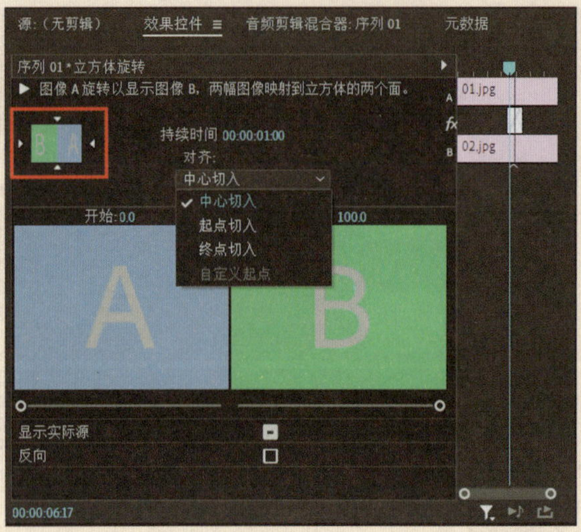

图　2-51

> **注意**
>
> 不同的转场效果，其“效果控件”面板所显示的内容、参数选项也是有所不同的。

3）在“效果”面板中，展开“视频过渡”文件夹中的“划像”文件夹，将其中的“圆划像”转场拖至“V5”轨道中素材“02.jpg”和素材“03.jpg”的中间，如图2-52所示。

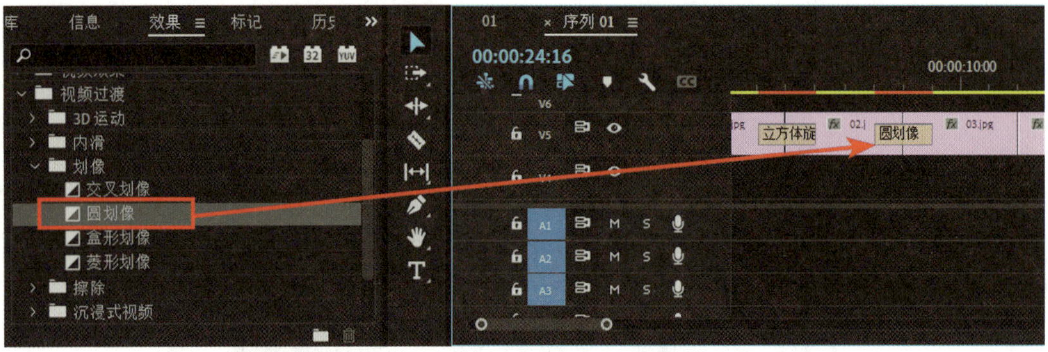

图　2-52

4）采用上面的方法，在素材“03.jpg”～“10.jpg”之间，分别加入“视频过渡”文件夹中，如下的转场效果（共7种）。

①在素材“03.jpg”和素材“04.jpg”之间，加入“擦除”文件夹中的“径向擦除”转场。

②在素材“04.jpg”和素材“05.jpg”之间，加入“内滑”文件夹中的“内滑”转场。

③在素材“05.jpg”和素材“06.jpg”之间，加入“擦除”文件夹中的“百叶窗”转场。

④在素材“06.jpg”和素材“07.jpg”之间，加入“页面剥落”文件夹中的“翻页”转场。

⑤在素材“07.jpg”和素材“08.jpg”之间，加入“擦除”文件夹中的“渐变擦除”转场，会弹出“渐变擦除设置”对话框，直接单击“确定”按钮，可以看到擦除效果由左上角向右下角展开，如图2-53所示。在其“效果控件”中，选中“反向”复选框，使“渐变擦除”转场由右下角向左上角展开，即从默认的展开方向变为向相反的方向展开，如图2-54所示。

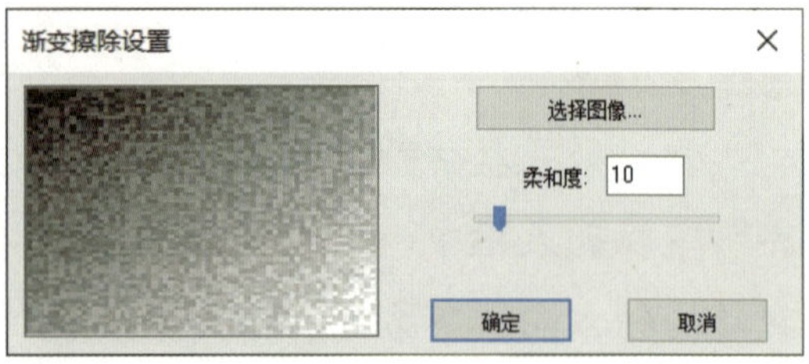

图　2-53

图　2-54

小提示

单击“选择图像”按钮，可以打开“选择图片”对话框，在其中可以选择新的用于渐变划像转场的辅助图片；修改“柔和度”数值或拖动滑块，可以调节渐变划像的柔和程度。

⑥在素材“08.jpg”和素材“09.jpg”之间，加入“沉浸式视频”文件夹中的“VR漏光”转场。

⑦在素材“09.jpg”和素材“10.jpg”之间，加入“缩放”文件夹中的“交叉缩放”转场。此时，“时间轴”面板如图2-55所示。

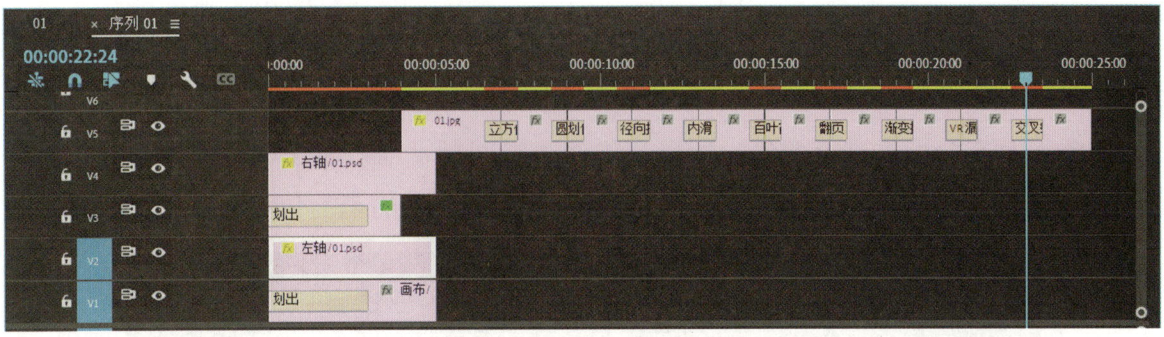

图　2-55

知识加油站

如果想要删除添加到素材片段上的转场效果，在“时间轴”面板中，单击选中此转场，按<Delete>键即可。如果想用另一种转场来替换当前的转场，则从“效果”面板中，将所需的转场拖至“时间轴”面板轨道中原来的转场上即可。

5）需要有一幅图片在持续2s后，再用1s由全屏缩小到画卷的中央。所以，向“V5”轨道中插入一个3s长的图片素材。

①在“项目”面板中，展开“图片”素材箱，将花朵素材文件“01.jpg”拖至“V5”轨道中的素材片段“10.jpg”后面。

②拖动素材文件“01.jpg”右侧出点至00:00:28:00处，将其持续时间设置为3s。

③在素材文件“01.jpg”上右击，在弹出的快捷菜单中选择“缩放为帧大小”命令，使其

满屏显示。

④ 在“效果”面板中，展开“视频过渡”文件夹中的“擦除”文件夹，将其中的“风车”转场拖至“V5”轨道中素材“10.jpg”和“01.jpg”的中间，如图2-56所示。

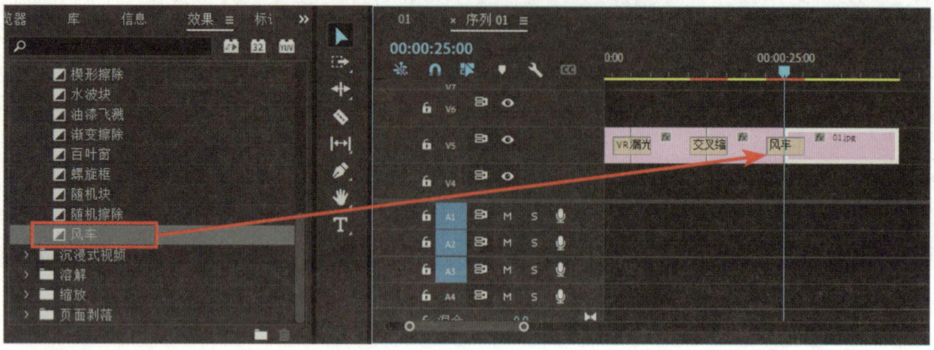

图　2-56

七、制作图片缩小及颜色变化动画

制作意图说明：使最后一幅图片用1s由全屏缩小至画卷中央，再用1s由彩色变为单色，从而与影片开头效果相呼应。

扫一扫
查看教学视频

1. 再次“装配”画卷

1）将“时间指示器”置于00:00:27:00处，在“项目”面板中展开画轴“01”素材箱，单击选中“画布/01.psd”素材文件，并将其拖至“V1”轨道中的“时间指示器”处。

2）将素材文件“左轴/01.psd”拖至“V2”轨道中，将素材文件“右轴/01.psd”拖至“V4”轨道中。

3）由于图片在1s后才进行变色，所以，先将“时间指示器”置于00:00:28:00处。展开花朵“图片”素材箱，再把素材文件“01.jpg”拖至“V3”轨道中的当前位置，如图2-57所示。

图　2-57

4）在“V3”轨道中的素材文件“01.jpg”上右击，在弹出的快捷菜单中选择“缩放为帧大小”命令，使其满屏显示。

2. 调整画卷持续时间

1）将“V1”轨道中的素材文件“画布/ 01.psd”的出点和“V3”轨道中的素材文件“01.jpg”的出点，都拖至00:00:32:00处，即将它们的持续时间分别调整为5s和4s，如图2-58所示。

2）将“V2”轨道中的素材文件“左轴/01.psd”的出点和“V4”轨道中的素材文件“右

轴/01.psd”的出点，都拖至00:00:33:00处，即将它们的持续时间都调整为6s，如图2-59所示。

制作意图说明：多出来的1s用于制作两个画轴淡出的动画。

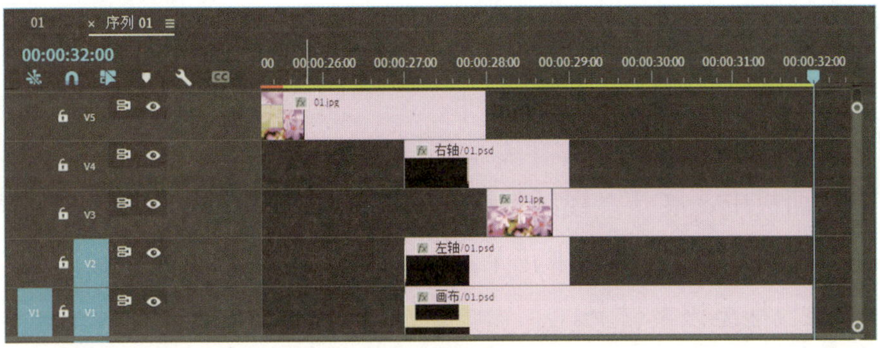

图　2-58

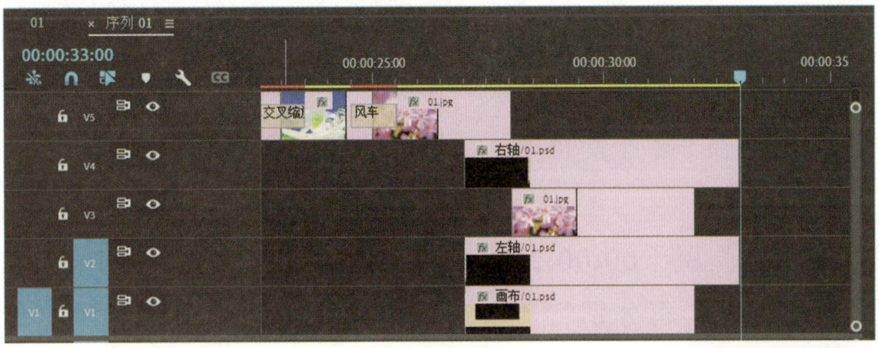

图　2-59

3. 制作图片缩小动画

1）将“时间指示器”置于00:00:27:00处，单击选中“V5”轨道中的“01.jpg”素材文件。在“效果控件”面板中展开“运动”项，取消选中“等比缩放”复选框，分别单击“缩放高度”属性和“缩放宽度”属性前的“切换动画”按钮，设置关键帧，如图2-60所示。

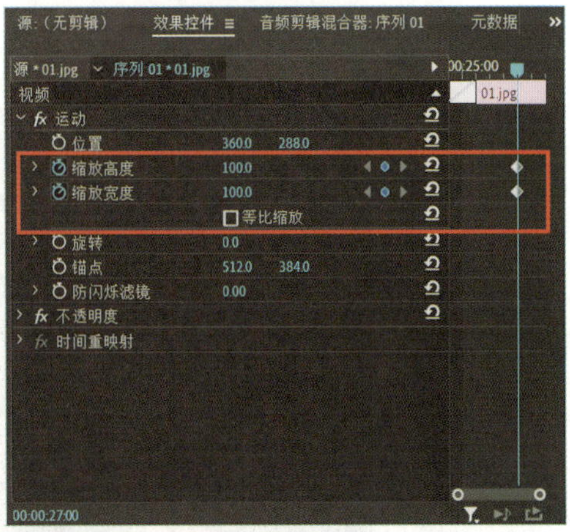

图　2-60

2）将“时间指示器”置于00:00:27:24处，设置“缩放高度”的值为“45.0”，设置“缩放宽度”的值为“70.0”，如图2-61所示。

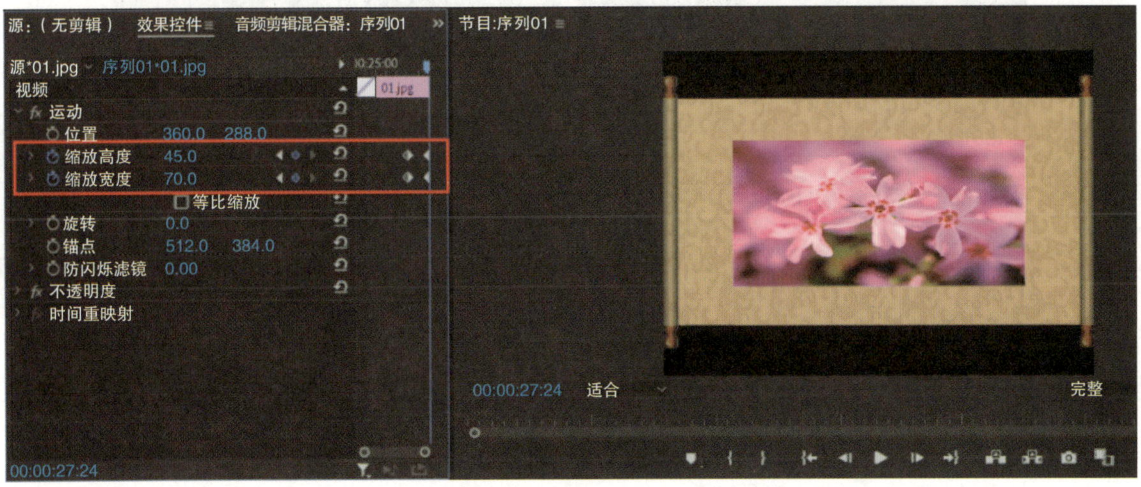

图　2-61

3）单击选中“V3”轨道中的“01.jpg”素材文件，在“效果控件”面板中，取消选中“等比缩放”复选框，设置“缩放高度”的值为“45.0”，设置“缩放宽度”的值为“70.0”，即与“V5”轨道中图片缩小后的大小一致。

4. 制作图片由彩色变为单色的动画

此动画与影片开头处的变色动画制作方法相同。

1）在“效果”面板中，展开“视频效果”文件夹中的“过时”文件夹，将其中的“颜色平衡（HLS）”效果拖至“V3”轨道中花朵素材“01.jpg”上；再将“过时”文件夹中的“快速颜色校正器”效果也拖至该素材上。

2）选中“V3”轨道中花朵素材“01.jpg”，将“时间指示器”置于00:00:28:00处。在“效果控件”面板中，展开“颜色平衡（HLS）”效果，单击其下的“饱和度”左边的“切换动画”按钮，设置第1个关键帧；再在此面板中展开“快速颜色校正器”效果，分别单击其下“平衡数量级”“平衡增益”“平衡角度”属性前的“切换动画”按钮，也为它们设置第1个关键帧。

3）将“时间指示器”置于00:00:29:00处，将“颜色平衡（HLS）”效果下的“饱和度”的值设为“-100.0”；再分别将“快速颜色校正器”效果下的“平衡数量级”参数值设置为“31.77”、“平衡增益”参数值设置为“15.44”、“平衡角度”参数值设置为“-106.1°”，自动产生第2个关键帧，如图2-62所示。

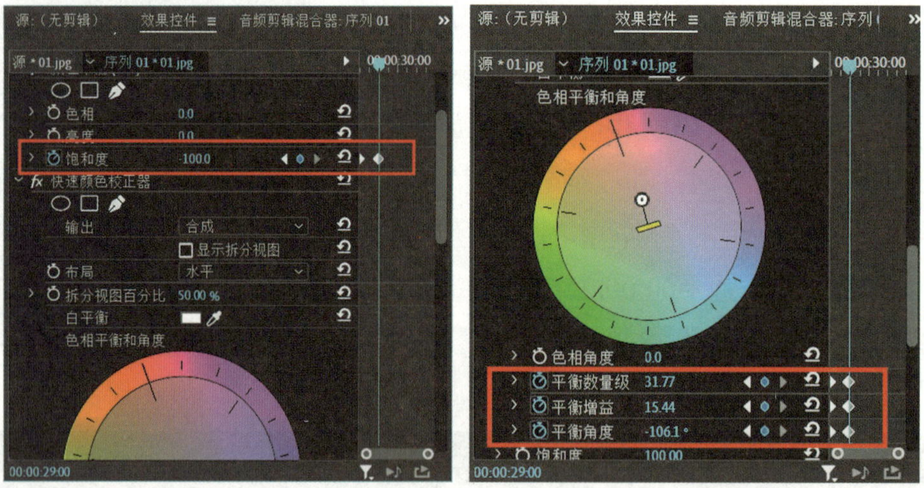

图 2-62

八、制作画卷“卷起”的效果

扫一扫
查看教学视频

实现效果：画卷由右向左逐渐“卷起”。

1. 添加转场效果

1）在“效果”面板中，展开“视频过渡”文件夹中的“擦除”文件夹，将其中的“划出”转场拖至“V1”轨道中素材“画布/01.psd”的出点处，如图2-63所示。

2）在“V1”轨道中，双击刚才添加的“划出”转场，打开其“效果控件”面板，将“持续时间”（即转场时间）设置为00:00:03:00（即3s）。

3）拖动“时间指示器”进行预览，发现画卷转场是由左向右进行的，与需要的效果相反，如图2-64所示。因此，在“效果控件”面板中，选中“反向”复选框，即对转场进行翻转。

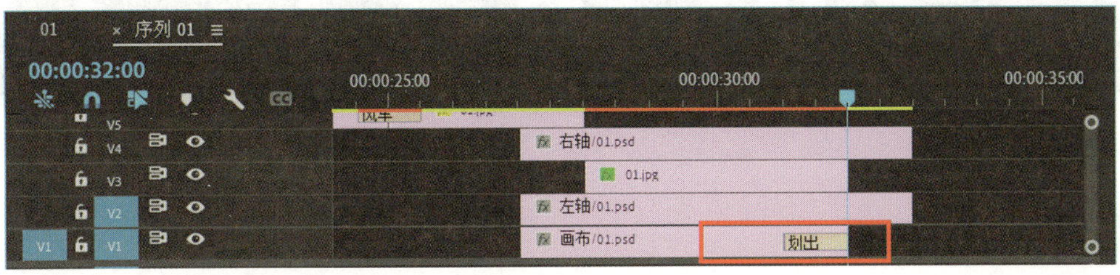

图 2-63

图 2-64

此时，拖动“时间指示器”进行预览，画卷转场效果由右向左“卷起”收拢，如图2-65所示。

图 2-65

4）在“效果”面板中，展开“视频过渡”文件夹中的“擦除”文件夹，将其中的“划出”转场拖至“V3”轨道中素材“01.jpg”的出点处。

在其“效果控件”面板中，将“持续时间”的值也设置为00:00:03:00（即3s），在“效果控件”面板中选中“反向”复选框，对转场进行翻转。

2. 制作右侧画轴的位移动画

1）将“时间指示器”置于00:00:29:00处，单击选中“V4”轨道中的“右轴/01.psd”素材文件。在其“效果控件”面板中展开“运动”项，单击“位置”左边的“切换动画”按钮，开启此属性动画设置，即设置第1个关键帧。

2）将“时间指示器”置于00:00:32:00处，在“效果控件”面板中设置“位置”的第1个参数（即X轴坐标）值为“-337.0”，完成动画的制作。

拖动“时间指示器”进行预览，效果如图2-66所示。

图 2-66

九、加入背景音乐

1）拖动“时间轴”面板左下方的“缩放滑块”改变时间标尺的显示比例，使素材在面板中全部显示，以方便观察。

2）从“项目”面板中将音频素材文件“音乐.wma”拖至“时间轴”面板“A1”音频轨道中。此时，素材的入点应在影片开始位置，即00:00:00:00处，如图2-67所示。

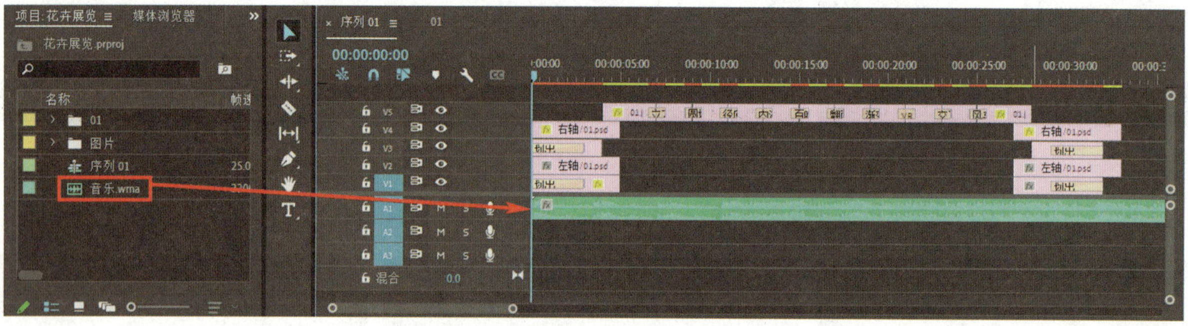

图 2-67

3）将“时间指示器”置于00:00:33:00处，拖动“时间轴”面板左下方的“缩放滑块”改变时间标尺的显示比例，以便于编辑操作。

单击“工具”面板（即工具箱）中的“剃刀工具”，在素材文件“音乐.wma”上的“时间指示器”处单击，对其进行分割，即将素材文件“音乐.wma”在00:00:33:00处分割，如图2-68所示。

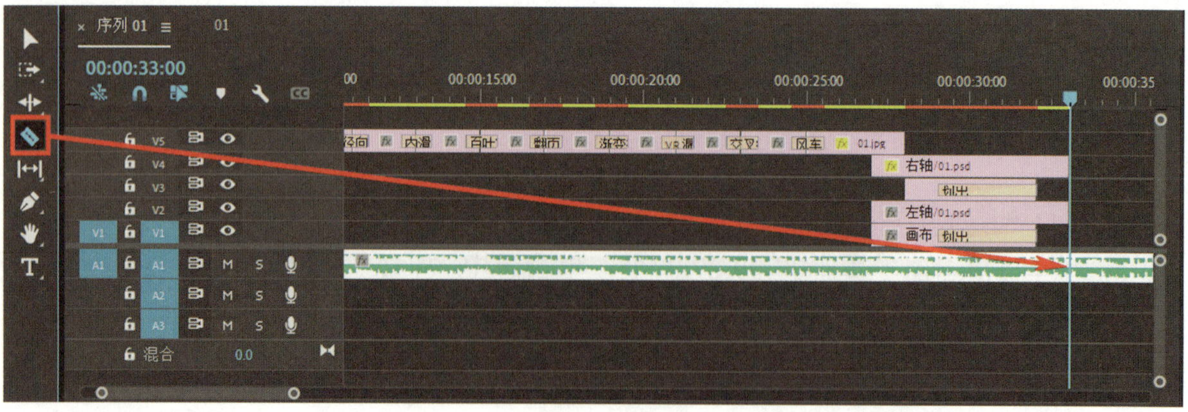

图 2-68

4）单击“工具”面板中的“选择工具”，再单击素材文件“音乐.wma”的后半部分，将其选中后按<Delete>键删除，如图2-69所示。

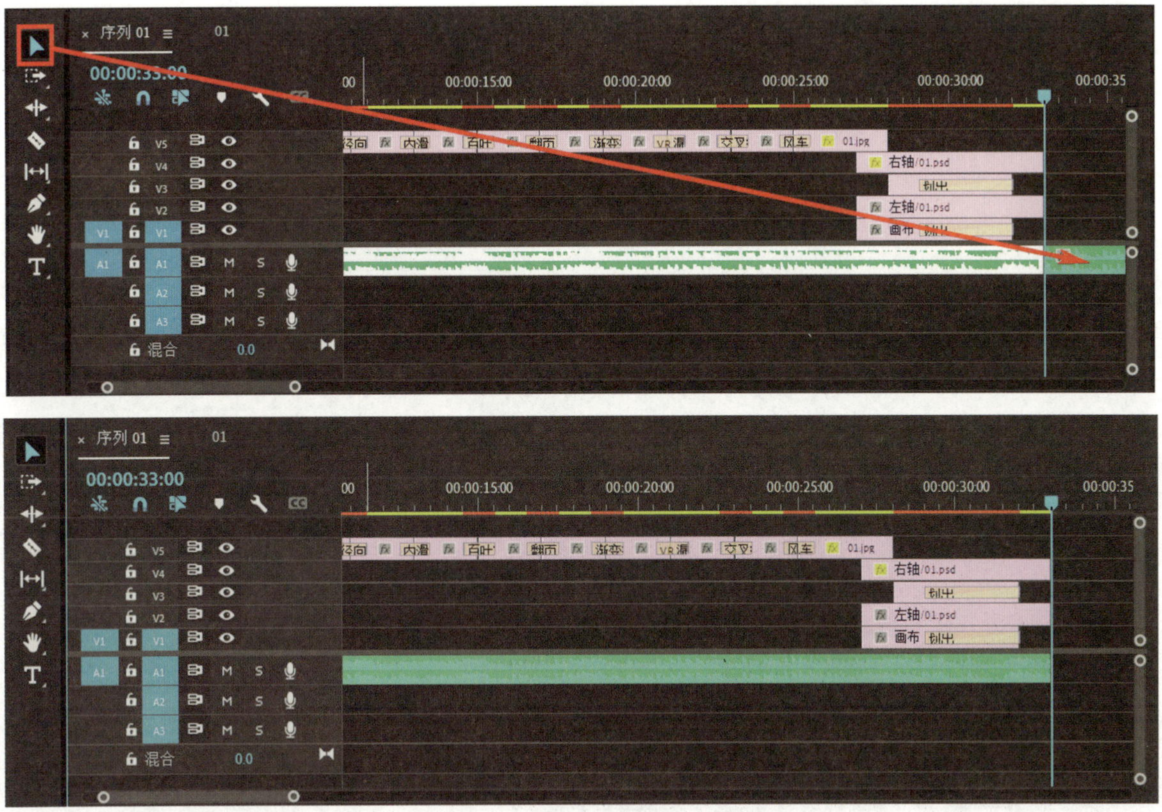

图 2-69

十、制作“淡出效果”

如果此时播放影片，会发现在影片结束时，画轴是突然消失的，而且背景音乐也是突然停止的，显得很不自然。所以，要对它们进行淡出处理。

1）在“效果”面板中，展开“视频过渡”文件夹中的“溶解”文件夹，将其中的“交叉溶解”转场分别拖至“V4”轨道中素材“右轴/01.psd”的出点处和“V2”轨道中素材“左轴/01.psd”的出点处。

2）在“效果”面板中，展开“音频过渡”文件夹中的“交叉淡化”文件夹，将其中的“恒定功率”转场拖至“A1”轨道中素材“音乐.wma”的出点处。双击“A1”轨道中该音频转场，打开其“效果控件”面板。将“持续时间”的值设置为00:00:02:00，即将音频转场持续时间设置为2s。此时，“时间轴”面板如图2-70所示。

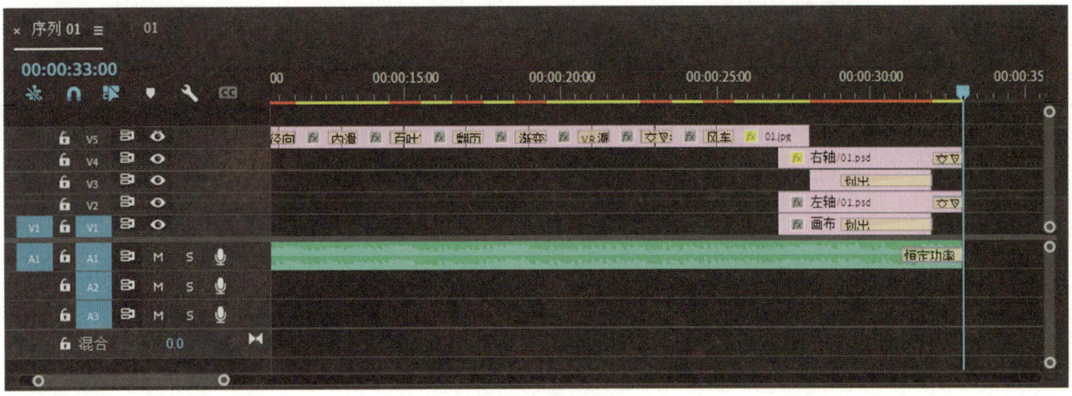

图 2-70

十一、输出影片

1）在“时间轴”面板或“节目监视器”面板中的任意位置单击，以激活面板。

2）执行“文件”→“导出”→“媒体”命令，打开“导出设置”（输出）对话框，在其中指定输出影片的保存路径及文件名，如图2-71所示。

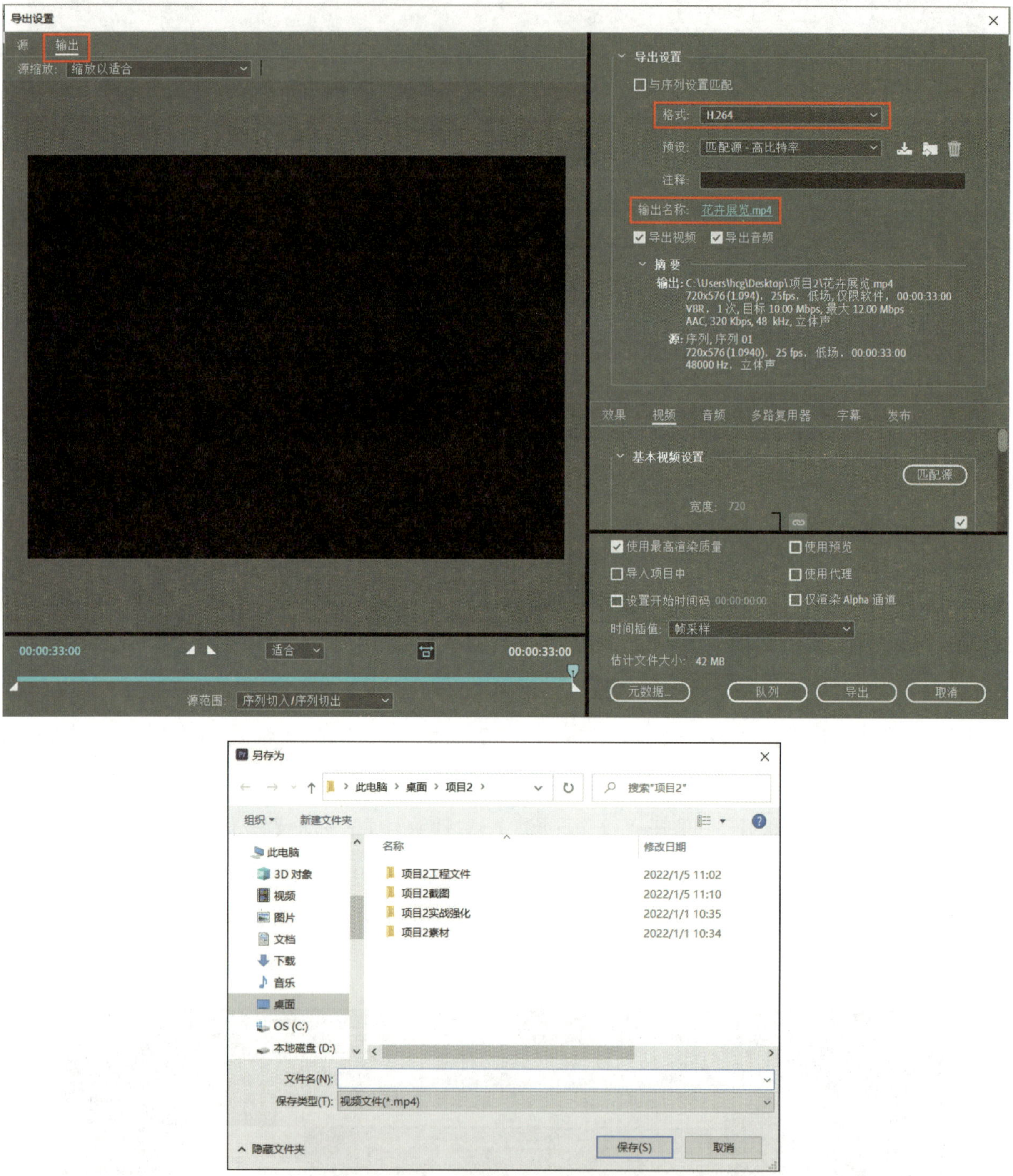

图　2-71

选中对话框中的“导出视频”和“导出音频”复选框，确保音频和视频的输出，如图2-72所示。

单击“导出”按钮，开始影片的渲染输出，如图2-73所示。

图　2-72

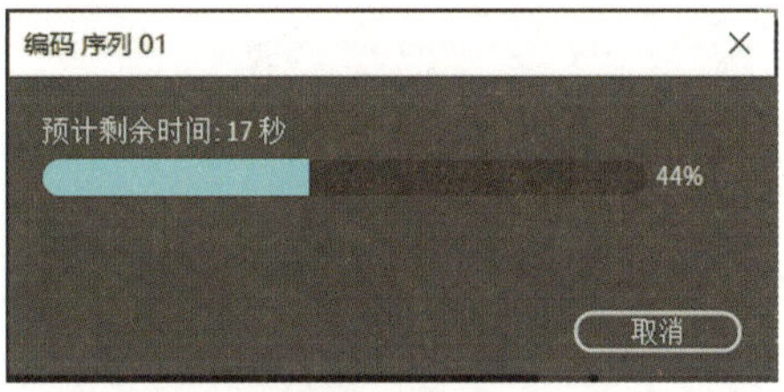

图　2-73

触类旁通

本项目运用了Premiere中的转场效果和属性动画的关键帧控制等功能，制作了一部关于花卉展览的影片。

其中，影片开始部分的画卷“展开”动画和结尾部分的画卷“卷起”动画是制作难点。制作中需要考虑画卷中的图片与画轴轨道的上下关系，结尾时还要对转场进行翻转处理。

影片中间部分的各图片之间的转场较为简单，读者可以根据需要，选择自己喜欢的转场方式。在视频制作中，两个相邻镜头间的切换就是转场。除了镜头的直接硬切（即前一个素材片段的出点帧紧密衔接着后一个素材片段的入点帧，没有任何的转场过渡）外，还有很多其他风格的转场方式。

在实际影片制作中，要根据影片的主题和整体风格酌情使用转场效果，不要滥用或过多使用转场，否则会适得其反。

在影片结尾处，为了使画面和音乐不至于突然消失，采用了“淡出”转场效果。这样的效果在影视制作中也是经常用到的。

实战强化

我国实施载人航天工程以来，广大航天工作者牢记使命、不负重托，培育和发扬了特别能吃苦、特别能战斗、特别能攻关、特别能奉献的“航天精神”。“航天精神”主要表现为热爱祖国、为国争光的坚定信念，勇于登攀、敢于超越的进取意识，科学求实、严肃认真的工作作风，同舟共济、团结协作的大局观念，淡泊名利、默默奉献的崇高品质。这种精神凝聚了全民族的智慧和力量，增强了全民族的自信心和自豪感，鼓舞了勤劳智慧的中国人民更加有志气、有信心、有能力屹立于世界先进民族之林，在攀登现代科技高峰的道路上不断创造非凡的业绩，“航天精神”是我们在新时代更应铭记发扬的精神力量。

请结合本项目讲述的转场知识点，利用项目2配套素材“实战强化”文件夹内的素材，制作主题为“航天精神”的视频短片。

1. 制作要求

1）影片时长为20s，其中素材图片的持续时间为2s，图片之间的转场时间为1s。

2）影片中使用的素材图片要有从小到大和从大到小的缩放动画。

3）片头图片要有从单色变为彩色的变色动画。

4）给影片加入背景音乐，结合画面动画效果和音乐节奏进行声画对位。

5）在影片的开头及结尾，要有画面和音乐的淡入、淡出效果。

2. 制作提示

1）使用“效果”面板中“视频过渡”文件夹中的各转场效果，适当调整转场属性设置。

2）运用的转场效果要结合影片风格来选择，符合庄严大气、蓬勃进取的影片特色。

项目3 序列嵌套——时尚车展

项目情境

某汽车销售公司为配合汽车促销活动，计划举办一次名车展。在展会上，将放映一系列的汽车短片，以展现名车魅力、吸引消费者，其中有一段汽车片花需要制作。汽车销售公司的人员提供了一些汽车的图片，要求利用这些图片素材来制作。

制作要求：

1）时尚、富有动感。

2）有“画中画”的效果，增大信息量。

3）时间为15s。

4）配以欢快的背景音乐。

项目分析

序列嵌套可以对不同素材进行快速处理，比如调色、做动画、画中画效果。嵌套不仅能使时间轴看起来整洁，而且还便于对素材进行剪辑和整理。

本项目制作的时尚车展视频，需要展示出汽车高端、大气和流线型车体的魅力，所以在编辑过程中，合理运用序列嵌套知识点来展示汽车图片，目的是让画面充满动感和活力。通过嵌套使视频中的多种汽车图片可以从不同角度详细介绍汽车，还能体现车展的时尚和动感。通过本项目的学习，可以掌握视频中序列嵌套的应用。在时尚车展视频中运用了欢快的背景音乐来衬托，使整个视频更具有新时代的信息魅力。

知识加油站

把一个序列作为素材片段插入其他序列中，这种方式就叫作嵌套。

可以像操作普通素材一样，对嵌套序列素材片段进行剪辑、加入效果等操作。还可以进行多级嵌套，来创建更为复杂的序列结构。

注意

对源序列中内容所做的任何修改，都会实时反映到其嵌套序列素材片段中。不可进行自身嵌套。

渲染输出后的影片最终效果如图3-1所示。

图 3-1

项目目标

1）掌握效果控件中对运动、不透明度和音频的设置。

2）明确时尚、富有动感的视频的制作方法，制作“画中画”效果。

3）运用序列嵌套对素材进行综合制作。

项目实施

扫一扫
查看教学视频

一、新建项目文件

1）启动Premiere软件，单击“新建项目”按钮，打开“新建项目”对话框。

2）在对话框中展开“DV-PAL”项，选择其下的“标准48kHz”（我国目前通用的电视制式）。单击“浏览”按钮，打开“浏览文件夹”对话框，新建或选择存放项目文件的目标文件夹，这里为“项目3”，单击“确定”按钮，关闭“浏览文件夹”对话框。在“新建项目”对话框的“名称”文本框中输入项目文件的名称——“时尚车展”。单击“确定”按钮，完成项目文件的建立并关闭“新建项目”对话框，进入Premiere的工作界面。

二、导入素材

1）因为要分别导入两组持续时间不一的图片素材，所以建立两个素材箱。执行“文件”→“新建”→“素材箱”命令，或者单击“项目”面板下方的“创建新素材箱”按钮，新建一个素材箱，并将其重命名为“10帧素材”。再次单击“创建新素材箱”按钮，新建一个素材箱，并将其重命名为“1秒素材”，如图3-2所示。

2）执行“编辑”→“首选项”→“时间轴”命令，打开“首选项”对话框。将“静止图像默认持续时间”的值修改为“10”（即将默认导入静态图片的持续时间修改为10帧），如图3-3所示。

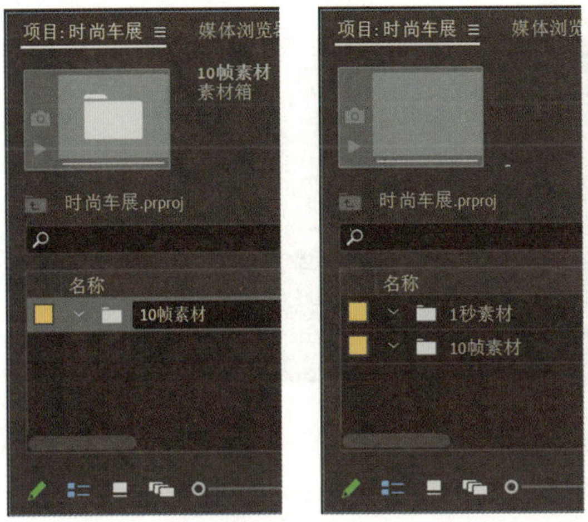

图　3-2

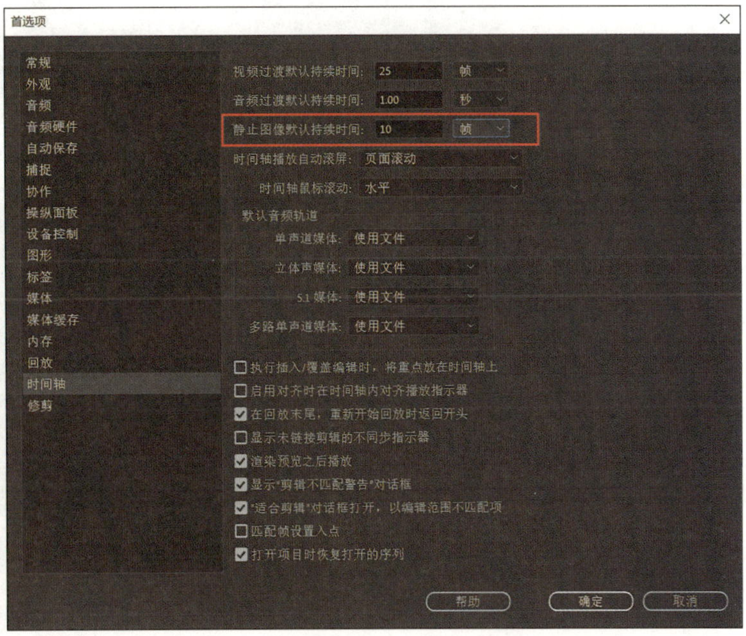

图　3-3

3）双击“10帧素材”素材箱，将其打开。执行“文件”→“导入”命令（或按<Ctrl+I>快捷键），打开“导入”对话框。选中配套资源“项目3”文件夹中“项目3素材” 文件夹内的汽车图片素材“02.jpg”～“19.jpg”，共18幅图片（图片“01. jpg”在下面制作片头文字时用到）。单击“打开”按钮将这些图片导入“10帧素材”素材箱中。

4）执行“编辑”→“首选项”→“时间轴”命令，打开“首选项”对话框。将“静止图像默认持续时间”的值修改为“25”（即将默认导入静态图片的持续时间修改为25帧）。

5）双击“1秒素材”素材箱，将其打开。执行“文件”→“导入”命令（或按<Ctrl+I> 快捷键），打开“导入”对话框。选中配套资源“项目3”文件夹中“项目3素材” 文件夹内的图片“12.jpg”～“20.jpg”，共9幅图片。单击“打开”按钮将这些图片导入“1秒素材”素材箱中。

6）在“项目”面板的空白处单击，再执行“文件”→“导入”命令，打开“导入”对话框。选中配套资源“项目3”文件夹中“项目3素材”文件夹内的“01.jpg”、声音素材“音乐.wav”（背景音乐）、图片素材“film.tga”（胶片图）。单击“打开”按钮将这些素材导入“项目”面板中。至此，素材准备完毕。

三、片头的制作

1）在“项目”面板中的“序列01”上右击，在弹出的快捷菜单中执行“重命名”命令，将该序列重新命名为“片头”。

2）在“项目”面板中单击选中素材“01.jpg”，将其拖至“时间轴”面板“片头”中的“V1”轨道。左右拖动“时间轴”面板左下部的“缩放滑块”，改变时间标尺的显示比例，以调整“01.jpg”在“时间轴”面板中的显示，如图3-4所示。

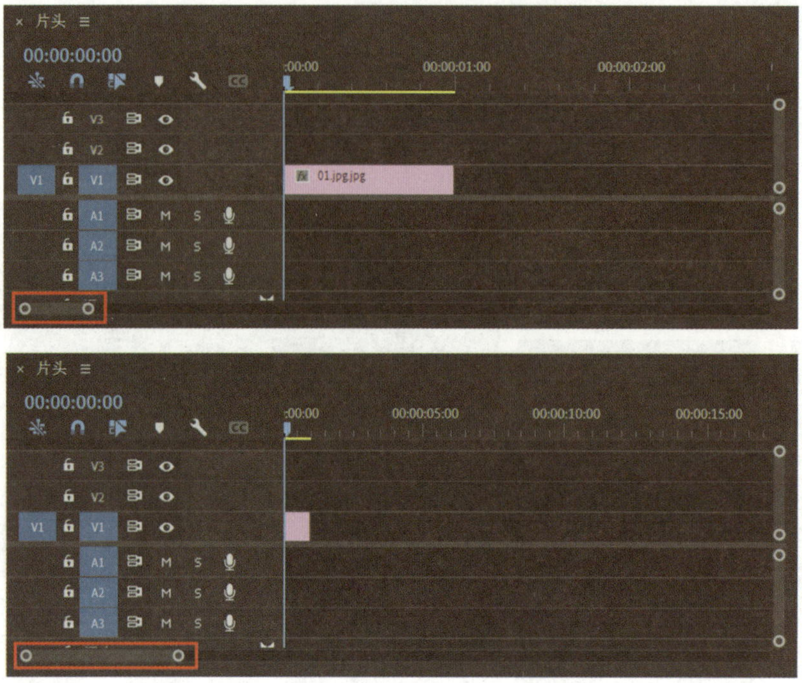

图　3-4

小提示

可以在英文输入法的状态下，通过按<->、<=>和<\>三个快捷键来分别实现缩小查看、放大查看和以默认合适大小显示“时间轴”面板上的全部素材，熟练运用快捷键可以显著提高工作效率。

3）由于图片素材“01.jpg”的图像尺寸为1024×768（在“项目”面板中的素材“01.jpg”上右击，在弹出的快捷菜单中选择“属性”命令，弹出的窗口中会显示素材的相关信息），而项目设置中图像尺寸为720×576。显然，素材尺寸偏大，致使图片在“节目监视器”面板中显示不全。因此，在“时间轴”面板中的素材“01.jpg”上右击，在弹出的快捷菜单中选择“设为帧大小”命令，使其满屏显示，如图3-5所示。

图　3-5

小提示

虽然可以通过“设为帧大小”命令使过大或过小的素材图片满屏显示，但是，对小于项目设置中图像尺寸的素材来讲，会使图像清晰度下降。为此，在视频编辑中应尽量使用等于或大于项目设置中图像尺寸的素材。

4）要做3s的片头，现在“时间轴”面板中素材“01.jpg”的持续时间只有1s，为此，需要进行一些调整。

将当前“时间指示器”移至00:00:03:00（即3s）处，移动鼠标指标到素材“01.jpg”的右侧出点位置，会出现“剪辑出点”图标，拖动出点至“时间指示器”处，如图3-6所示。

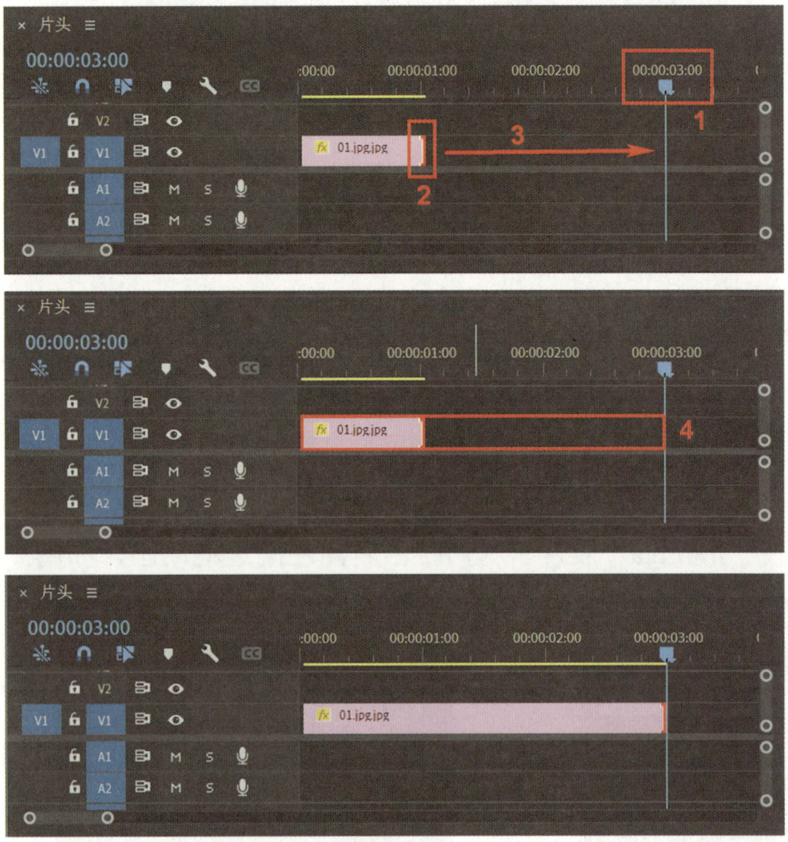

图　3-6

5）胶片素材“film.tga”是有6个小画幅的图片，如图3-7所示。

图　3-7

后面要在每个小画幅处都放置一幅汽车图片，所以需要占用6条视频轨道，加之素材“film.tga”还需占用1条，目前空余2条视频轨道，所以还缺少5条视频轨道。

添加视频轨道：执行“序列”→“添加轨道”命令（或在“时间轴”面板的轨道名称上右击），在弹出的“添加轨道”对话框中按图3-8所示进行设置，单击“确定”按钮退出。

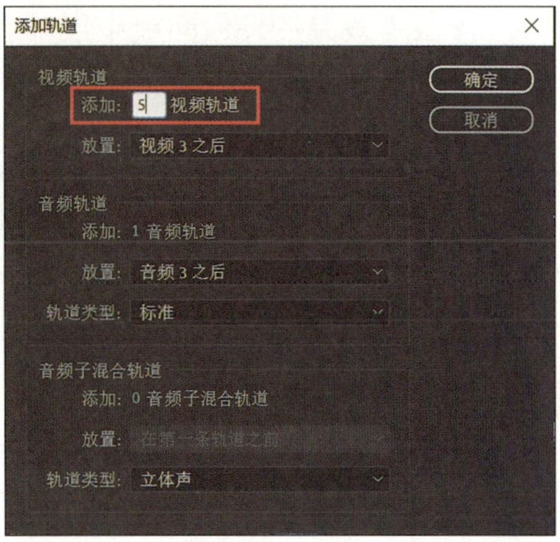

图　3-8

此时，“时间轴”面板的变化如图3-9所示。

6）在“项目”面板中单击选中素材“film.tga”，将其拖至“时间轴”面板“片头”中的“V8”轨道，利用步骤4）的方法将其出点也拖至00:00:03:00（即3s）处。

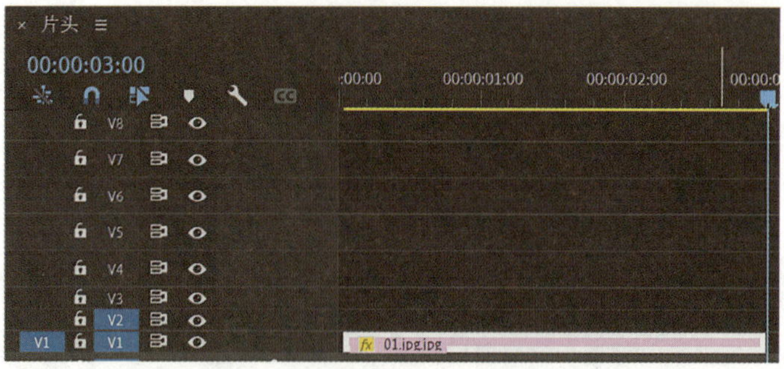

图　3-9

7）改变素材“film.tga”在屏幕中的位置。单击“节目监视器”面板下方的“转到入点”按钮，当前“时间指示器”回到00:00:00:00处。单击选中“V8”轨道中的“film.tga”素材，在“效果控件”面板中展开“运动”项，设置其下“位置”属性的值为“617.0”和“445.0”（分别代表X坐标和Y坐标），如图3-10所示。

8）设置胶片动画。单击“位置”左边的“切换动画”按钮，开启此属性动画设置，即设置第1个关键帧。单击“节目监视器”面板下方的“转到出点”按钮，在“效果控件”面板中设置“位置”属性的第1个值（X坐标）为“100.0”，“位置”属性会自动产生第2个关键帧，此时，会使“film.tga”胶片素材产生由右向左的运动动画，如图3-11所示。

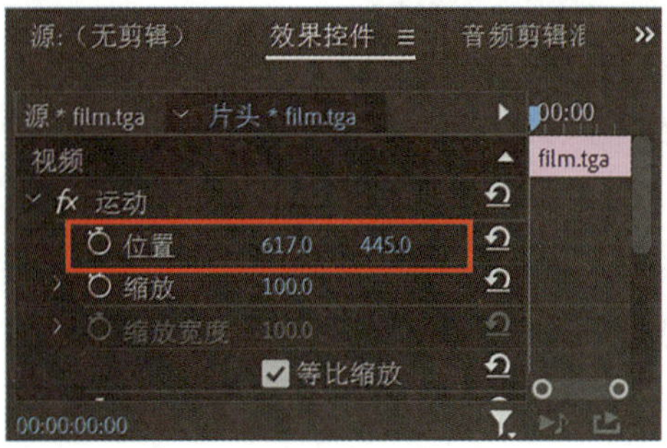

图　3-10

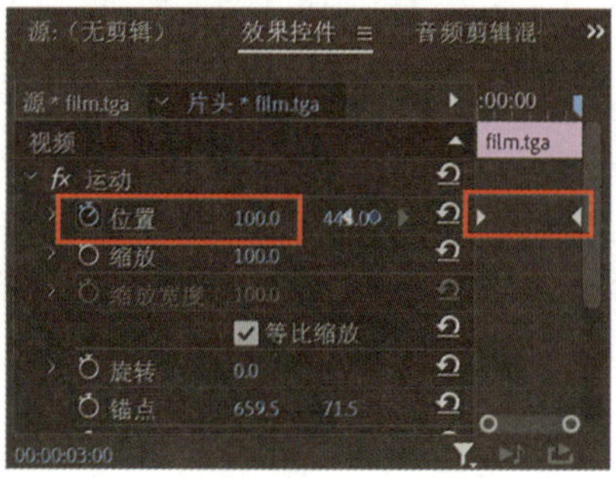

图　3-11

扫一扫
查看教学视频

9）为胶片小画幅加入汽车图片并设置动画。

①单击“节目监视器”面板下方的“转到入点”按钮，当前“时间指示器”回到00:00:00:00处。在“项目”面板中展开“1秒素材”素材箱，将“20.jpg”素材拖至“时间轴”面板的“V2”轨道中，并将其出点也拖至00:00:03:00处，即把持续时间设置为3s。

②在“效果控件”面板中展开“运动”项，取消选中“等比缩放”复选框，设置“缩放高度”的值为“14.5”，设置“缩放宽度”的值为“14.0”，设置“位置”属性的值为“115.0”和“446.0”，如图3-12所示。

③由于小图片要随胶片的运动而同步运动，所以要参照胶片素材的运动参数变化来设置动画。

胶片素材的“位置”属性第1个值（X坐标）在00:00:00:00和00:00:03:00处分别为“617.0”和“100.0”，即从右向左运动了517（617.0–100.0=517.0）个像素。

④确认当前“时间指示器”在00:00:00:00处，单击选中“时间轴”面板中的“20.jpg”素材，再在“效果控件”面板中单击“位置”左边的“切换动画”按钮，开启此属性动画设置，即设置第1个关键帧；单击“节目监视器”面板下方的“转到出点”按钮，将“位置”

属性的第1个值（X坐标）设置为“-414.0”（103-517=-414），“位置”属性会自动产生第2个关键帧，拖动“时间指示器”即可观察动画效果。

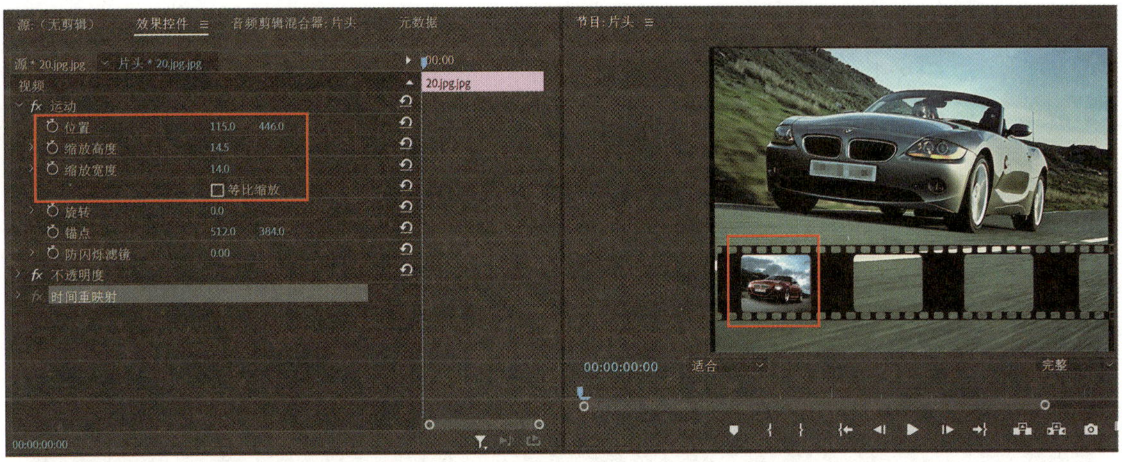

图　3-12

⑤ 采用上述方法，分别将“19. jpg”素材至“15. jpg”素材拖至“V3”～“V7”轨道中，并把持续时间都延长为3s；在“效果控件”面板中设置“缩放高度”的值均为“14.5”，设置“缩放宽度”的值均为“14.0”，设置“位置”属性第2个值（Y坐标）为“446”。

设置素材“19. jpg”的“位置”属性（X坐标）动画（注意打开“切换动画”按钮）：入点处（00:00:00:00）的值为“307.0”，出点处（00:00:02:24）的值为“-210.0”。

设置素材“18. jpg”的“位置”属性（X坐标）动画（注意打开“切换动画”按钮）：入点处（00:00:00:00）的值为“510.0”，出点处（00:00:02:24）的值为“-7.0”。

⑥ 由于在00:00:00:00处时，“节目监视器”面板无法完全显示出胶片的第4～第6个小画幅，所以，对这三个画幅内的汽车图片动画可以采用先设置出点关键帧，再设置入点关键帧的方法。

单击“节目监视器”面板下方的“转到出点”按钮→}，在“效果控件”面板中设置素材“15. jpg”的“位置”属性（X坐标）动画（注意打开“切换动画”按钮）：出点处（00:00:02:24）的值为“609.0”，入点处的值为“1126.0”（609.0+517.0=1126.0）。

用同样的方法，设置素材“16. jpg”的“位置”属性（X坐标）动画（注意打开“切换动画”按钮）：出点处（00:00:02:24）的值为“406.0”，入点处的值为“923.0”。

设置素材“17. jpg”的“位置”属性（X坐标）动画（注意打开“切换动画”按钮）：出点处（00:00:02:24）的值为“207.0”，入点处的值为“724.0”。

此时，可以拖动“时间指示器”观察胶片的整体动画效果，如图3-13所示。

图　3-13

10）制作片头文字。

①将当前“时间指示器”置于00:00:00:00处，执行“文件”→“新建”→“旧版标题”命令，弹出“新建字幕”对话框，输入字幕名称“片头文字”。单击“确定”按钮关闭对话框，调出“字幕”面板。

扫一扫
查看教学视频

②在绘制区域单击输入文字的开始点，出现闪动光标，输入文字“车行天下”，输入完毕后单击工具箱中的“选择工具”按钮▶结束输入。保持文本的选中状态，执行“旧版标题”→“字体”命令，在字体列表中选择“华文行楷”字体。

③在右侧“旧版标题属性”面板中，设置“字体大小”为“100.0”，设置文本填充颜色为红色（R：247、G：10、B：10）；添加“外描边”，设置“大小”的值为“22”，填充颜色为白色，如图3-14所示。

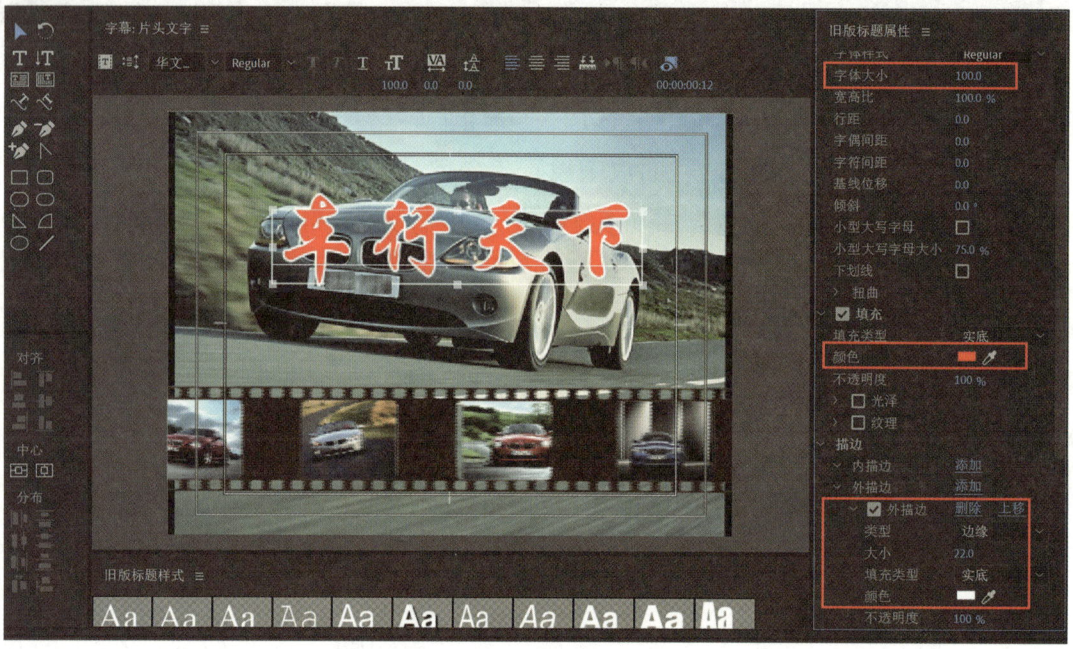

图 3-14

④对文本进行变形修饰。在右侧“旧版标题属性”面板中，调节“属性”下“扭曲”的X值为“57.0%”、Y值为“-41.0%”。此时，文本发生变形，大小和字间距有些不合适。为此，调节“字体大小”（字号）为“137.0”、“字偶间距”为“-62.0”。右击“车行天下”文字素材，在弹出的快捷菜单中执行“位置”→“水平居中”命令，使文本水平居中，再适当调整文本的上下位置。具体如图3-15所示。

进阶操作：

对文本添加投影。选中“阴影”复选框，设置“不透明度”值为“75%”、“角度”值为“-225.0”、“距离”值为“7.0”、“扩展”值为“21.0”。

如果文本与画面内容对比不明显，则可以在文本下方绘制一个带有颜色的图形，并调整图形的不透明度。单击“字幕”面板工具箱中的“矩形工具”按钮■，绘制一个矩形，调整矩形的填充颜色（R：17、G：113、B：205）及大小；右击“矩形”，在弹出的快捷菜单中执行“排列”→“后移”命令，将矩形置于文本下方；调节“填充”属性中的“不透明度”值至合适大小（50%），如图3-16所示。

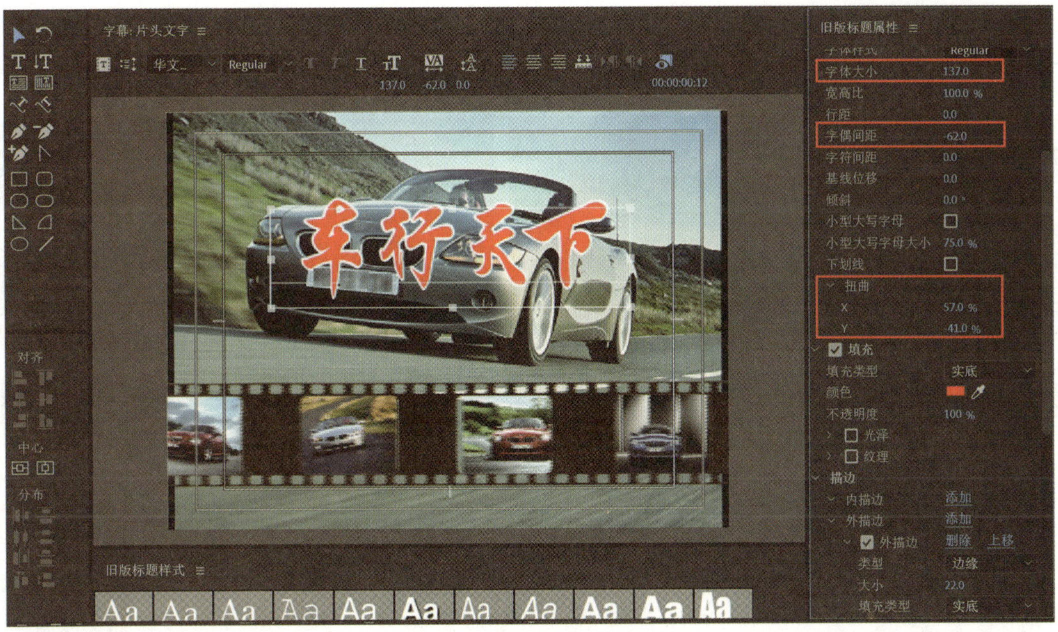

图　3-15

图　3-16

本项目接下来的操作将使用这样的文本效果。该字幕文件已保存为“片头文字_进阶.prtl”，读者可将其导入“项目”面板中使用。

⑤ 导入“进阶操作”中的字幕文件。在“项目”面板空白处单击，执行“文件”→“导入”命令（或按<Ctrl+I>快捷键），打开“导入”对话框，选中配套资源“项目3”文件夹中的“片头文字_进阶.prtl”文件，单击“打开”按钮将其导入“项目”面板中。至此，片头所用字幕制作完成。

11）在“时间轴”面板中装配文字。

将“项目”面板中“片头文字”素材拖至“时间轴”面板“片头”中最上层“V8”轨道的上方空白处，如图3-17所示。

释放鼠标后，轨道“V8”的上方会新增一条“V9”视频轨道，且“片头文字”素材也已置入此轨道中。运用前面的方法，将“片头文字”素材的持续时间也调整为3s，与其他素材等长，制作完成，如图3-18所示。

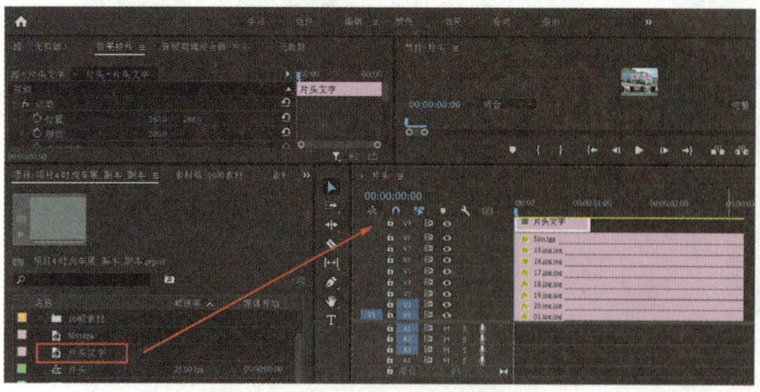

图 3-17

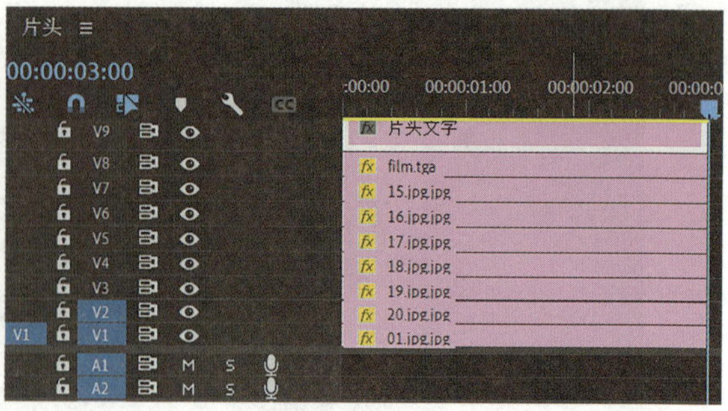

图 3-18

扫一扫
查看教学视频

四、制作子序列

1. 制作6s序列

1）单击“项目”面板下方的“新建项目”按钮，在弹出的列表中选择“序列”选项（或执行“文件”→“新建”→“序列”命令），弹出“新建序列”对话框。输入新序列的名称“10帧”，单击“确定”按钮关闭对话框，如图3-19所示。

2）在“项目”面板中展开“10帧素材”素材箱，按<Shift>键选中“05.jpg”～“19.jpg”共15个素材，将其拖至“时间轴”面板“10帧”的“V1”轨道中，如图3-20所示。

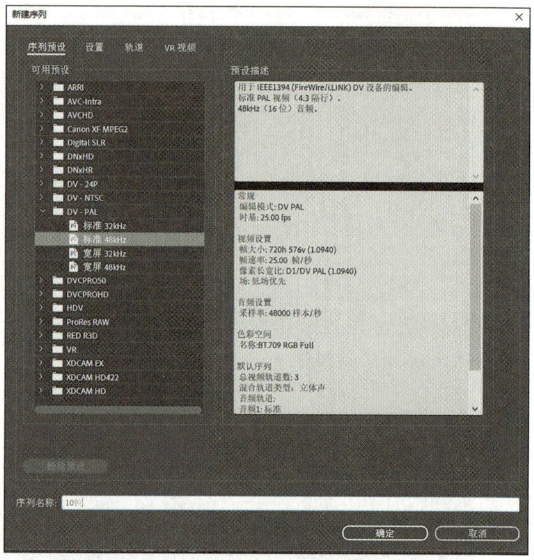

图 3-19

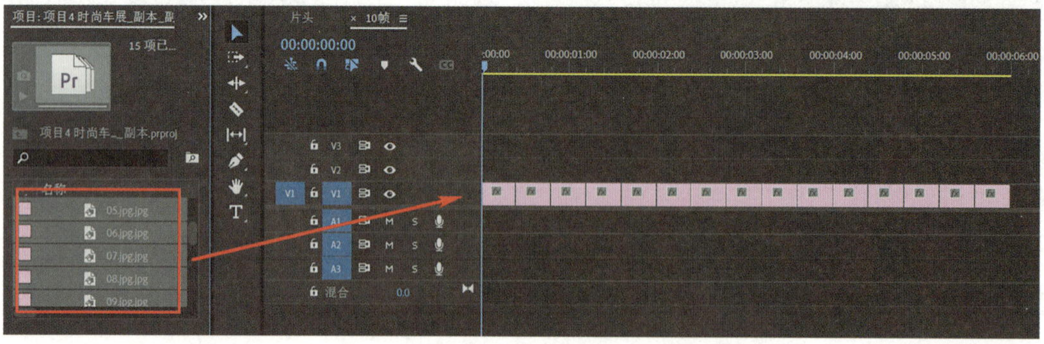

图 3-20

小提示

因为要制作6s的序列，即6s×25帧/s=150帧，所以需要10帧的素材共计15个。

如果“时间轴”面板中的素材不便于观察，可以拖动面板下方的“缩放滑块”改变时间标尺的显示比例，如图3-21所示。

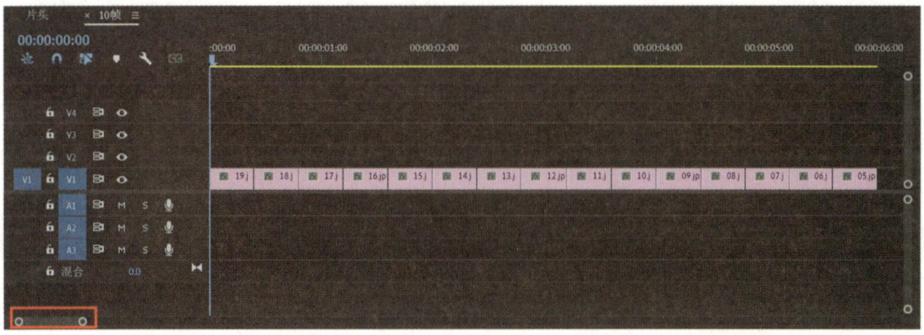

图　3-21

3）执行“编辑”→“全选”命令（或按<Ctrl+A>快捷键）选中“V1”轨道中的所有素材，并在素材上右击，在弹出的快捷菜单中选择“设为帧大小”命令，选中的全部素材将满屏显示，如图3-22所示。

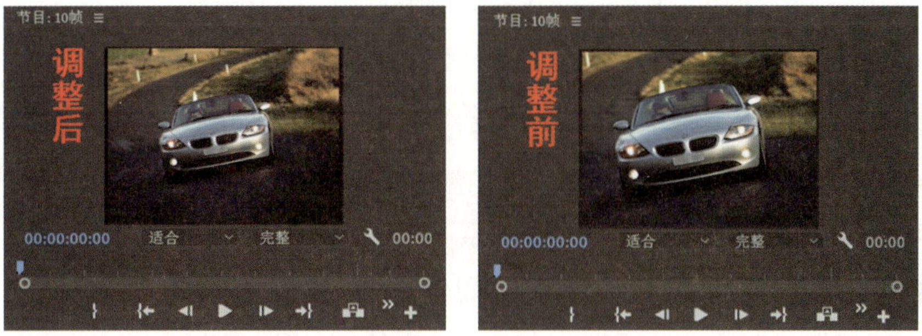

图　3-22

4）单击“项目”面板的空白处，取消对素材的选中状态。

小提示

如果不取消素材的选中状态，则将来新建序列时，会建立在当前的素材箱中，不便于管理，如图3-23所示。

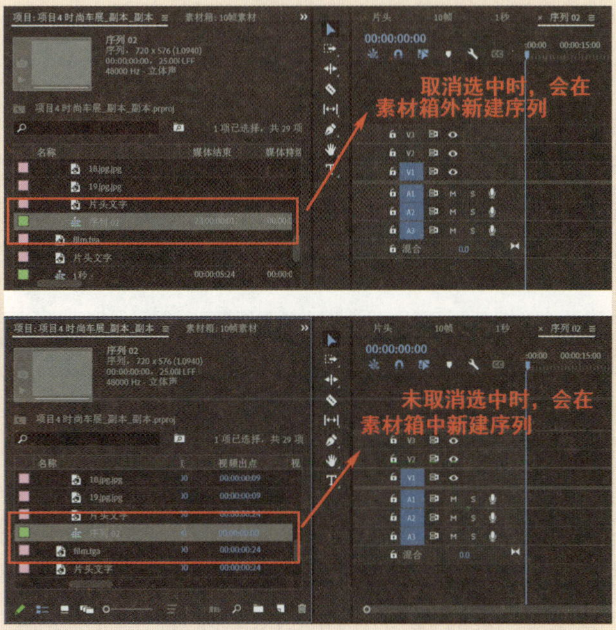

图　3-23

单击“项目”面板下方的“新建项目”按钮■，在弹出的列表中选择“序列”选项（或执行“文件”→“新建”→“序列”命令），打开“新建序列”对话框，输入新序列名称“1秒”，并单击“确定”按钮关闭对话框。

5）在“项目”面板中展开“1秒素材”素材箱，按<Shift>键选中素材“12.jpg”～“17.jpg”共6个素材，并将其拖至“时间轴”面板“1秒”的“V1”轨道中。

6）为了便于观察“时间轴”面板中的素材，可以拖动面板下方的“缩放滑块”改变时间标尺的显示比例。

7）执行“编辑”→“全选”命令（或按<Ctrl+A>快捷键）选中“V1”轨道中的所有素材，并在素材上右击，在弹出的快捷菜单中选择“设为帧大小”命令，选中的全部素材在“节目监视器”面板中将满屏显示。

2. 制作2s序列

为了给影片增加动感，再来制作三段2s的序列。

制作意图说明：三段2s的序列内容分别为汽车图片的Y轴旋转动画、X轴旋转动画、不透明度的变化动画。在2s时间内，动画过程仅为前8帧，其余为动画完成后的静止持续时间。

（1）Y轴旋转动画

1）单击“项目”面板的空白处，取消对素材的选中状态。单击“项目”面板下方的“新建项目”按钮■，在弹出的列表中选择“序列”选项（或执行“文件”→“新建”→“序列”命令），打开“新建序列”对话框，输入新序列的名称“动画1”，并单击“确定”按钮关闭对话框。

2）在“项目”面板中展开“1秒素材”素材箱，选中素材“18.jpg”并将其拖至“时间轴”面板“动画1”的“V1”轨道中。

3）将当前“时间指示器”置于00:00:02:00处，拖动素材片段“18.jpg”的出点至“时间指示器”处，即将素材片段“18.jpg”的持续时间设为2s。

小提示

也可先执行“编辑”→“首选项”→“时间轴”命令，打开“首选项”对话框，将“静止图像默认持续时间”的值修改为“50”（即将默认导入静态图片的持续时间修改为50帧），再在“项目”面板中导入所需的图片素材，这样导入的素材在拖至时间轨道中时，其持续时间就是2s。

4）利用前面所讲的方法，使素材在“节目监视器”面板中满屏显示。

5）在“效果”面板中，展开“视频效果”文件夹中的“扭曲”文件夹，将其中的“变换”效果拖至素材片段“18.jpg”上，如图3-24所示。

6）将当前“时间指示器”置于00:00:00:00处，确认“时间轴”面板中的素材片段“18.jpg”处于选中状态，在“效果控件”面板中展开“变换”效果，单击其“缩放宽度”属性名称左边的“切换动画”按钮■，激活“缩放宽度”属性的关键帧功能，同时创建第1个关键帧，再将其参数设置为“-100.0”。

图 3-24

7）将当前“时间指示器”置于00:00:00:08处，在“效果控件”面板中，将“缩放宽度”属性的参数设置为“100.0”，随即会产生第2个关键帧，如图3-25所示。

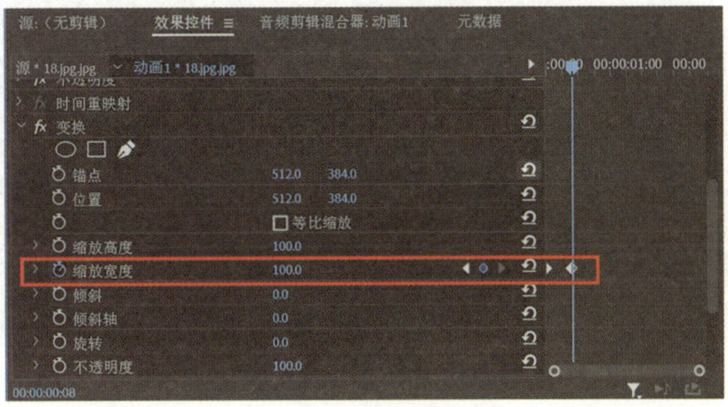

图 3-25

小提示

这个动画是巧妙利用宽度方向的正负值缩放来模拟图片的旋转，从而产生了图片沿着Y轴“旋转”的效果。

“节目监视器”面板中的播放效果如图3-26所示。

图 3-26

（2）X轴旋转动画

1）单击“项目”面板的空白处，取消对素材的选中状态，单击“项目”面板下方的“新建项目”按钮，在弹出的列表中选择“序列”选项（或执行“文件”→“新建”→“序列”命令），打开“新建序列”对话框，输入新序列的名称“动画2”，单击“确定”按钮关闭对话框。

2）在“项目”面板中展开“1秒素材”素材箱，选中素材“19.jpg”并将其拖至“时间轴”面板“动画2”的“V1”轨道中。

3）将素材片段“19.jpg”的持续时间设为2s。

4）利用前面的方法，使素材在“节目监视器”面板中满屏显示。

5）在“效果”面板中，展开“视频效果”文件夹中的“扭曲”文件夹，将其中的“变换”效果拖至素材片段“19.jpg”上。

6）将当前“时间指示器”置于00:00:00:00处，确认“时间轴”面板中的素材片段“19.jpg”处于选中状态。在“效果控件”面板中，展开“变换”效果，单击其“缩放高度”属性名称左边的“切换动画”按钮，激活“缩放高度”属性的关键帧功能，同时创建第1个关键帧，再将其参数设置为“–100.0”。

7）将当前“时间指示器”置于00:00:00:08处，在“效果控件”面板中，将“缩放高度”属性的参数设置为“100.0”，随即会产生第2个关键帧，如图3-27所示。

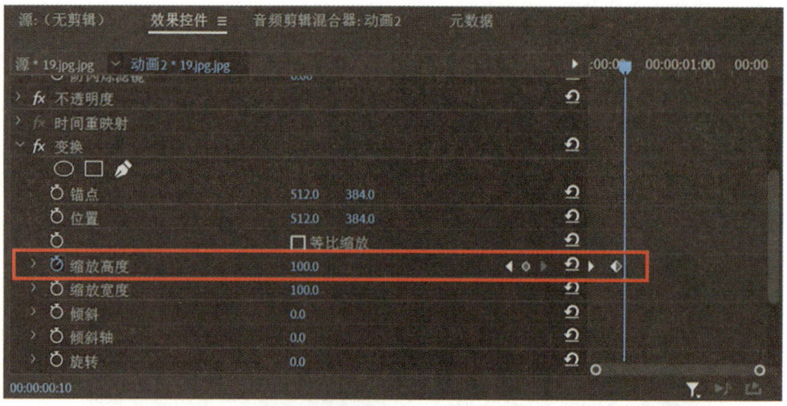

图　3-27

“节目监视器”面板中的播放效果如图3-28所示。

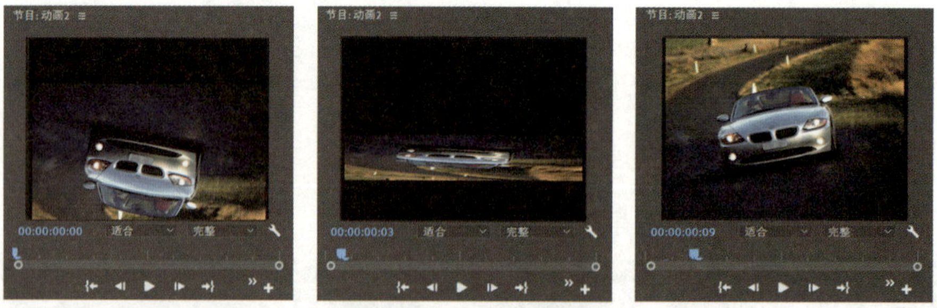

图　3-28

（3）不透明度的变化动画

1）单击“项目”面板的空白处，取消对素材的选中状态。单击“项目”面板下方的“新建项目”按钮，在弹出的列表中选择“序列”选项（或执行“文件”→“新建”→“序列”命令），打开“新建序列”对话框，输入新序列的名称“动画3”，并单击“确定”按钮关闭对话框。

2）在“项目”面板中展开“1秒素材”素材箱，选中素材“20.jpg”将其拖至“时间轴”

面板“动画3”的“V1”轨道中。

3）将素材片段“20.jpg”的持续时间设为2s。

4）利用前面的方法，使素材在“节目监视器”面板中满屏显示。

5）将当前“时间指示器”置于00:00:00:00处，确认“时间轴”面板中的素材片段“20.jpg”处于选中状态。在“效果控件”面板中，展开“不透明度”项，将“不透明度”属性的参数设置为“0”（即素材不可见），产生第1个关键帧。

6）将当前“时间指示器”置于00:00:00:08处，在“效果控件”面板中，将“不透明度”属性的参数设置为“100”（即素材完全可见），随即会产生第2个关键帧，如图3-29所示。

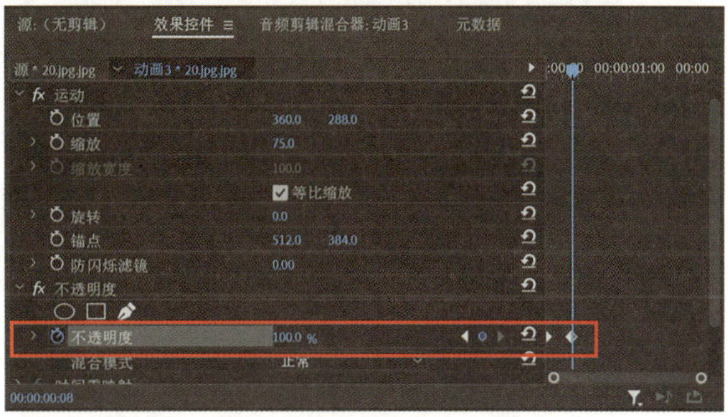

图 3-29

“节目监视器”面板中的播放效果如图3-30所示。

图 3-30

五、制作转场用嵌套序列

扫一扫
查看教学视频

制作意图说明：由于在本项目中从片头过渡到影片时，要应用转场效果，而在影片结束时也会应用转场效果，如果不对序列嵌套，则添加转场后，会出现错误的结果，所以需要再制作两个转场用的嵌套序列。

1. 6s转场用序列

1）单击“项目”面板的空白处，取消对素材的选中状态。单击“项目”面板下方的“新建项目”按钮，在弹出的列表中选择“序列”选项（或执行“文件”→“新建”→“序列”命令），打开“新建序列”对话框，输入新序列的名称“转场1”，并将“视频”轨道数设置为“4”，单击“确定”按钮关闭对话框，如图3-31所示。

2）在“项目”面板中，选中序列“1秒”将其拖至“时间轴”面板“转场1”的“V1”轨中，如图3-32所示。

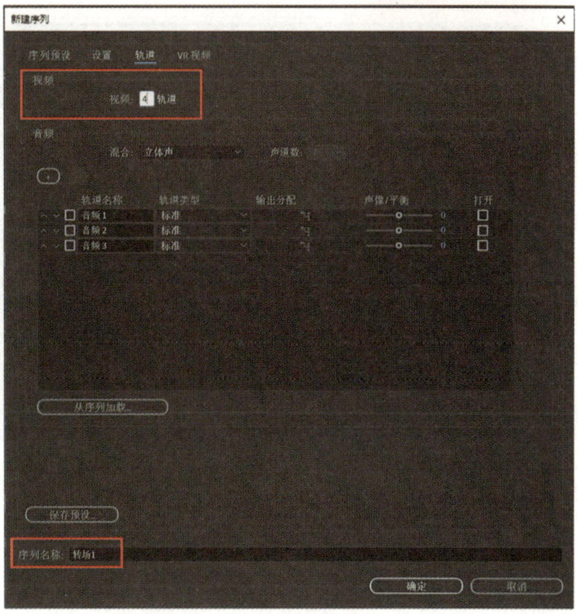

图 3-31

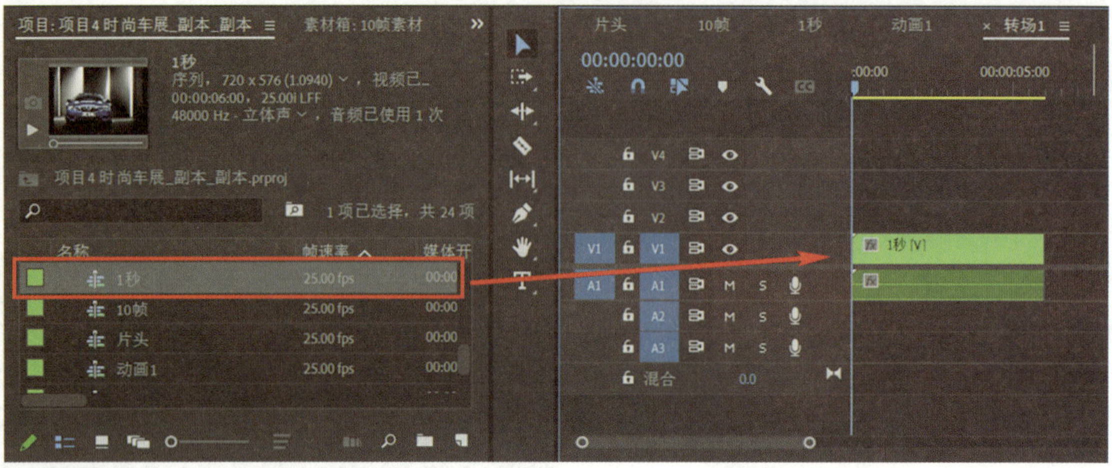

图 3-32

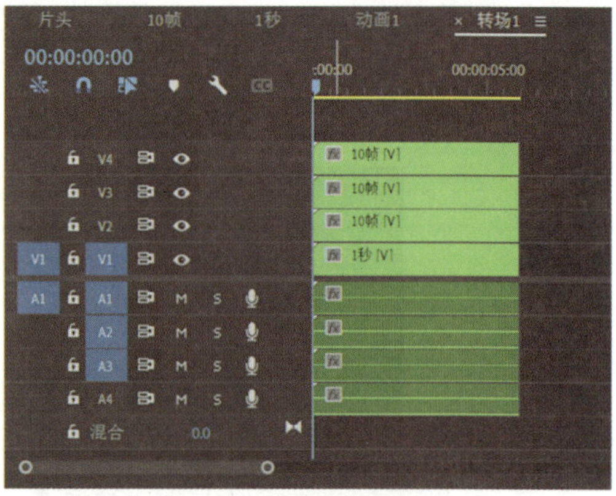

3）分别将序列“10帧”拖至“V2”～“V4”轨道中，如图3-33所示。

图 3-33

4）改变序列素材“10帧”在屏幕中的位置。

①单击选中“V4”轨道中的“10帧”序列素材，在“效果控件”面板中展开“运动”项，取消选中“等比缩放”复选框，设置“缩放高度”的值为“20.0”，设置“缩放宽度”的值为“21.0”，设置“位置”属性的值为“600.0”和“150.0”，如图3-34所示。

②采用同样的方法，改变“V3”轨道中“10帧”序列素材的属性：在“效果控件”面板中设置“缩放高度”的值为“20.0”、“缩放宽度”的值为“21.0”、“位置”属性的值为“600.0”和“288.0”。

③改变“V2”轨道中“10帧”序列素材的属性：在“效果控件”面板中设置“缩放高度”的值为“20.0”、“缩放宽度”的值为“21.0”、“位置”属性的值为“600.0”和“426.0”。

此时，“节目监视器”面板中的效果如图3-35所示。

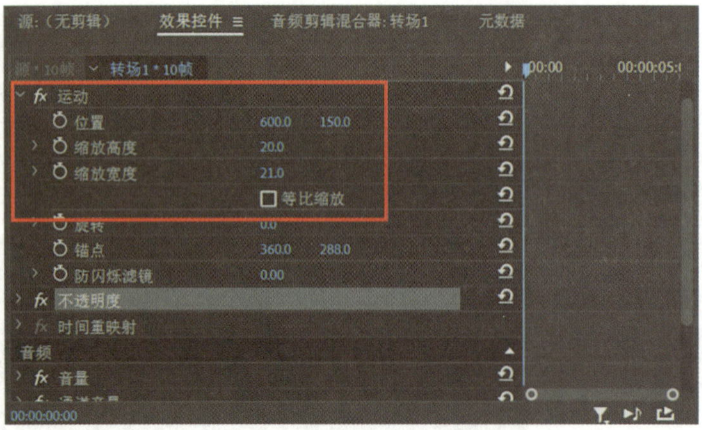

图 3-34

图 3-35

④改变“V1”轨道中序列素材“1秒”在屏幕中的位置。

利用上述方法，在“效果控件”面板中设置“缩放高度”的值为“68.0”、“缩放宽度”的值为“66.0”、“位置”属性的值为“273.0”和“288.0”，如图3-36所示。

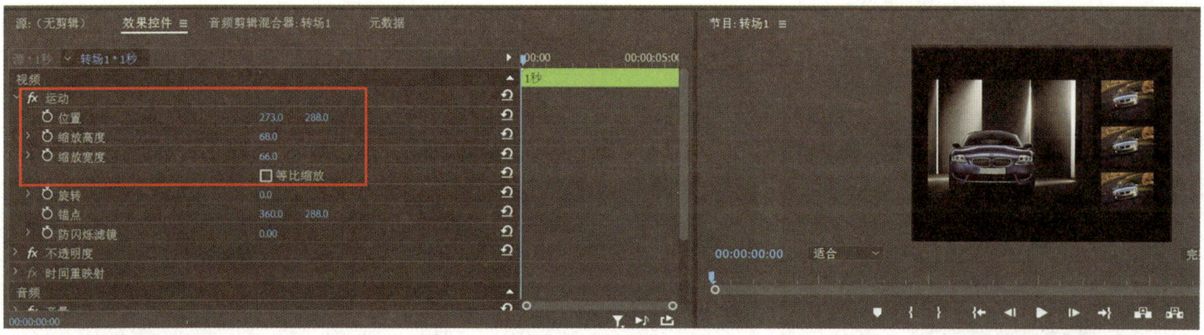

图　3-36

2. 2s转场用序列

1）单击“项目”面板的空白处，取消对素材的选中状态。单击“项目”面板下方的“新建项目”按钮，在弹出的列表中选择“序列”选项（或执行“文件”→“新建”→“序列”命令），打开“新建序列”对话框，输入新序列的名称“转场2”，并将“视频”轨道数设置为“4”，单击“确定”按钮关闭对话框。

2）在“项目”面板中展开“1秒素材”素材箱，选中素材“17.jpg”并将其拖至“时间轴”面板“转场2”的“V1”轨道中，将其持续时间整为2s。利用前面所讲的方法，使素材在“节目监视器”面板中满屏显示（设为帧大小）。

分别将序列“动画3 ”拖至“V2”～“V4”轨道中，如图3-37所示。

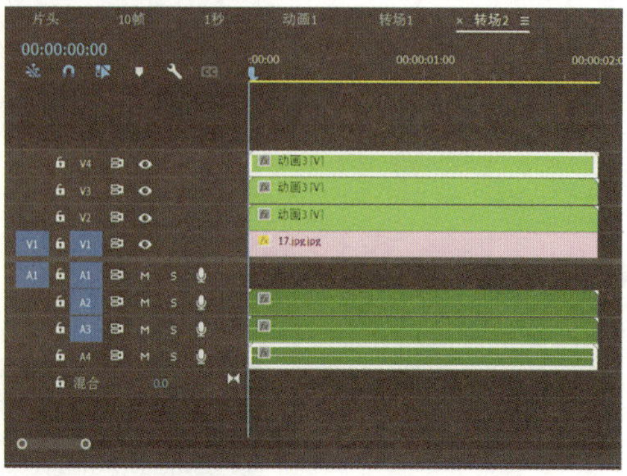

图　3-37

3）改变序列素材“动画3”在屏幕中的位置。

① 单击选中“V4”轨道中的“动画3”序列素材，在“效果控件”面板中展开“运动”项，取消选中“等比缩放”复选框，设置“缩放高度”的值为“20.0”，设置“缩放宽度”的值为“21.0”，设置“位置”属性的值为“600.0”和“150.0”。

② 采用同样的方法，改变“V3”轨道中“动画3”序列素材属性：在“效果控件”面板中设置“缩放高度”的值为“20.0”、“缩放宽度”的值为“21.0”、“位置”属性的值为“600.0”和“288.0”。

③ 改变“V2”轨道中“动画3”序列素材属性：在“效果控件”面板中设置“缩放高度”的值为“20.0”、“缩放宽度”的值为“21.0”、“位置”属性的值为“600.0”和“426.0”。

4）改变“V1”轨道中素材“17.jpg”在屏幕中的位置。

利用上述方法，在“效果控件”面板中设置“缩放高度”的值为“68.0”、“缩放宽度”的值为“66.0”、“位置”属性的值为“273.0”和“288.0”。

“节目监视器”面板在时间00:00:00:02处的效果如图3-38所示。

5）如果现在播放影片，会发现右侧三个小画面（“动画3”序列素材）的不透明度变化动画是同时进行的，显得有些单调。因此，下面分别调整“V3”和“V2”轨道中“动画3”序列素材的出现时间，使影片产生一定的节奏感。

① 将当前“时间指示器”置于00:00:00:08处，单击并向右拖动“V3”轨道中的“动画3”

序列素材，使其入点吸附于当前“时间指示器”处。通过此操作，使“V3”轨道中的“动画3”序列素材向后延迟8帧出现，如图3-39所示。

图 3-38

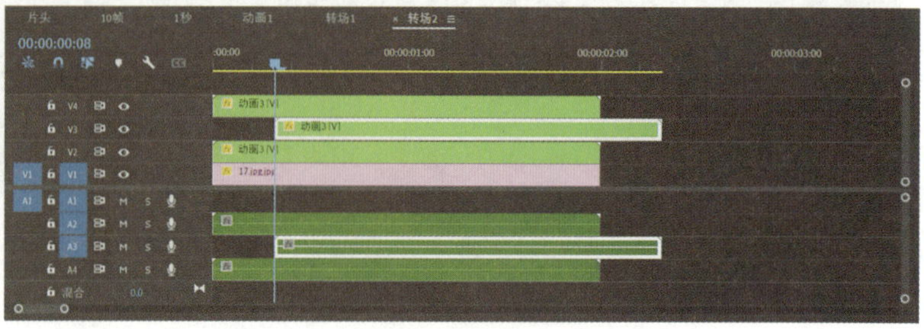

图 3-39

② 将当前“时间指示器”置于00:00:00:16处，单击并向右拖动“V2”轨道中的“动画3”序列素材，使其入点吸附于当前“时间指示器”处。通过此操作，使“V2”轨道中的“动画3”序列素材向后延迟16帧出现，如图3-40所示。

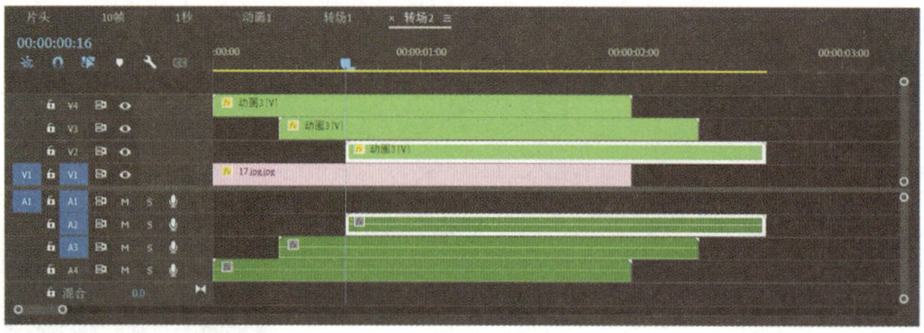

图 3-40

③ 调整“V3”和“V2”轨道中素材的出点位置。移动鼠标指针至“V3”轨道中序列素材“动画3”右侧出点的位置，会出现“剪辑出点”图标，向左拖动出点至00:00:02:00处，如图3-41所示。

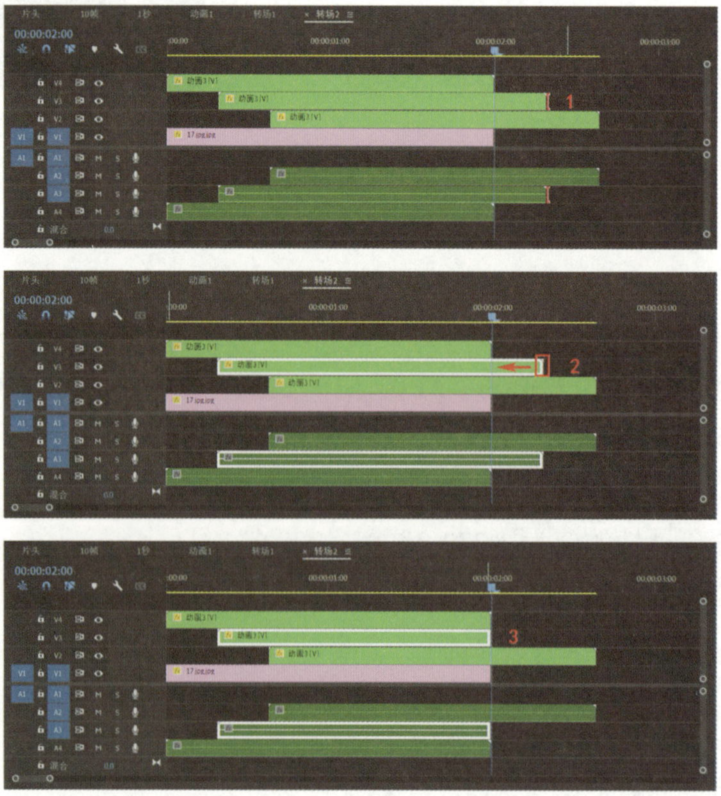

图 3-41

同样，调整“V2”轨道中序列素材“动画3”的出点至00:00:02:00处，如图3-42所示。

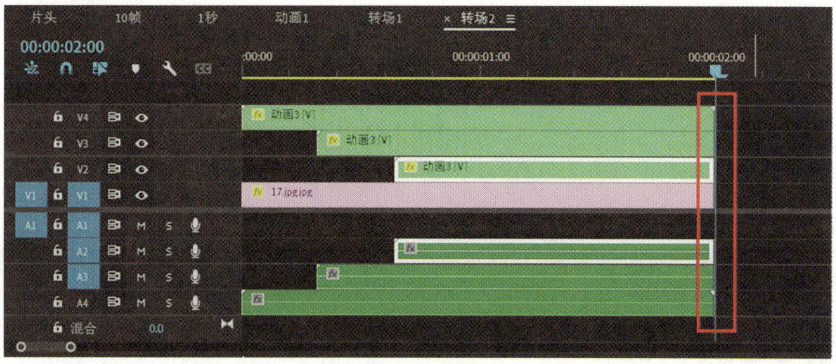

图　3-42

此时，“节目监视器”面板中的影片播放效果如图3-43所示。

图　3-43

至此，转场用的两个嵌套序列制作完毕。

六、制作最终影片

扫一扫
查看教学视频

制作意图说明：新建一个序列，将前面所制作的各素材、序列都置于此新序列中，再加入必要的转场效果及背景音乐，从而完成最终影片的制作。

1）单击“项目”面板的空白处，取消对素材的选中状态。单击“项目”面板下方的“新建项目”按钮，在弹出的列表中选择“序列”选项（或执行“文件”→“新建”→“序列”命令），打开“新建序列”对话框，输入新序列的名称“最终影片”，并将“视频”轨道数设置为“4”，单击“确定”按钮关闭对话框。

2）在“项目”面板中单击选中“片头”序列素材，并将其拖至“时间轴”面板“最终影片”的“V4”轨道。

将序列素材“转场1”也拖至“V4”轨道，置于“片头”序列素材之后，如图3-44所示。

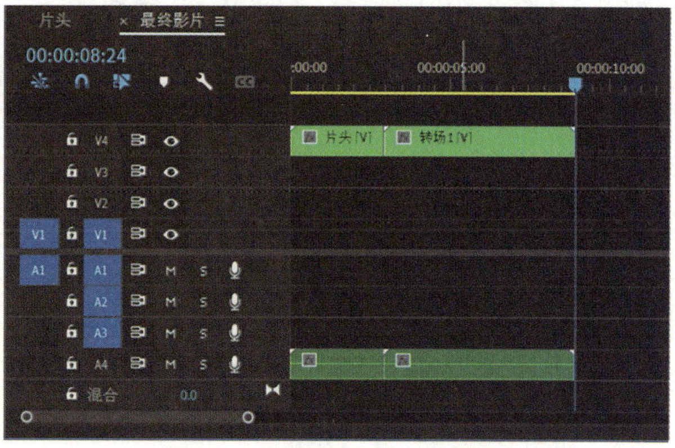

图　3-44

3）在“项目”面板中展开“1秒素材”素

材箱，将“15.jpg”素材拖至“V4”轨道“转场1”序列素材之后，即拖至00:00:09:00处；调整其持续时间为2s（运用前面所讲拖动素材出点的方法，拖动其出点至00:00:11:00处）；再利用“设为帧大小”命令使其满屏显示。

在“项目”面板中拖动“动画1”序列素材分别到“V3”“V2”和“V1”轨道中，如图3-45所示。

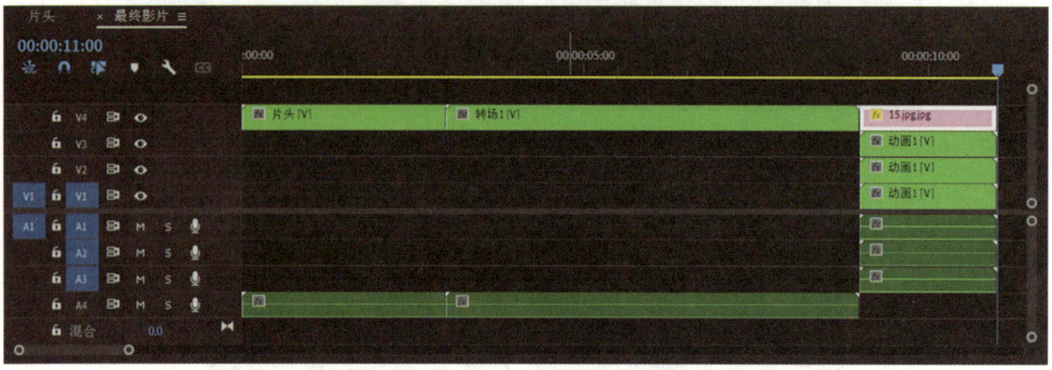

图　3-45

①调整素材的大小及位置。

a．选中“V4”轨道中的“15.jpg”素材，在“效果控件”面板中设置“缩放高度”的值为“51.0”、“缩放宽度”的值为“50.0”、“位置”属性的值为“273.0”和“288.0”。

b．选中“V3”轨道中的“动画1”序列素材，在“效果控件”面板中设置“缩放高度”的值为“20.0”、“缩放宽度”的值为“21.0”、“位置”属性的值为“600.0”和“150.0”。

c．选中“V2”轨道中的“动画1”序列素材，在“效果控件”面板中设置“缩放高度”的值为“20.0”、“缩放宽度”的值为“21.0”、“位置”属性的值为“600.0”和“288.0”。

d．选中“V1”轨道中的“动画1”序列素材，在“效果控件”面板中设置“缩放高度”的值为“20.0”、“缩放宽度”的值为“21.0”、“位置”属性的值为“600.0”和“426.0”。

“节目监视器”面板的效果如图3-46所示。

图　3-46

②制作序列素材的延时出现效果。

a．将当前“时间指示器”置于00:00:09:08处，单击并向右拖动“V2”轨道中的“动画1”序列素材，使其入点吸附于当前“时间指示器”处。通过此操作，使“V2”轨道中的“动画1”序列素材相对向后延迟8帧出现。

b．将当前“时间指示器”置于00:00:09:16处，单击并向右拖动“V1”轨道中的“动画1”序列素材，使其入点吸附于当前“时间指示器”处。通过此操作，使“V1”轨道中的“动画1”序列素材相对向后延迟16帧出现。

c．分别调整“V2”和“V1”轨道中的“动画1”序列素材的出点至00:00:11:00处，即与“V4”轨道中的“15.jpg”素材、“V3”轨道中的“动画1”序列素材的出点对齐，如图3-47所示。

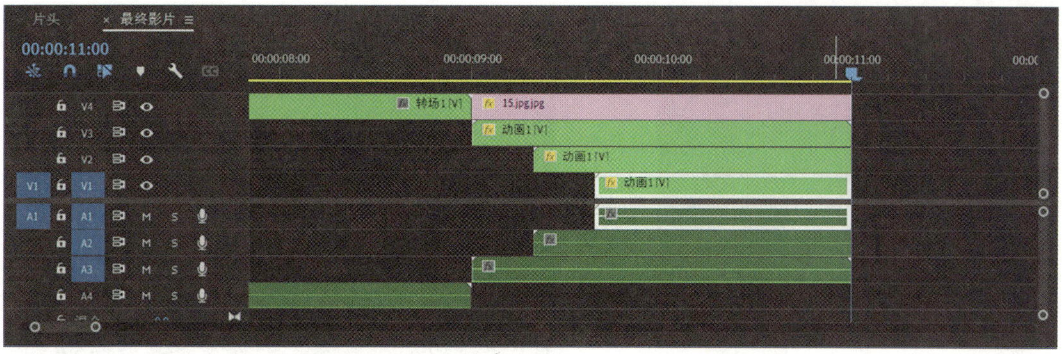

图 3-47

4）在“项目”面板中展开“1秒素材”素材箱，将“16.jpg”素材拖至“V4”轨道“15.jpg”素材之后，即00:00:11:00处；调整其持续时间为2s（运用前面所讲拖动素材出点的方法，拖动其出点至00:00:13:00处）；再利用“设为帧大小”命令使其满屏显示。

在“项目”面板中拖动“动画2”序列素材分别到“V3”“V2”和“V1”轨道中“动画1”素材之后，如图3-48所示。

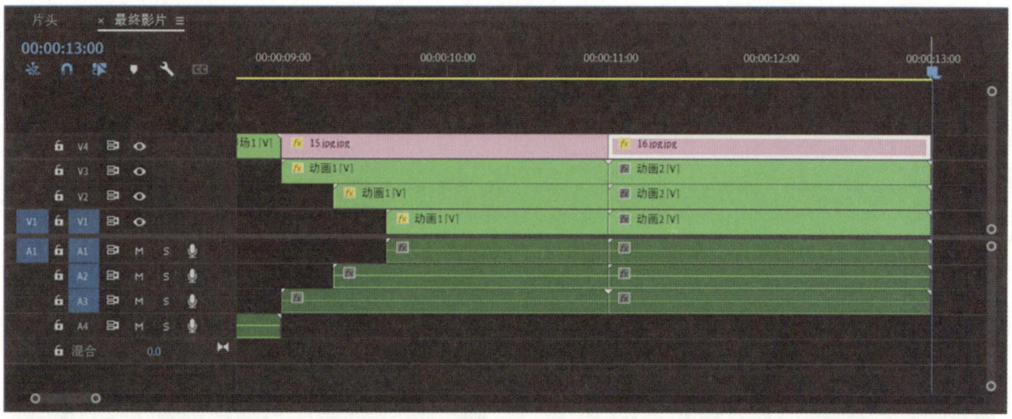

图 3-48

①调整素材的大小及位置。

由于“V4”轨道中的“16.jpg”素材与“15.jpg”素材的大小及在屏幕中的位置相同，“动画2”序列素材与“动画1”序列素材在各自相应轨道中的大小、屏幕中的位置也相同，所以，可以采用属性间的复制、粘贴方法，提高制作效率。

a．选中“V4”轨道中的“15.jpg”素材，在“效果控件”面板中的“运动”属性上右击，在弹出的快捷菜单中选择“复制”命令，如图3-49所示。

选中“V4”轨道中的“16.jpg”素材，在“效果控件”面板中的“运动”属性上右击，在弹出的快捷菜单中选择“粘贴”命令。

b．采用此方法，分别复制不同轨道“动画1”序列素材的“运动”属性，并粘贴至相应轨道的“动画2”序列素材。

“节目监视器”面板中的效果如图3-50所示。

②制作序列素材的延迟出现效果。

a．将当前“时间指示器”置于00:00:11:08处，单击并向右拖动“V2”轨道中的“动画2”序列素材，使其入点吸附于当前“时间指示器”处。通过此操作，使“V2”轨道中的“动画2”序列素材相对向后延迟8帧出现。

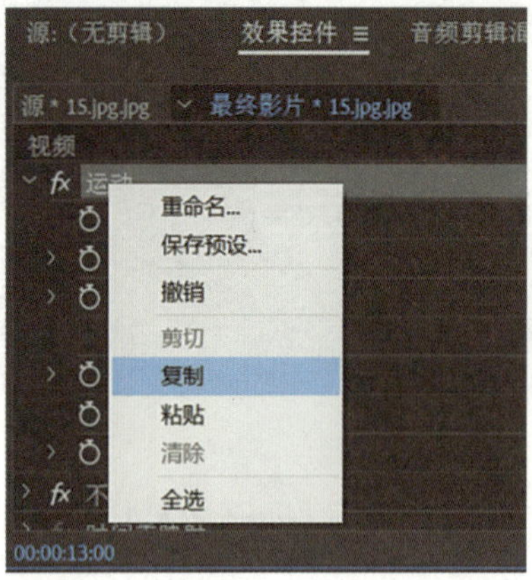

图　3-49

图　3-50

b. 将当前“时间指示器”置于00:00:11:16处，单击并向右拖动“V1”轨道中的“动画2”序列素材，使其入点吸附于当前“时间指示器”处。通过此操作，使“V1”轨道中的“动画2”序列素材相对向后延迟16帧出现。

c. 分别调整“V2”和“V1”轨道中的“动画2”序列素材的出点至00:00:13:00 处，即与“V4”轨道中的“16.jpg”素材、“V3”轨道中的“动画2”序列素材的出点对齐，如图3-51所示。

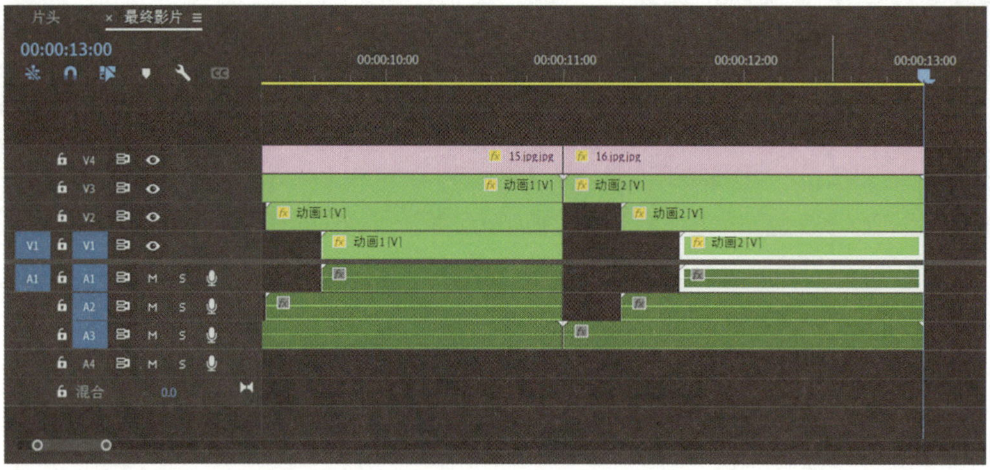

图　3-51

5）在“项目”面板中，将“转场2”序列素材拖至“时间轴”面板“最终影片”的“V4”轨道中“16.jpg”素材后。至此，素材组接完毕，如图3-52所示。

6）对素材加入转场效果。

① 在“效果”面板中，展开“视频过渡”文件夹中的“溶解” 文件夹，将其中的“交叉溶解”转场拖至“V4”轨道的序列素材“片头”的入点处，如图3-53所示。

在“时间轴”面板中，双击刚添加的转场，调出“效果控件”面板，将“持续时间”设置为00:00:00:15（即15帧），如图3-54所示。

② 采用相同的方法，分别在“V4”轨道的序列素材“转场1”的入点处、序列素材“转场2”的出点处也应用“交叉溶解”转场，并将“持续时间”都设置为00:00:00:15，如图3-55所示。

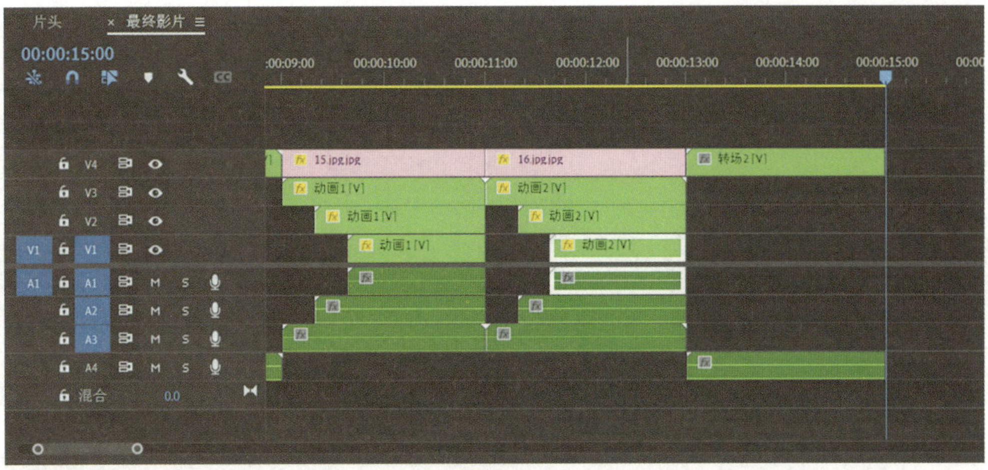

图　3-52

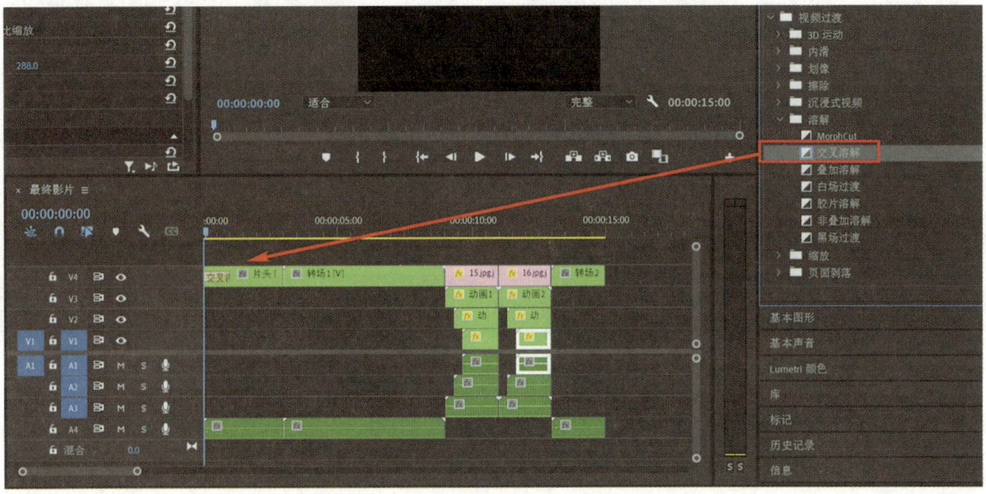

图　3-53

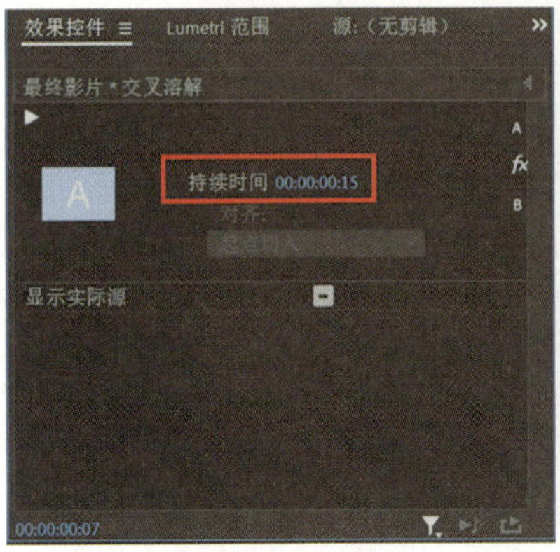

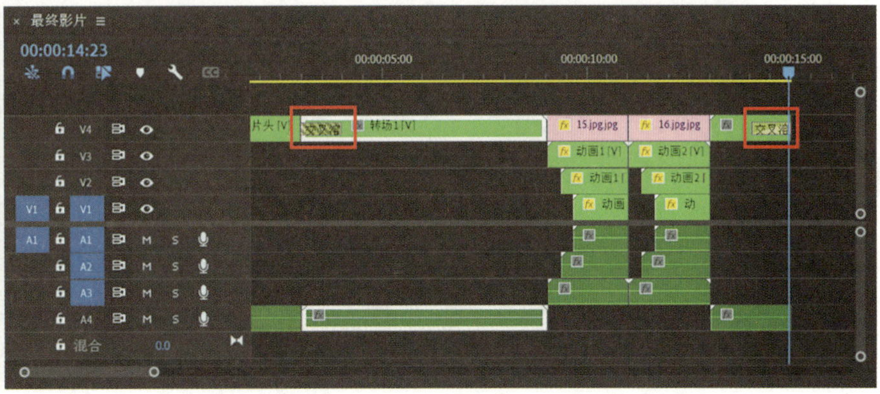

图　3-54　　　　　　　　　　图　3-55

7）加入背景音乐。

在“项目”面板中，拖动音频素材文件“音乐.wav”至音频轨道“混合”下方空白处，会自动添加一条“A5”轨道，同时素材也置入其中，如图3-56所示。

小提示

在将嵌套序列素材从“项目”面板拖至“时间轴”面板的“V”（或“A”）轨道中时，其音频（或视频）部分也会自动添加到相应的“A”（或“V”）轨道中。

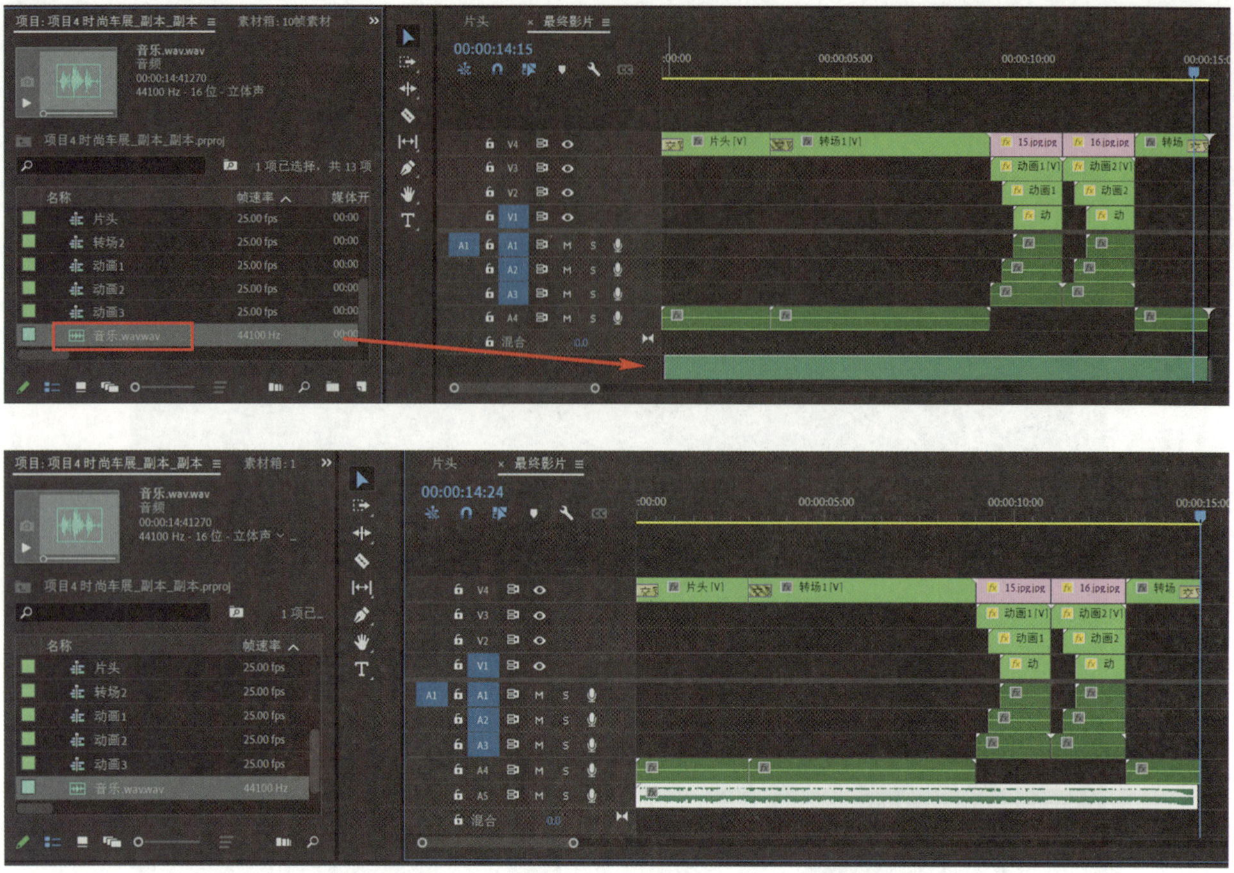

图 3-56

在本项目中，各嵌套序列的音频部分是无用的，所以，可以将它们先删除（先取消视频部分和音频部分的链接，然后选中音频部分进行删除），再将音频素材“音乐. wav”拖到空白的“A”轨道中，而不用新添加一条“A”轨道。

七、影片的输出

执行“文件”→“导出”→“媒体”命令，弹出“导出设置”对话框，在其中设置保存目标路径并输入文件名，然后单击“保存”按钮，等渲染完毕后即可观看影片了。

触 类 旁 通

本项目的制作具有一定的难度，运用了Premiere中的素材属性动画、标题字幕、序列嵌套、转场效果等。

片头部分的制作是第一个难点，主要是胶片素材在运动时，其中各小画幅画面也要随之运动。

小提示

这部分如果放到合成软件中去制作会比较简单。以Adobe After Effects软件为例，将小画幅内画面素材层设置为胶片素材层的“子层”，然后对胶片素材设置位移动画即可。

这就提示大家，在实际的视频编辑工作中，最好还要掌握一些相关的其他软件，如合成软件、三维动画制作软件、平面制作软件等，综合运用能提高工作效率。

第二个难点就是序列嵌套和多级嵌套，以及对嵌套素材的灵活运用，在学习过程中读者可以把嵌套序列当作一个普通的包含视频和音频的素材去操作。

实战强化

“万众一心，再创辉煌”是中华民族一直以来的精神桥梁，是中国精神凝心聚力的兴国之魂、强国之魂。爱国主义信念始终是中华民族坚强团结在一起的精神力量。我国在军事、建筑、农业等方面的科技创新，离不开中国人民的团结。中国精神迸发出强大的民族凝聚力与感召力，彰显了中国人民的自信心和崛起信念。

请结合本项目的序列知识点，利用项目3“实战强化”文件夹内的配套素材，制作主题为“万众一心，再创辉煌”的视频短片。

1. 制作要求

1）影片时长为20s，其中片头序列持续时间为6s，其他序列持续时间为3s。

2）影片中使用的图片要有从左向右运动的位移动画。

3）影片中的图片素材要有视频效果和视频过渡的动画完成。

4）影片在同一时刻，下方三幅小画面的素材是不一样的。

5）影片加入背景音乐，结合画面动画效果和音乐节奏进行声画对位截取。

6）影片背景音乐的开头及结尾，要有画面和音乐的淡入、淡出效果。

2. 制作提示

1）使用“效果”面板“视频效果”和“视频过渡”文件夹中的各种转场效果，适当调整其转场属性设置。

2）使用的背景音乐文件要进行合理截取。

第2篇 综合实例

项目4 结婚纪念电子相册

项目情境

一对新人想用他们的婚纱照制作一个电子相册，在结婚典礼当天通过大屏幕投放给各位亲朋好友，一是可以展示自己的婚纱照片，二是在典礼开始前活跃现场气氛。

制作要求：

1）风格新颖。

2）动画效果丰富且流畅、连贯。

3）构图及色彩美观。

4）要加入音乐，烘托气氛。

项目分析

电子相册就是把静态的照片制作成动态的视频，添加丰富、绚丽的动画和转场效果，以及特效和字幕等，使照片的表现更具活力。

本项目通过对婚纱照进行设计处理，使读者掌握使用Photoshop软件为照片调色、合成背景、加相框等方法；同时，学会利用Premiere软件完成照片组接、制作动画、加入转场、添加字幕等处理。在同一时刻有多种效果出现，最后用淡入、淡出的背景音乐来衬托，使电子相册更具动感。影片最终的渲染输出效果如图4-1所示。

图 4-1

项目目标

1）掌握使用Photoshop软件为照片调色、合成背景、加相框的方法。

2）掌握利用Premiere软件“视频过渡”功能完成照片组接，加入转场。

3）掌握利用“效果控件”功能制作动画，使电子相册在同一时刻有多种效果出现。

4）会添加字幕，能利用Photoshop处理图形、图案元素，达到版式美观的目的。

5）学会通过背景音乐来衬托，达到剪辑点准确、音画节奏同步的目的，使电子相册更具动感。

项目实施

扫一扫
查看教学视频

一、新建项目文件

1）启动Premiere软件，单击“新建项目”按钮，打开“新建项目”对话框。将项目命名为“结婚相册”并指定保存位置。单击“确定”按钮关闭对话框。

2）执行“文件”→“新建”→“序列”命令，在对话框中展开“DV-PAL”项，选择其下的“标准48kHz”。并将其命名为“序列1”，单击“确定”按钮关闭对话框，进入Premiere的工作界面。

二、导入素材

1. 素材文件夹的导入

1）执行“编辑”→“首选项”→“时间轴”命令，打开“首选项”对话框的“时间轴”选项界面。将“静止图像默认持续时间”的值设置为“100”（即将默认导入静止图片的持续时间设置为100帧），单击“确定”按钮关闭对话框。

2）执行“文件”→“导入”命令（或按<Ctrl+I>快捷键），打开“导入”对话框。在对话框中找到配套资源“项目4”文件夹中的“项目4素材”文件夹，打开后，选中“图片”文件夹，单击“打开”按钮，将“图片”文件夹及其内的所有素材都导入“项目”面板中。

3）采用同样的方法，将“背景”文件夹（在配套资源“项目4”文件夹中的“项目4素材”文件夹内）也导入“项目”面板中。此时，“项目”面板如图4-2所示。

2. 导入Photoshop素材文件

1）在“项目”面板的空白处单击，再执行“文件”→“导入”命令（或按<Ctrl+I>快捷键），打开“导入”（导入素材）对话框。在对话框中找到配套资源“项目4”文件夹中的“项目4素材”文件夹，打开后选中“黑方格.psd”文件，单击“打开”按钮，弹出“导入分层文件”对话框。

2）在“导入分层文件”对话框的“导入为”下拉列表框中选择“素材”选项，在下方的“层选项”栏中选择“合并的层”选项，然后单击“确定”按钮，即以素材方式导入合并图层后的.psd文件。

3）用同样的方法，导入“片头字.psd”文件。

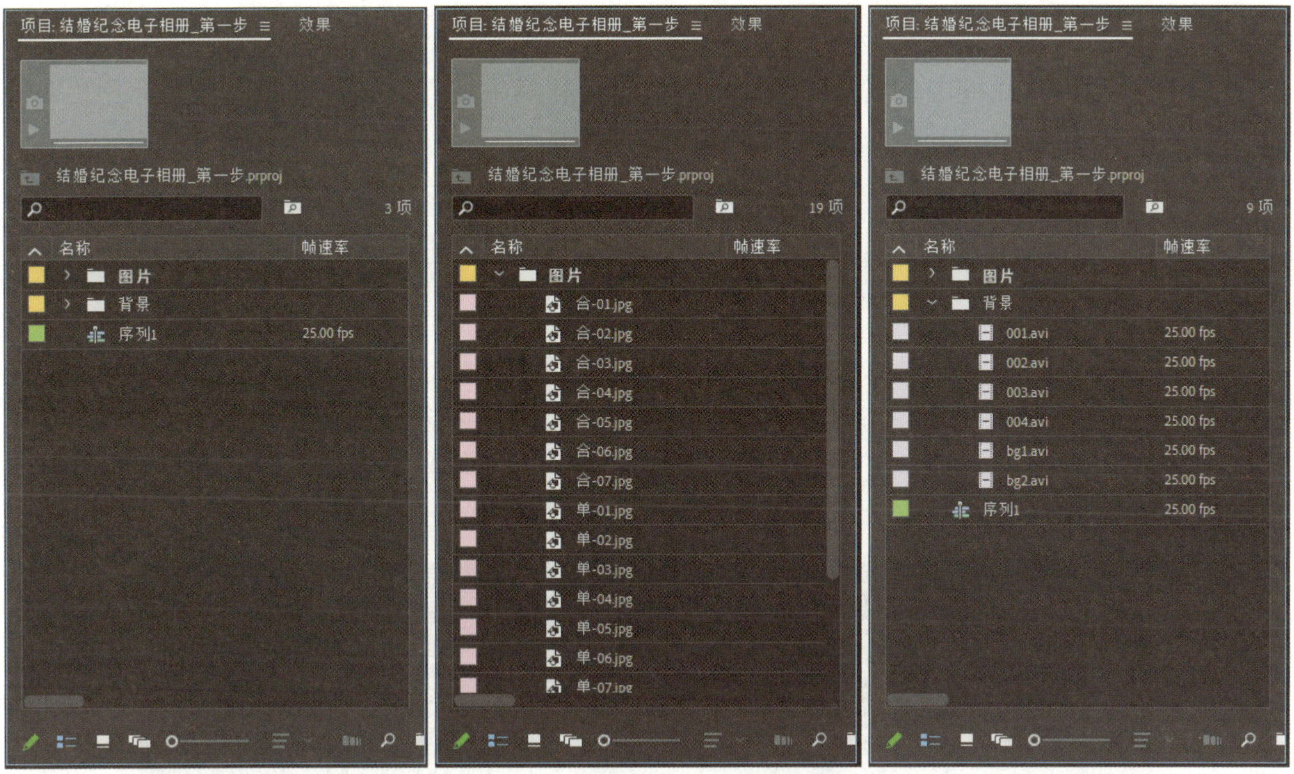

图　4-2

3. 导入音频素材文件

在“项目”面板的空白处单击，再执行“文件”→“导入”命令（或按<Ctrl+I>快捷键），打开“导入”对话框。在对话框中找到配套资源“项目4”文件夹中的“项目4素材”文件夹，打开后选中“音乐.mp3”文件，单击“打开”按钮，关闭对话框。

此时，“项目”面板如图4-3所示。

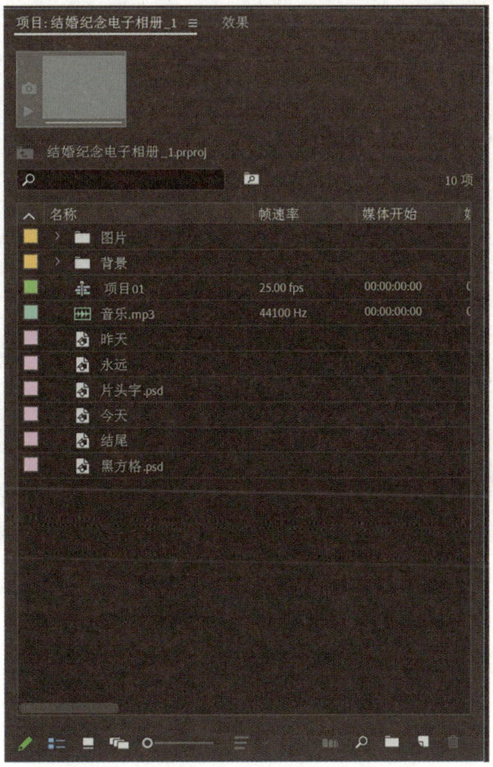

图　4-3

三、制作片头

1）在“项目”面板中，展开“背景”素材箱，将其中的素材文件“001.avi”拖至“时间轴”面板的“V2”轨道中。

2）移动当前“时间指示器”至00:00:15:00处，再移动鼠标指针至“时间轴”面板“V2”轨道中素材“001.avi”的右侧“出点”位置，会出现“剪辑出点”图标，向左拖动其出点至“时间指示器”处，即将其持续时间调整为15s。

3）将“项目”面板中的“片头字.psd”素材拖至“时间轴”面板的“V3”轨道中。

在“效果”面板中，展开“视频过渡”文件夹中的“溶解”文件夹，将其中的“交叉溶解”转场分别拖至“V3”轨道中素材“片头字.psd”的入点处和出点处（确认在“效果控件”面板中转场持续时间为1s），对其加入“淡入”和“淡出”的效果，如图4-4所示。

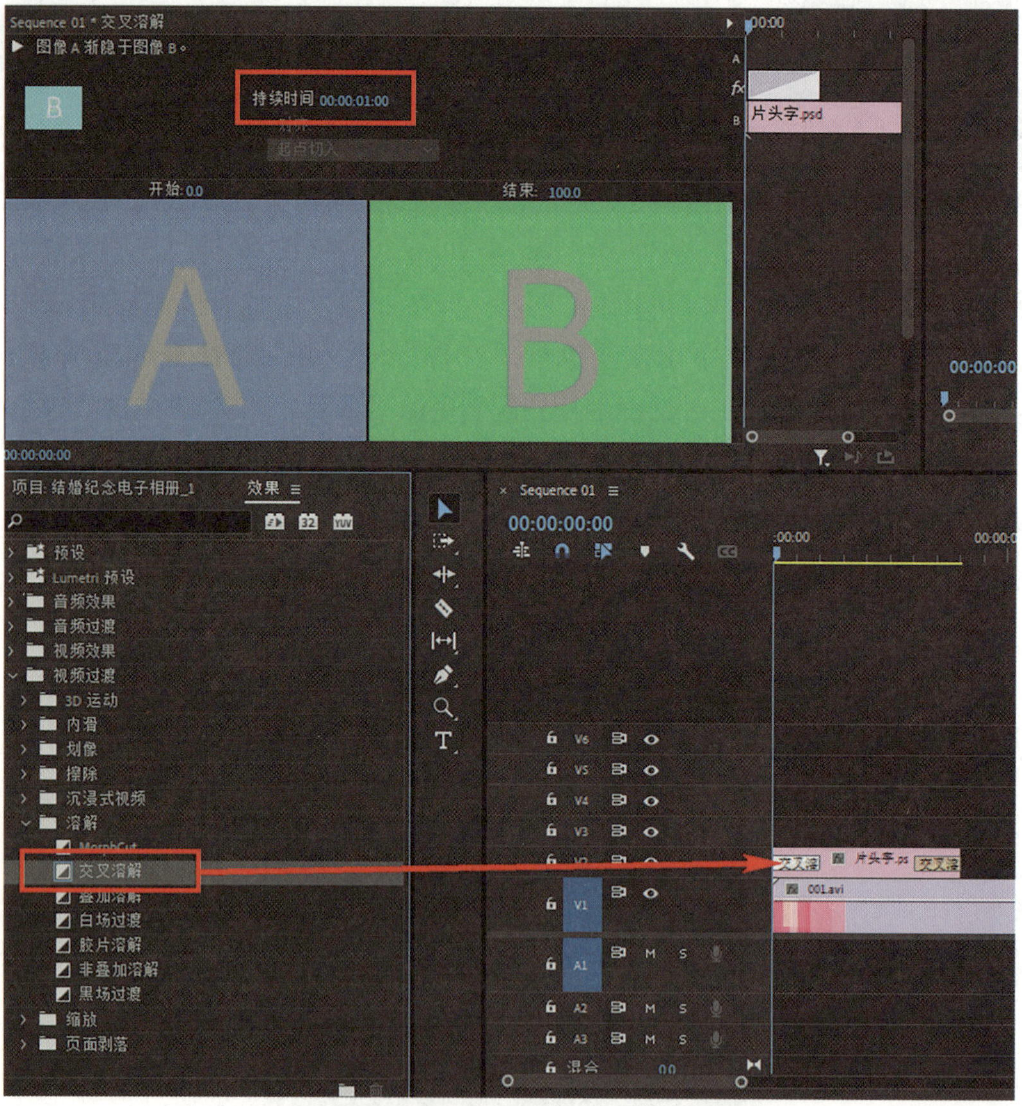

图　4-4

四、制作动画片段（1）

1．添加视频轨道

执行“序列”→“添加轨道”命令（或在轨道控制区域右击，在弹出的快捷菜单中选择

“添加轨道”命令），出现“添加轨道”对话框，在其中输入添加轨道的数量：3条Video轨道，0条Audio轨道。单击“OK”按钮关闭对话框。

2. 第1段照片动画

1）在“项目”面板中，展开“图片”素材箱，将其中的素材文件“合-01.jpg”拖至“时间轴”面板“V3”轨道中素材“片头字.psd”的后面。在此素材上右击，在弹出的快捷菜单中选择“速度/持续时间”命令，在弹出的对话框中设置其持续时间为00:00:06:00，即6s，如图4-5所示。

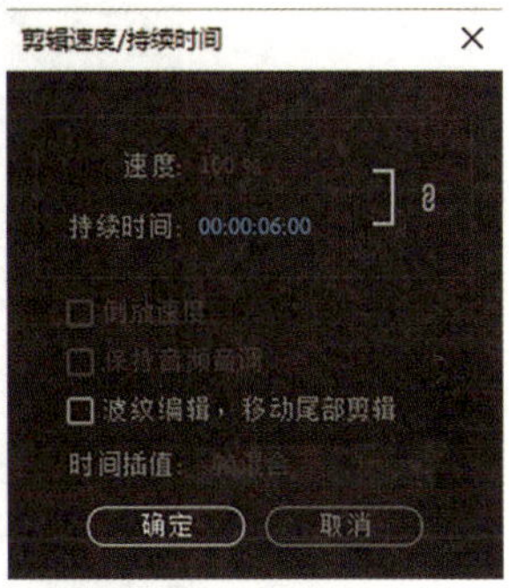

图　4-5

2）移动当前“时间指示器”至00:00:04:00处，单击选中素材文件“合-01.jpg”，在其“效果控件”面板中，设置“位置”的X坐标值为“874.0”，单击“位置”左侧的“切换动画”按钮，开启此属性动画设置，为其设置第1个关键帧，并设置“缩放”的值为“80.0”。

3）在“效果”面板中，展开“视频效果”文件夹中的“透视”文件夹，将其中的“投影”效果拖至“时间轴”面板“V3”轨道中的素材“合-01.jpg”上。在“效果控件”面板中，设置“投影”中的“距离”参数值为“12.0”、“柔和度”参数值为“11.0”。

小提示

“透视”为“透视效果”，其中的“投影”是在素材片段的后方添加一个投影，投影的外形由素材片段的Alpha通道决定。

此时，素材“合-01.jpg”的“效果控件”面板如图4-6所示。

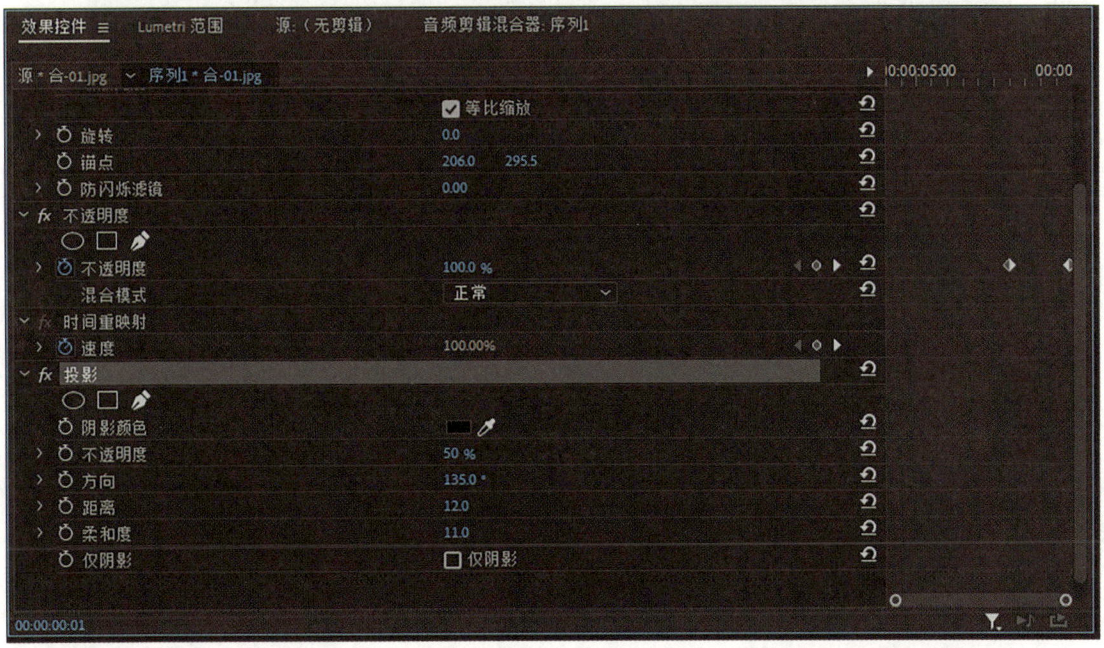

图　4-6

4）将“时间指示器”移至00:00:08:00处，在“效果控件”面板中，展开“不透明度”项，单击“不透明度”右侧的“添加/移除关键帧”按钮◆，在此处添加一个关键帧，如图4-7所示。

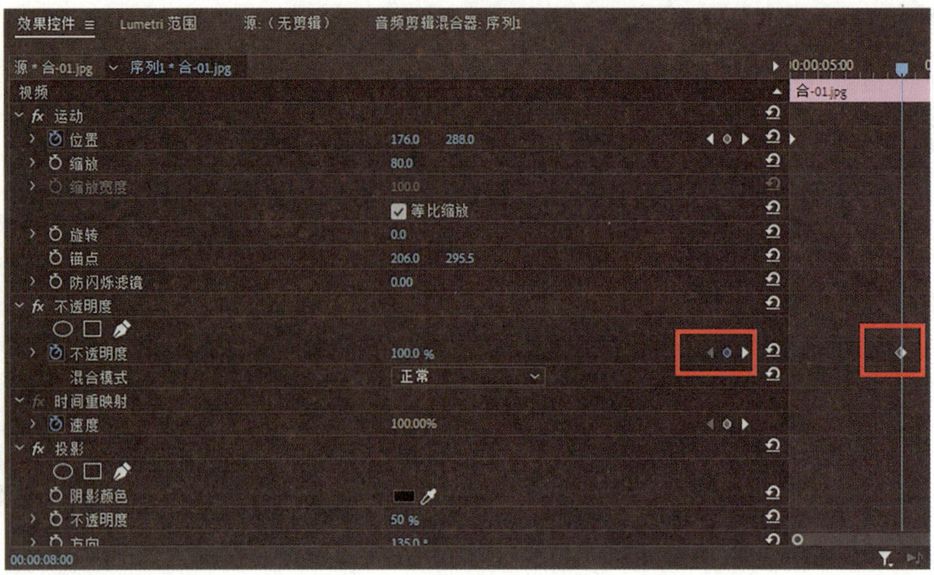

图 4-7

将“时间指示器”移至00:00:09:24处，设置“不透明度”的值为“0”，自动产生第2个关键帧。

5）将“运动”项中“位置”的X坐标值设置为“-166.0”。此时，“效果控件”面板如图4-8所示。

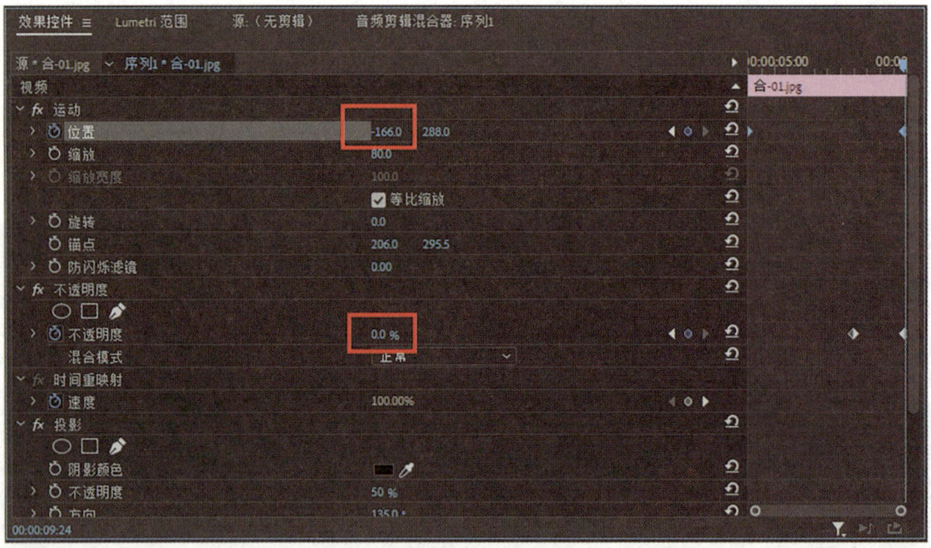

图 4-8

此时，“节目”面板中的播放效果如图4-9所示。

图 4-9

3. 第2段照片动画

1）将“时间指示器”移至00:00:08:07处，从“项目”面板中拖动素材“合-02.jpg”到

“时间轴”面板“V4”轨道。在此素材上右击，在弹出的快捷菜单中执行“速度/持续时间”命令，在打开的对话框中设置其持续时间为00:00:06:00。

2）选中素材“合-02.jpg”，在“效果控件”面板中，设置“位置”的X坐标值为“-159.0”，单击“位置”左侧的“切换动画”按钮，为其设置第1个关键帧，并设置“缩放”的值为“80.0”。

3）在“效果”面板中，展开“视频效果”文件夹中的“透视”文件夹，将其中的“投影”效果拖至“时间轴”面板“V4”轨道中的素材“合-02.jpg”上。在“效果控件”面板中，设置“投影”中的“距离”参数值为“12.0”、“柔和度”参数值为“11.0”。

4）将“时间指示器”移至00:00:12:07处，在“效果控件”面板中，展开“不透明度”项，单击“不透明度”右侧的“添加/移除关键帧”按钮，在此处添加一个关键帧；将“时间指示器”移至00:00:14:06处，设置“不透明度”的值为“0”，自动产生第2个关键帧。

5）将“运动”项中“位置”的X坐标值设置为“872.0”，使其产生由左向右的运动。

此时，“节目”面板中的播放效果如图4-10所示。

图　4-10

4. 第3段照片动画

1）将“时间指示器”移至00:00:13:15处，从“项目”面板中拖动素材“单-01.jpg”至“时间轴”面板“V3”轨道。在此素材上右击，在弹出的快捷菜单中选择“速度/持续时间”命令，在打开的对话框中设置其持续时间为00:00:06:00。

2）在其“效果控件”面板中，设置“位置”的Y坐标值为“-243.0”，单击“位置”左侧的“切换动画”按钮，为其设置关键帧；设置“缩放”的值为“80.0”，单击“缩放”左侧的“切换动画”按钮，也为其设置关键帧。

3）从“效果”面板中拖动“投影”效果至素材“单-01.jpg”上，“效果控件”面板中的参数设置同上。

4）将“时间指示器”移至00:00:16:17处，在“效果控件”面板中单击“不透明度”右侧的“添加/移除关键帧”按钮，为“不透明度”属性添加一个关键帧；将“时间指示器”移至00:00:19:14处，设置“不透明度”值为“0”，自动产生第2个关键帧。

5）将“运动”项中“位置”的Y坐标值设置为“1280.0”，“缩放”的值设置为“290.0”。

此时，“节目”面板中的播放效果如图4-11所示。

图 4-11

5. 第4段照片动画

1）将“时间指示器”移至00:00:18:05处，从“项目”面板中拖动素材“单-02.jpg”至“时间轴”面板“V4”轨道。在此素材上右击，在弹出的快捷菜单中执行“速度/持续时间”命令，在打开的对话框中设置其持续时间为00:00:06:00。

2）在其“效果控件”面板中，设置“位置”的Y坐标值为“815.0”，并单击“位置”左侧的“切换动画”按钮，为其设置关键帧；设置“缩放”的值为“80.0”，单击“缩放”左侧的“切换动画”按钮，也为其设置关键帧。

3）从“效果”面板中拖动“投影”效果至素材“单-02.jpg”上，“效果控件”面板中的参数设置同上。

4）将“时间指示器”移至00:00:21:05处，在“效果控件”面板中单击“不透明度”右侧的“添加/移除关键帧”按钮，为“不透明度”属性添加一个关键帧；将“时间指示器”移到00:00:24:04处，设置“不透明度”的值为“0”。

将“运动”项中“位置”的Y坐标值设置为“−659.0”，“缩放”的值设置为“276.0”。

此时，“节目”面板中的播放效果如图4-12所示。

图 4-12

6. 第5段照片动画

1）将“时间指示器”移至00:00:22:23处，从“项目”面板中拖动素材“合-03.jpg”至“时间轴”面板“V3”轨道。

2）在其“效果控件”面板中，设置“缩放”的值为“80.0”。

3）设置“位置”的X坐标值为“880.0”，单击“位置”左侧的“切换动画”按钮，设置关键帧；将“时间指示器”移至00:00:24:23处，设置X坐标值为“360.0”；将“时间指示器”移至00:00:26:23处，设置X坐标值为“876.0”。

4）添加“投影”效果，“效果控件”面板中的参数设置同上。

此时，“节目”面板中的播放效果如图4-13所示。

图　4-13

7．添加背景素材

1）将“时间指示器”移至00:00:13:00处，从“项目”面板的“背景”素材箱中拖动“002.avi”素材至“时间轴”面板“V1”轨道中。

2）移动“时间指示器”至00:00:26:23处，将鼠标指针移至该素材右侧的出点位置，拖动出点到“时间指示器”处，即缩短其持续时间。

3）在“效果”面板中，展开“视频过渡”文件夹中的“溶解”文件夹，将其中的“交叉溶解”转场拖至“时间轴”面板“V2”轨道中素材“001.avi”的出点处；在“效果控件”面板中，将转场持续时间设置为00:00:02:00。

此时“时间轴”面板如图4-14所示。

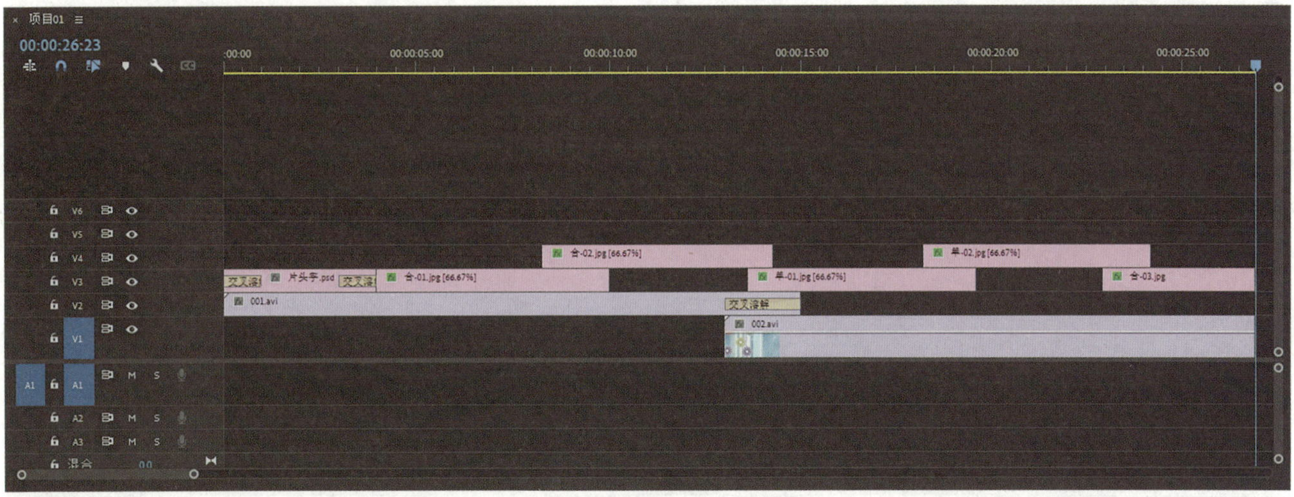

图　4-14

五、制作动画片段（2）

1）组接素材。

①在“项目”面板的“图片”素材箱中，按住<Ctrl>键，分别单击“单-03.jpg”“合-04.jpg”“单-04.jpg”“合-05.jpg”素材（即按顺序选中这四个素材文件）。释放<Ctrl>键，将它们同时拖至“V3”轨道中“合-03.jpg”素材片段的后面，如图4-15所示。

②拖动“背景”素材箱内的“003.avi”到“V1”轨道中素材片段“002.avi”的后面。拖动其右侧出点与“V3”轨道中素材片段“合-05.jpg”的出点对齐，即拖动出点至00:00:42:23处，如图4-16所示。

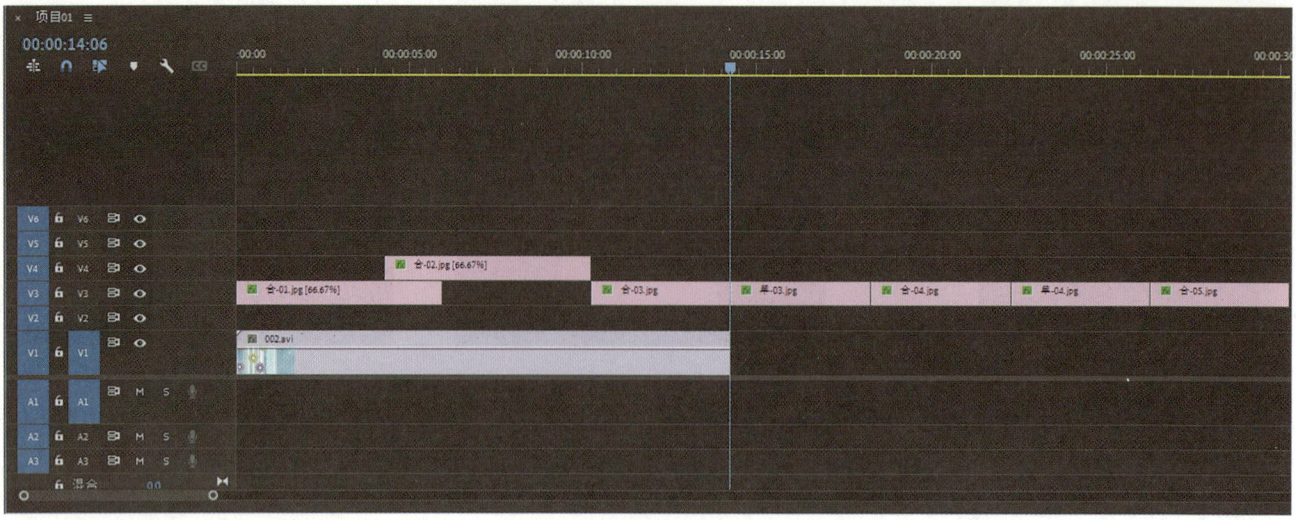

图 4-15

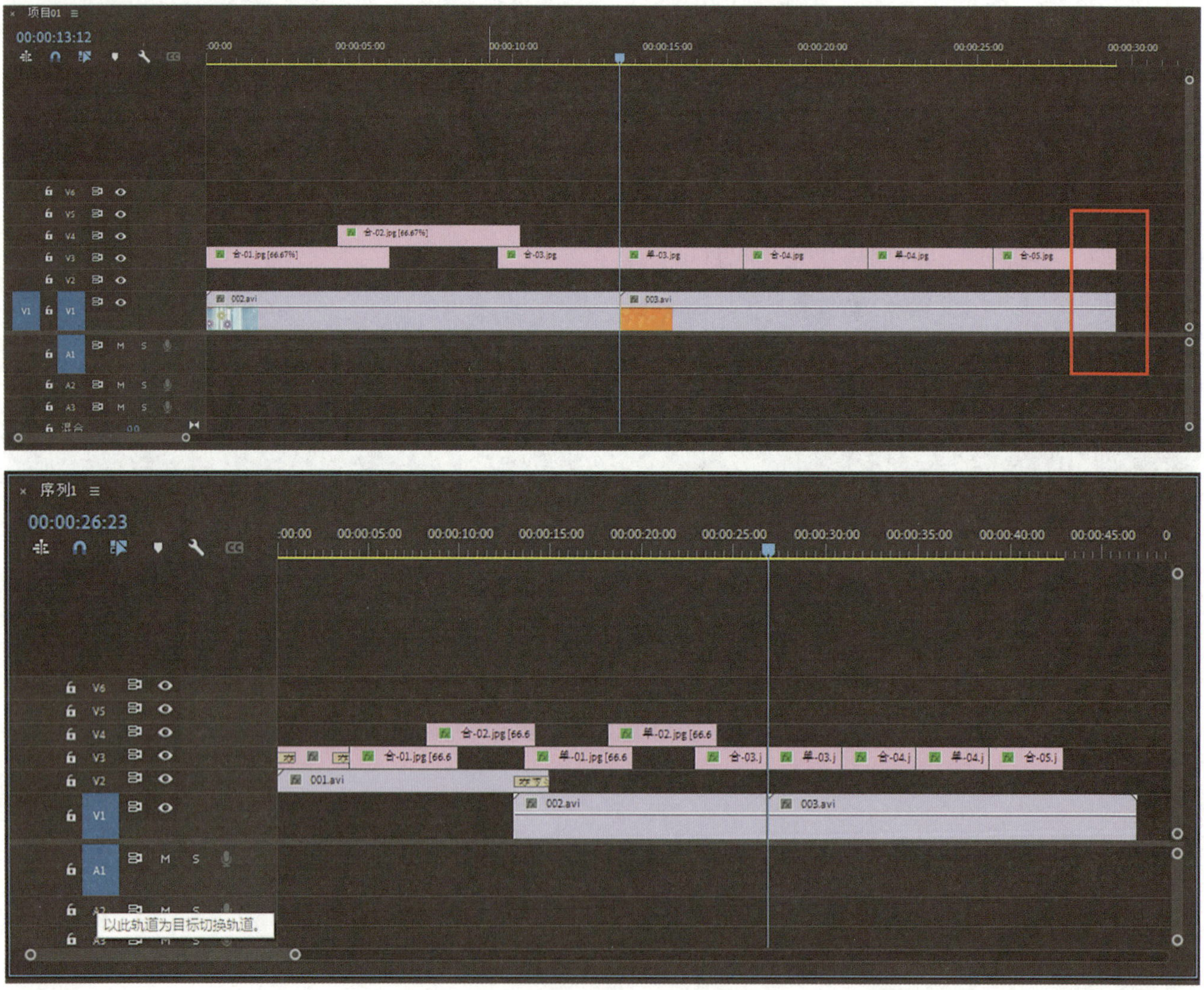

图 4-16

小提示

也可先将“时间指示器”移至00:00:42:23处，再拖动素材“003.avi”右侧的出点至该处。

2）分别在各自的“效果控件”面板中，将“单-03.jpg”“合-04.jpg”“单-04.jpg”“合-05.jpg”四个照片素材“缩放”的值设置为“152.0”；再对这四个素材分别添加“投影”效果，其参数设置同前面各素材。“效果控件”面板如图4-17所示。

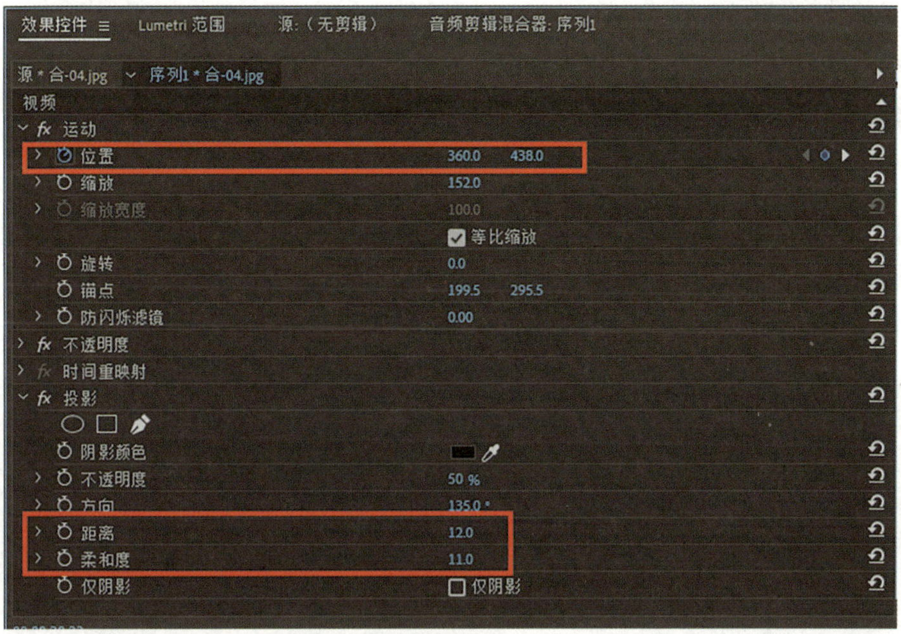

图　4-17

小提示

由于各素材的“投影”效果参数设置都相同，所以可采用复制、粘贴的方法来提高操作效率：打开已添加了该效果素材的“效果控件”面板，在“投影”名称上右击，在弹出的快捷菜单中选择“复制”命令；打开目标素材的“效果控件”面板，在面板的空白处右击，在弹出的快捷菜单中选择“粘贴”命令。

3）制作照片上下运动的动画。

①将“时间指示器”移至00:00:26:23处，单击选中“单-03.jpg”素材。在其“效果控件”面板中，设置“位置”的Y坐标值为“158.0”，并单击“位置”左侧的“切换动画”按钮，为其设置关键帧；将“时间指示器”移至00:00:30:23处，设置“位置”的Y坐标值为“436.0”。

②单击选中“合-04.jpg”素材，在其“效果控件”面板中，设置“位置”的Y坐标值为“438.0”，并单击“位置”左侧的“切换动画”按钮，为其设置关键帧；将“时间指示器”移至00:00:34:23 处，设置“位置”的Y坐标值为“142.0”。

③单击选中“单-04.jpg”素材，在其“效果控件”面板中，设置“位置”的Y坐标值为“139.0”，并单击“位置”左侧的“切换动画”按钮，为其设置关键帧；将“时间指示器”移至00:00:38:23处，设置“位置”的Y坐标值为“438.0”。

④单击选中“合-05.jpg”素材，在其“效果控件”面板中，设置“位置”的Y坐标值为“439.0”，并单击“位置”左侧的“切换动画”按钮，为其设置关键帧；将“时间指示器”移至00:00:42:23处，设置“位置”的Y坐标值为“140.0”。

六、制作动画片段（3）

1. 组接素材

1）将“时间指示器”移至00:00:42:23处，在“项目”面板的“图片”素材箱中，按住<Ctrl>键，分别单击“单-05.jpg”“单-07.jpg”“合-01.jpg”“单-06.jpg”“合-06.jpg”素材（即按顺序选中五个素材文件）。释放<Ctrl>键，将它们同时拖至“V4”轨道中。

2）在“单-05.jpg”素材上右击，在弹出的快捷菜单中执行“速度/持续时间”命令，设置其持续时间为00:00:03:05。

3）用同样的方法，将“单-07.jpg”“合-01.jpg”“单-06.jpg”“合-06.jpg”素材的持续时间都调整为00:00:03:05。在轨道中重新拖动它们的位置，使其首尾相接，中间无空隙，如图4-18所示。

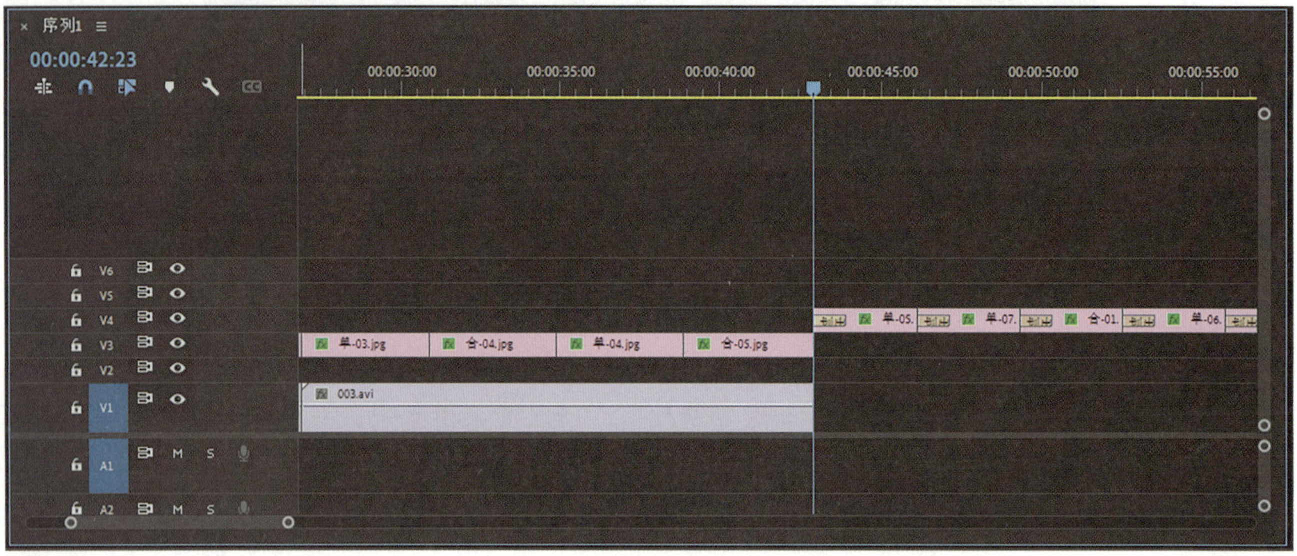

图 4-18

4）拖动“背景”素材箱内的“bg1.avi”到“V1”轨道中素材片段“003.avi”的后面，如图4-19所示。

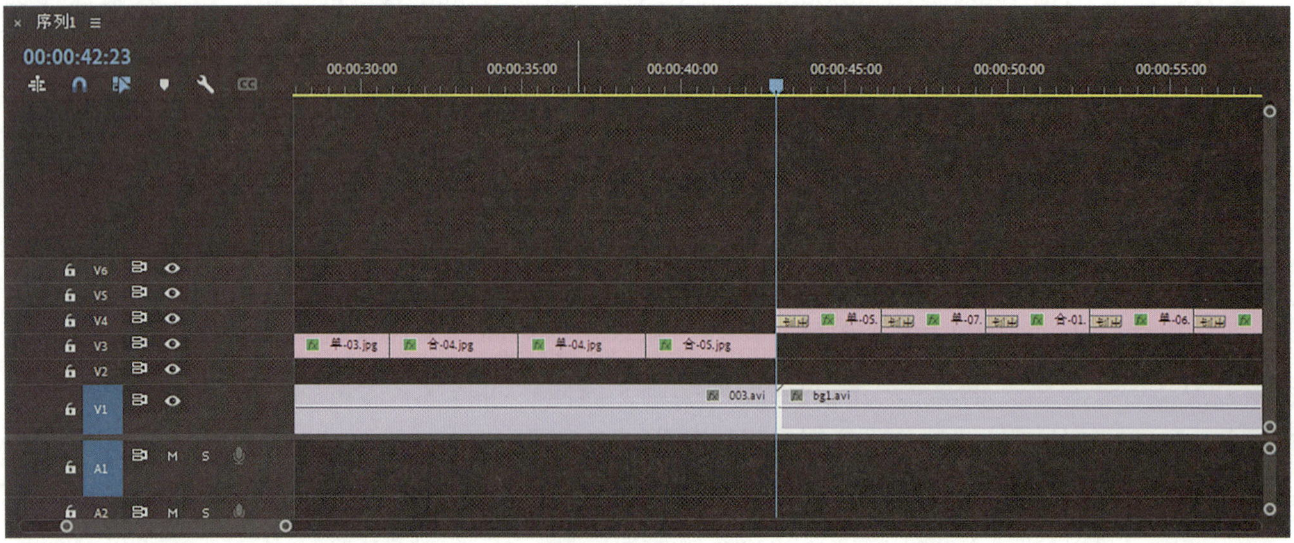

图 4-19

2. 设置照片属性

1）单击选中“单-05.jpg”素材，在其“效果控件”面板中，设置“位置”的X坐标值为“503.0”、Y坐标值为“279.0”、“缩放”的值为“80.0”。

2）为其添加“投影”效果，参数设置同前面各素材，如图4-20所示。

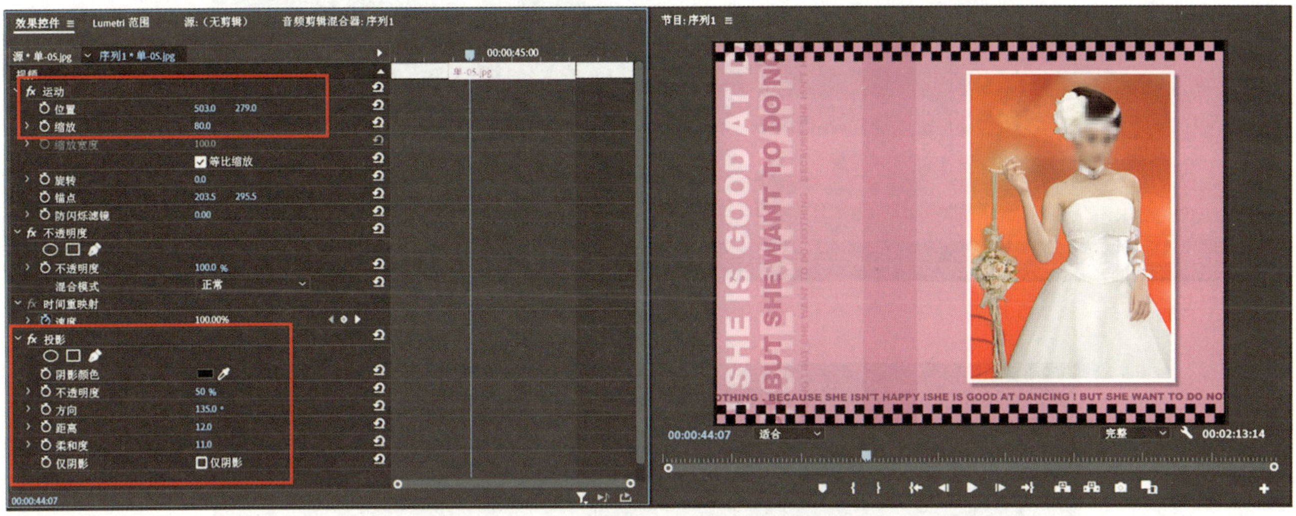

图　4-20

3）在“效果控件”面板中，单击选中“运动”属性，再按住<Ctrl>键，单击“投影”属性，将它们选中，如图4-21所示，执行“编辑”→“复制”命令，将其复制。

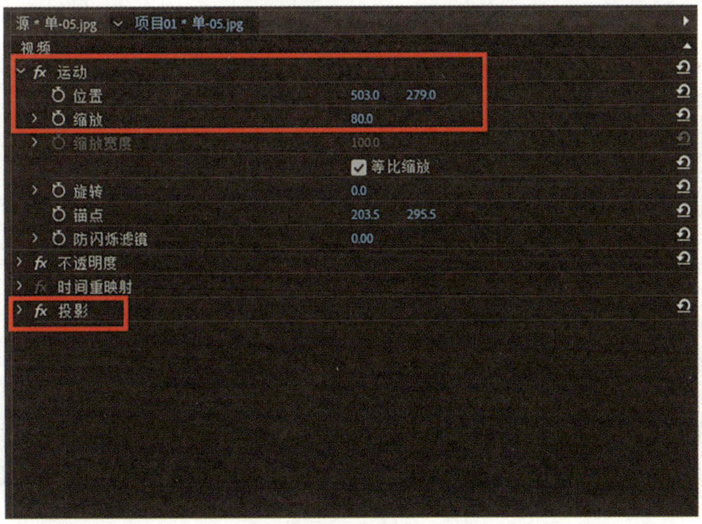

图　4-21

4）单击选中“单-07.jpg”素材，执行“编辑”→“粘贴”命令，将两个属性粘贴给该素材。

5）用同样的方法，将属性粘贴给“合-01.jpg”“单-06.jpg”“合-06.jpg”素材。

3. 添加转场效果

1）在“效果”面板中，展开“视频过渡”文件夹中的“擦除”文件夹，将其中的“划出”转场拖至素材“单-05.jpg”的入点处。

2）在“效果控件”面板中，调整转场方向为“左下角”，持续时间为00:00:01:00，如图4-22所示。

3）分别为素材“单-07.jpg”“合-01.jpg”“单-06.jpg”“合-06.jpg”的入点位置添加“划出”转场，其转场方向采用默认的“左侧”，持续时间均为00:00:01:00，如图4-23所示。

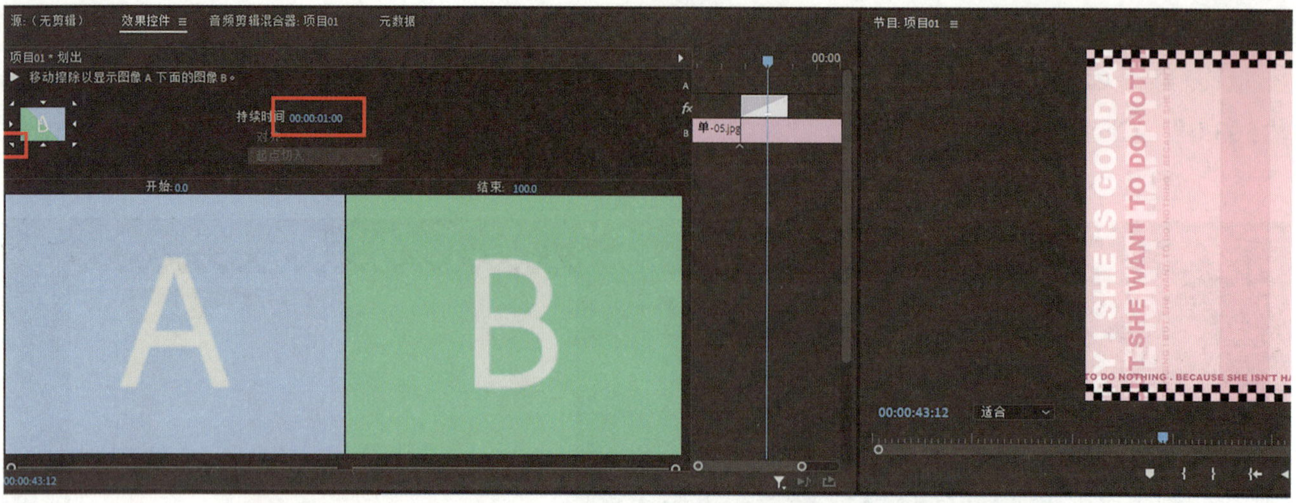

图　4-22

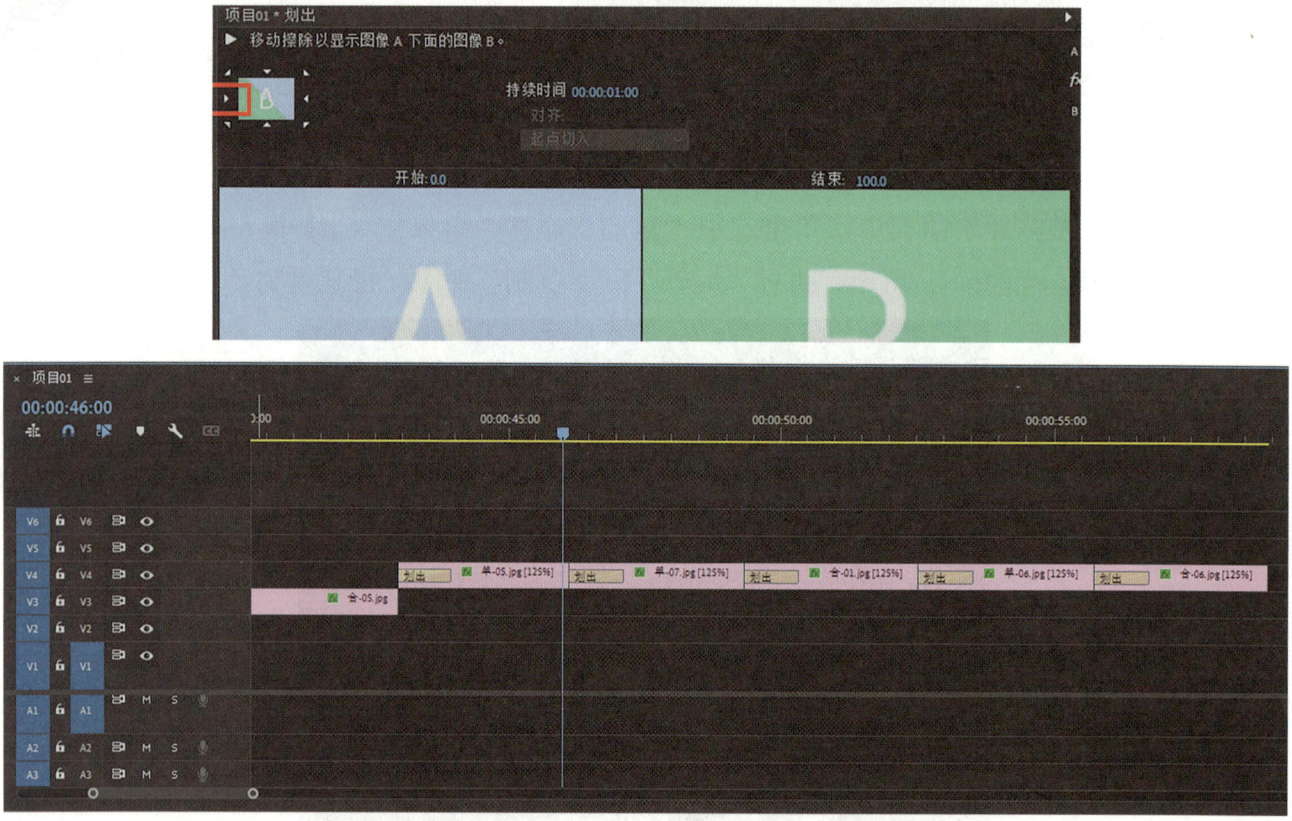

图　4-23

七、制作动画片段（4）

1. 添加背景素材

1）拖动“背景”素材箱内的“004.avi”到“V1”轨道中素材片段“bg1.avi”的后面。

2）将“时间指示器”移至00:01:08:23处，拖动其右侧出点至“时间指示器”处。

2. 第1段照片动画

1）将“时间指示器”移至00:00:58:23处，从“图片”素材箱中将“单-08.jpg”素材拖至“V2”轨道中；在其上右击，在弹出的快捷菜单中执行“速度/持续时间”命令，设置持续时间为00:00:10:00。

2）在“效果控件”面板中，设置“位置”的X坐标值为“-128.0”，单击“位置”左侧的“切换动画”按钮，设置第1个关键帧，设置“缩放”的值为“55.0”。

3）将“时间指示器”移至00:01:03:23处，展开“不透明度”属性，单击“不透明度”右侧的“添加/移除关键帧”按钮，在此处添加一个关键帧。

4）将“时间指示器”移至00:01:08:22处，设置“位置”的X坐标值为“842.0”，设置“不透明度”的值为“0”。

5）添加“投影”效果，其参数设置同前面各素材。

此时，“节目监视器”面板中的播放效果如图4-24所示。

图　4-24

3．第2段照片动画

1）将“时间指示器”移至00:01:00:24处，从“图片”素材箱中，将“单-09.jpg”素材拖至“V3”轨道中，在其上右击，在弹出的快捷菜单中执行“速度/持续时间”命令，设置持续时间为00:00:06:00。

2）在其“效果控件”面板中，设置“位置”的X坐标值为“838.0”，单击“位置”左侧的“切换动画”按钮，设置第1个关键帧，设置“缩放”的值为“60.0”。

3）将“时间指示器”移至00:01:03:24处，展开“不透明度”属性，单击“不透明度”右侧的“添加/移除关键帧”按钮，在此处添加一个关键帧。

4）将“时间指示器”移至00:01:06:23处，设置“位置”的X坐标值为“-127.0”，设置“不透明度”的值为“0”。

5）添加“投影”效果，其参数设置同前面各素材。

此时，“节目监视器”面板中的播放效果如图4-25所示。

图　4-25

4．第3段照片动画

1）将“时间指示器”移至00:01:03:13处，从“图片”素材箱中将“合-07.jpg”素材拖至“V4”轨道中；在其上右击，在弹出的快捷菜单中执行“速度/持续时间”命令，设置持续时间为00:00:05:10。

2）在其“效果控件”面板中，设置“位置”的X坐标值为“−199.0”，并单击“位置”左侧的“切换动画”按钮，设置第1个关键帧，设置“缩放”的值为“70.0”。

3）将“时间指示器”移至00:01:06:13处，展开“不透明度”属性，单击“不透明度”右侧的“添加/移除关键帧”按钮，在此处添加一个关键帧。

4）将“时间指示器”移至00:01:08:22处，设置“位置”的X坐标值为“706.9”，设置“不透明度”的值为“20.3”。

5）添加“投影”效果，其参数设置同前面各素材。

5. 第4段照片动画

1）将“时间指示器”移至00:01:04:13处，从“图片”素材箱中将“单-01.jpg”素材拖至“V5”轨道中。在其上右击，在弹出的快捷菜单中执行“速度/持续时间”命令，设置持续时间为00:00:04:10。

2）在其“效果控件”面板中，设置“位置”的X坐标值为“871.0”，单击“位置”左侧的“切换动画”按钮，设置第1个关键帧，设置“缩放”的值为“80.0”。

3）将“时间指示器”移至00:01:06:19处，展开“不透明度”属性，单击“不透明度”右侧的“添加/移除关键帧”按钮，在此处添加一个关键帧。

4）将“时间指示器”移至00:01:08:22处，设置“位置”的X坐标值为“1.0”，设置“不透明度”的值为“0”。

5）添加“投影”效果，其参数设置同前面各素材。

此时，“节目监视器”面板中的播放效果如图4-26所示。

图　4-26

此时，“时间轴”面板如图4-27所示。

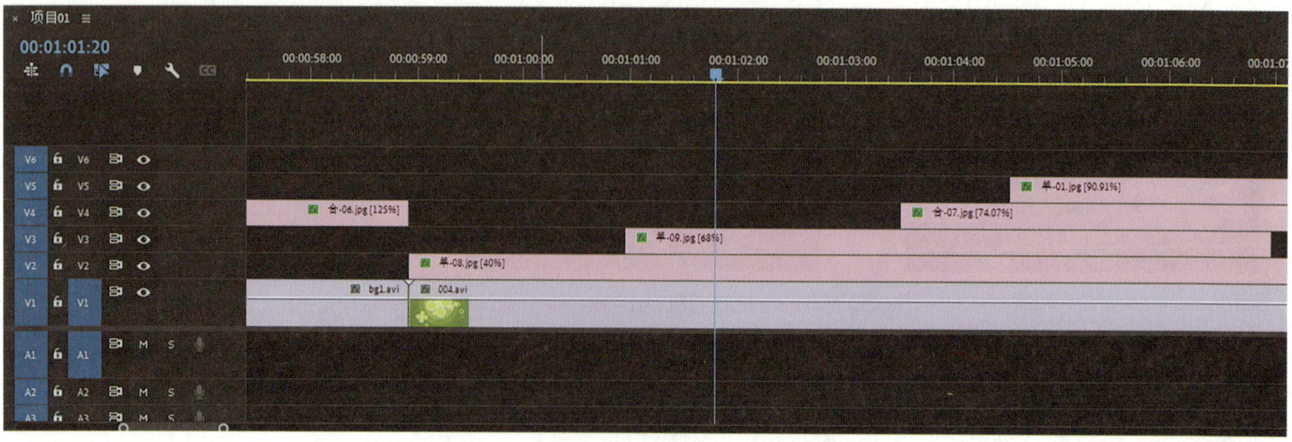

图　4-27

八、制作动画片段（5）

制作意图说明：此步骤将制作8段照片的位置、缩放、旋转、不透明度动画，以丰富画面内容、增强画面节奏，但是操作较为繁杂，望读者要有耐心。

1. 添加背景素材

1）拖动“背景”素材箱内的“001.avi”到“V1”轨道中素材片段“004.avi”的后面。

2）将“时间指示器”移至00:01:20:11处，拖动其右侧出点至“时间指示器”处。

2. 第1段照片动画

1）将“时间指示器”移至00:01:08:23处，从“图片”素材箱中将“合-01.jpg”素材拖至“V2”轨道中。

2）在其“效果控件”面板中进行设置。设置“位置”的X坐标值为“71.8”、Y坐标值为“476.6”，单击“位置”左侧的“切换动画”按钮，设置一个关键帧；设置“缩放”的值为“30.0”，单击“缩放”左侧的“切换动画”按钮，设置一个关键帧；单击“旋转”左侧的“切换动画”按钮，设置一个关键帧；设置“不透明度”的值为“80.0”。

3）将“时间指示器”移至00:01:12:22处，在“效果控件”面板中进行设置。设置“位置”的X坐标值为“360.0”、Y坐标值为“288.0”；设置“缩放”的值为“150.0”；“旋转”的值为“360.0”（即旋转一圈）；设置“不透明度”的值为“0”。

此时，“节目监视器”面板中的播放效果如图4-28所示。

图 4-28

3. 第2段照片动画

1）将“时间指示器”移至00:01:10:13处，从“图片”素材箱中将“单-02.jpg”素材拖至“V3”轨道中。

2）在其“效果控件”面板中进行设置。设置“位置”的X坐标值为“641.1”、Y坐标值为“476.6”，单击“位置”左侧的“切换动画”按钮，设置一个关键帧；设置“缩放”的值为“30.0”，单击“缩放”左侧的“切换动画”按钮，设置一个关键帧；设置“旋转”的值为“360.0”，单击“旋转”左侧的“切换动画”按钮，设置一个关键帧；设置“不透明度”的值为“80.0”。

3）将“时间指示器”移至00:01:14:12处，在“效果控件”面板中设置“位置”的X坐标值为“360.0”、Y坐标值为“288.0”；设置“缩放”的值为“150.0”；设置“旋转”的值为“0”；设置“不透明度”的值为“0”。

此时，“节目监视器”面板中的播放效果如图4-29所示。

图 4-29

4. 第3段照片动画

1）将“时间指示器”移至00:01:11:21处，从“图片”素材箱中将“单-03.jpg”素材拖至“V4”轨道中。

2）在其“效果控件”面板中进行设置。设置“位置”的X坐标值为“71.8”、Y坐标值为“104.5”，单击“位置”左侧的“切换动画”按钮，设置一个关键帧；设置“缩放”的值为“30.0”，单击“缩放”左侧的“切换动画”按钮，设置一个关键帧；设置“旋转”的值为“360.0”，单击“旋转”左侧的“切换动画”按钮，设置一个关键帧；设置“不透明度”的值为“80.0”。

3）将“时间指示器”移至00:01:15:20处，在“效果控件”面板中设置“位置”的X坐标值为“360.0”、Y坐标值为“288.0”；设置“缩放”的值为“150.0”、“旋转”的值为“0”、“不透明度”的值为“0”。

此时，“节目监视器”面板中的播放效果如图4-30所示。

图 4-30

5. 第4段照片动画

1）将“时间指示器”移至00:01:12:10处，从“图片”素材箱中将“单-04.jpg”素材拖至“V5”轨道中。

2）在其“效果控件”面板中进行设置。设置“位置”的X坐标值为“641.1”、Y坐标值为“112.1”，单击“位置”左侧的“切换动画”按钮，设置一个关键帧；设置“缩放”的值为“30.0”，单击“缩放”左侧的“切换动画”按钮，设置一个关键帧；单击“旋转”左侧的“切换动画”按钮，设置一个关键帧；设置“不透明度”的值为“80.0”。

3）将“时间指示器”移至00:01:16:09处，在“效果控件”面板中设置“位置”的X坐标值为“360.0”、Y坐标值为“288.0”；设置“缩放”的值为“150.0”、“旋转”的值为“360”、“不透明度”的值为“0”。

此时，“节目监视器”面板中的播放效果如图4-31所示。

图　4-31

此时，“时间轴”面板如图4-32所示。

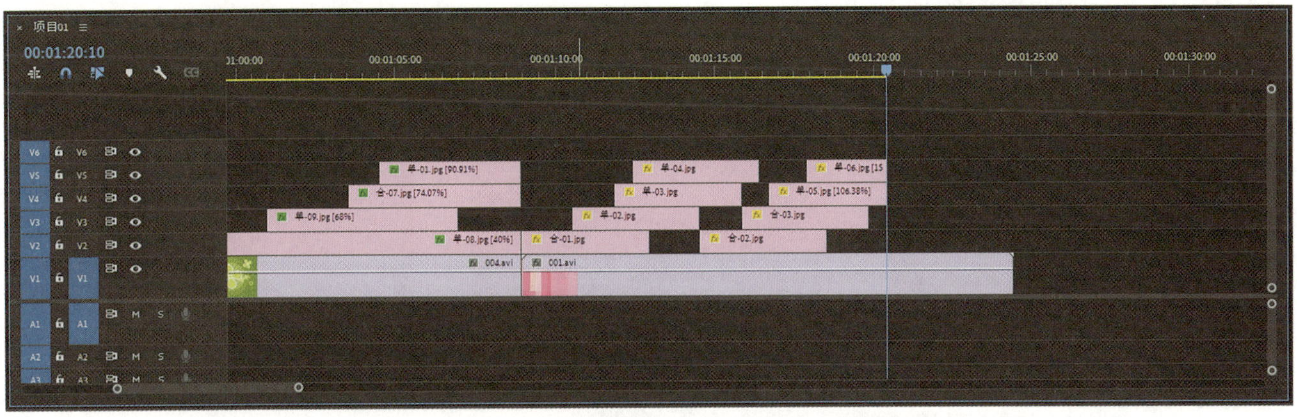

图　4-32

6. 第5段照片动画

1）将“时间指示器”移至00:01:14:13处，从“图片”素材箱中将“合-02.jpg”素材拖至“V2”轨道中。

2）在其“效果控件”面板中进行设置。设置“位置”的X坐标值为“360.0”、Y坐标值为“285.5”，单击“位置”左侧的“切换动画”按钮，设置一个关键帧；设置“缩放”的值为“30.0”，单击“缩放”左侧的“切换动画”按钮，设置一个关键帧；设置“旋转”的值为“360.0”，单击“旋转”左侧的“切换动画”按钮，设置一个关键帧；设置“不透明度”的值为“80.0”。

3）将“时间指示器”移至00:01:18:12处，在“效果控件”面板中设置“位置”的X坐标值为“360.0”、Y坐标值为“288.0”；设置“缩放”的值为“150.0”、“旋转”的值为“0”、“不透明度”的值为“0”。

此时，“节目监视器”面板中的播放效果如图4-33所示。

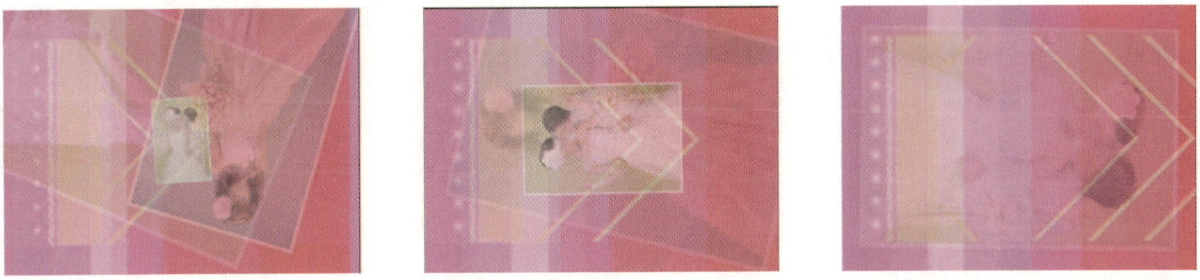

图　4-33

7. 第6段照片动画

1）将“时间指示器”移至00:01:15:21处，从“图片”素材箱中将“合-03.jpg”素材拖至

“V3”轨道中。

2）在其“效果控件”面板中进行设置。设置“位置”的X坐标值为“648.2”、Y坐标值为“252.3”，单击“位置”左侧的“切换动画”按钮，设置一个关键帧；设置“缩放”的值为“30.0”，单击“缩放”左侧的“切换动画”按钮，设置一个关键帧；单击“旋转”左侧的“切换动画”按钮，设置一个关键帧；设置“不透明度”的值为“80.0”。

3）将“时间指示器”移至00:01:19:20处，在“效果控件”面板中设置“位置”的X坐标值为“360.0”、Y坐标值为“288.0”；设置“缩放”的值为“150.0”、“旋转”的值为“360”、“不透明度”的值为“0”。

此时，“节目监视器”面板中的播放效果如图4-34所示。

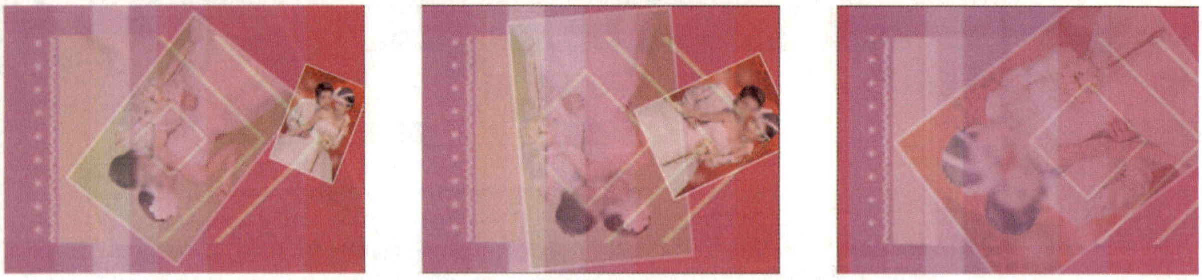

图 4-34

8. 第7段照片动画

1）将“时间指示器”移至00:01:16:17处，从“图片”素材箱中将“单-05.jpg”素材拖至“V4”轨道中；在其上右击，在弹出的快捷菜单中执行“速度/持续时间”命令，其持续时间为00:00:03:19。

2）在其“效果控件”面板中进行设置。设置“位置”的X坐标值为“76.5”、Y坐标值为“469.0”，单击“位置”左侧的“切换动画”按钮，设置一个关键帧；设置“缩放”的值为“30.0”，单击“缩放”左侧的“切换动画”按钮，设置一个关键帧；设置“旋转”的值为“360.0”，单击“旋转”左侧的“切换动画”按钮，设置一个关键帧；设置“不透明度”的值为“80.0”。

3）将“时间指示器”移至00:01:20:11处，在“效果控件”面板中设置“位置”的X坐标值为“345.7”、Y坐标值为“297.1”；设置“缩放”的值为“143.9”、“旋转”的值为“18.2”、“不透明度”的值为“4”。

此时，“节目监视器”面板中的播放效果如图4-35所示。

图 4-35

9. 第8段照片动画

1）将“时间指示器”移至00:01:17:22处，从“图片”素材箱中将“单-06.jpg”素材拖至“V5”轨道中。在其上右击，在弹出快捷菜单中选择“速度/持续时间”命令，设置其持续时间为00:00:02:14。

2）在其“效果控件”面板中进行设置。设置“位置”的X坐标值为“643.5”、Y坐标值为“104.5”，单击“位置”左侧的“切换动画”按钮，设置一个关键帧；设置“缩放”的值为“30.0”，单击“缩放”左侧的“切换动画”按钮，设置一个关键帧；设置“旋转”的值为“360.0”，单击“旋转”左侧的“切换动画”按钮，设置一个关键帧；设置“不透明度”的值为“80.0”。

3）将“时间指示器”移至00:01:20:11处，在“效果控件”面板中设置“位置”的X坐标值为“460.2”、Y坐标值为“223.1”；设置“缩放”的值为“107.6”、“旋转”的值为“127.3”、“不透明度”的值为“28.3”。

此时，“节目监视器”面板中的播放效果如图4-36所示。

图　4-36

此时，“时间轴”面板如图4-37所示。

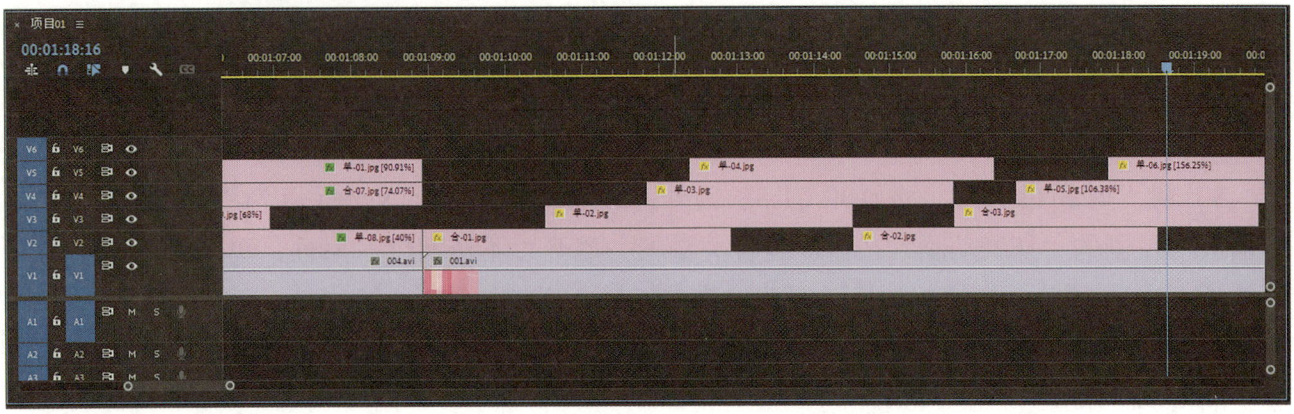

图　4-37

九、制作动画片段（6）

1）组接素材。

① 将“时间指示器”移至00:01:20:11处，在“图片”素材箱中单击选中“单-03.jpg”素材，再按住<Ctrl>键，分别单击“单-04.jpg”“合-07.jpg”“合-04.jpg”素材，释放<Ctrl>键，将它们同时拖至“V3”轨道中。

② 将“背景”素材箱中的“002.avi”拖至“V1”轨道中；将“时间指示器”移至00:01:36:11处，拖动其右侧出点至该位置，即缩短背景素材的持续时间。

2）分别在各自的“效果控件”面板中，将“单-03.jpg”“单-04.jpg”“合-07.jpg”“合-04.jpg”四个照片素材“缩放”的值设置为“152.0”；再对这四个素材分别添加“投影”效果，其参数设置同前面各素材。

3）制作照片上下运动的动画。

①将“时间指示器”移至00:01:20:11处，单击选中“单-03.jpg”素材。在其“效果控件”面板中，设置“位置”的Y坐标值为“435.0”，单击“位置”左侧的“切换动画”按钮，为其设置关键帧；将“时间指示器”移至00:01:24:11处，设置“位置”的Y坐标值为“151.0”。

②单击选中“单-04.jpg”素材，在其“效果控件”面板中，设置“位置”的Y坐标值为“142.0”，单击“位置”左侧的“切换动画”按钮，设置关键帧；将“时间指示器”移至00:01:28:11处，设置“位置”的Y坐标值为“438.0”。

③单击选中“合-07.jpg”素材，在其“效果控件”面板中，设置“位置”的Y坐标值为“438.0”，单击“位置”左侧的“切换动画”按钮，设置关键帧；将“时间指示器”移至00:01:32:11处，设置“位置”的Y坐标值为“140.0”。

④单击选中“合-04.jpg”素材，在其“效果控件”面板中，设置“位置”的Y坐标值为“139.0”，单击“位置”左侧的“切换动画”按钮，设置关键帧；将“时间指示器”移至00:01:36:11处，设置“位置”的Y坐标值为“437.0”。

十、制作动画片段（7）

1. 第1段照片动画

1）将“时间指示器”移至00:01:36:11处，从“图片”素材箱中将“合-05.jpg”素材拖至“V3”轨道中。

2）在其“效果控件”面板中，设置“位置”的X坐标值为“−169.0”，单击“位置”左侧的“切换动画”按钮，设置关键帧；设置“缩放”的值为“80.0”；添加“投影”效果，其参数设置同前面各素材。

3）将“时间指示器”移至00:01:38:11处，设置“位置”的X坐标值为“360.0”；单击“缩放”左侧的“切换动画”按钮，设置关键帧；展开“不透明度”属性，单击“不透明度”右侧的“添加/移除关键帧”按钮，在此处为其添加一个关键帧。

4）将“时间指示器”移至00:01:40:11处，设置“缩放”的值为“167.0”，设置“不透明度”的值为“0”。

此时，“节目监视器”面板中的播放效果如图4-38所示。

图　4-38

2. 第2段照片动画

1）从“图片”素材箱中，将“单-07.jpg”拖至“V3”轨道中“合-05.jpg”素材的后面。

2）在其“效果控件”面板中，设置“位置”的Y坐标值为“817.0”，单击“位置”左侧的“切换动画”按钮，设置关键帧；设置“缩放”的值为“80.0”；添加“投影”效果，其参数设置同前面各素材。

3）将“时间指示器”移至00:01:42:11处，设置“位置”的Y坐标值为“288.0”；单击“缩放”左侧的“切换动画”按钮，设置关键帧；展开“不透明度”属性，单击“不透明度”右侧的“添加/移除关键帧”按钮，在此处添加一个关键帧。

4）将“时间指示器”移至00:01:44:11处，设置“缩放”的值为“201.0”，设置“不透明度”的值为“0”。

此时，“节目监视器”面板中的播放效果如图4-39所示。

图　4-39

3. 第3段照片动画

1）将“时间指示器”移至00:01:44:09处，从“图片”素材箱中将“单-02.jpg”素材拖至“V5”轨道中。

小提示

将素材拖至当前“时间指示器”处时，应注意“吸附”提示。这里，应使素材“吸附”到“时间指示器”处，而非与前面的素材出点相“吸附”，如图4-40所示。

图　4-40

在其上右击，在弹出的快捷菜单中选择“速度/持续时间”命令，设置其持续时间为00:00:06:00。

2）在其“效果控件”面板中，设置“位置”的Y坐标值为“−247.0”，单击“位置”左侧的“切换动画”按钮，设置关键帧；设置“缩放”的值为“80.0”；添加“投影”效果，其参数设置同前面各素材。

3）将“时间指示器”移至00:01:46:09处，设置“位置”的Y坐标值为“288.0”；将“时间指示器”移至00:01:47:09处，单击“位置”右侧的“添加/移除关键帧”按钮，在此处添加一个关键帧；将“时间指示器”移至00:01:47:10处，单击“位置”右侧的“添加/移除关键帧”按钮，添加一个关键帧；将“时间指示器”移至00:01:50:08处，设置“位置”的X坐标值为“-187.0”。

4. 第4段照片动画

1）将“时间指示器”移至00:01:46:09处，从“图片”素材箱中将“单-02.jpg”素材拖至“V4”轨道中。

2）在其“效果控件”面板中，单击“位置”左侧的“切换动画”按钮，设置关键帧；设置“缩放”的值为“65.0”；设置“不透明度”的值为“80.0”；添加“投影”效果，其参数设置同前面各素材。

3）将“时间指示器”移至00:01:48:06处，设置“不透明度”的值为“60.0”；将“时间指示器”移至00:01:50:08处，设置“位置”的X坐标值为“870.0”。

5. 第5段照片动画

1）将“时间指示器”移至00:01:46:09处，从“图片”素材箱中将“单-02.jpg”素材拖至“V3”轨道中。

2）在其“效果控件”面板中，单击“位置”左侧的“切换动画”按钮，设置关键帧；设置“缩放”的值为“55.0”；设置“不透明度”的值为“80.0”；添加“投影”效果，其参数设置同前面各素材。

3）将“时间指示器”移至00:01:47:01处，设置“不透明度”的值为“60.0”；将“时间指示器”移至00:01:50:08处，设置“位置”的X坐标值为“-826.0”。

此时，第3段至第5段照片动画在“节目监视器”面板中的播放效果如图4-41所示。

图　4-41

6. 第6段照片动画

1）将“时间指示器”移至00:01:49:11处，从“图片”素材箱中将“合-01.jpg”素材拖至“V2”轨道中；在其上右击，在弹出的快捷菜单中执行“速度/持续时间”命令，设置持续时间为00:00:06:00。

2）在其“效果控件”面板中，设置“缩放”的值为“0”，单击“缩放”左侧的“切换动画”按钮，设置关键帧；添加“投影”效果，其参数设置同前面各素材。

3）将“时间指示器”移至00:01:52:11处，设置“缩放”的值为“80.0”；将“时间指示器”移至00:01:54:11处，单击“缩放”右侧的“添加/移除关键帧”按钮，在此处添加一个关键帧；单击“旋转”左侧的“切换动画”按钮，为其设置关键帧；单击“不透明度”右侧的“添加/移除关键帧”按钮，在此处添加一个关键帧。

4）将“时间指示器”移至00:01:55:10处，设置“缩放”的值为“205.0”、“旋转”的值为“600.0”、“不透明度”的值为“0”。

7. 第7段照片动画

1）将“时间指示器”移至00:01:52:11处，将“合-01.jpg”素材拖至“V4”轨道中；在其上右击，在弹出的快捷菜单中选择“速度/持续时间”命令，设置持续时间为00:00:03:00。

2）在其“效果控件”面板中，单击“位置”左侧的“切换动画”按钮，设置关键帧；设置“缩放”的值为“80.0”，单击“缩放”左侧的“切换动画”按钮，设置关键帧；单击“旋转”左侧的“切换动画”按钮，设置关键帧；单击“不透明度”右侧的“添加/移除关键帧”按钮，在此处添加一个关键帧；添加“投影”效果，其参数设置同前面各素材。

3）将“时间指示器”移至00:01:53:11处，设置“位置”的X坐标值为“545.0”、Y坐标值为“398.0”；设置“缩放”的值为“205.0”、“旋转”的值为“270.0”、“不透明度”的值为“0”。

8. 第8段照片动画

1）将“时间指示器”移至00:01:52:11处，将“合-01.jpg”素材拖至“V3”轨道中；在其上右击，在弹出的快捷菜单中选择“速度/持续时间”命令，设置持续时间为00:00:03:00。

2）在其“效果控件”面板中，设置“缩放”的值为“80.0”。

3）将“时间指示器”移至00:01:53:11处。单击“位置”左侧的“切换动画”按钮，为其设置关键帧；单击“缩放”左侧的“切换动画”按钮，设置关键帧；单击“旋转”左侧的“切换动画”按钮，设置关键帧；单击“不透明度”右侧的“添加/移除关键帧”按钮，在此处添加一个关键帧；添加“投影”效果，其参数设置同前面各素材。

4）将“时间指示器”移至00:01:54:11处，设置“位置”的X坐标值为“90.0”、Y坐标值为“-262.0”；设置“缩放”的值为“205.0”、“旋转”的值为“-360.0”、“不透明度”的值为“0”。

此时，第6段至第8段照片动画在“节目监视器”面板中的播放效果如图4-42所示。

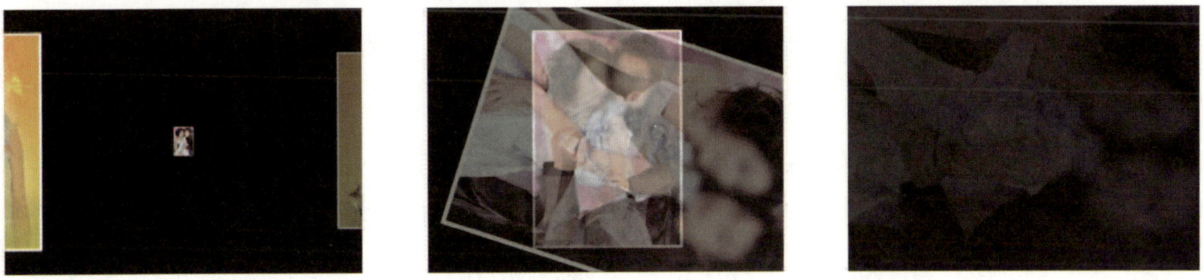

图　4-42

9. 添加背景素材

1）将“时间指示器”移至00:01:36:11处，将“背景”素材箱中的“bg2.avi”素材拖至“V1”轨道“002.avi”素材片段的后面。

2）再次从“背景”素材箱中拖动“bg2.avi”至“V1”轨道中已有的“bg2.avi”素材片段后面。将“时间指示器”移至00:01:55:11处，拖动其右侧的出点至该处，即缩短背景素材的持续时间，如图4-43所示。

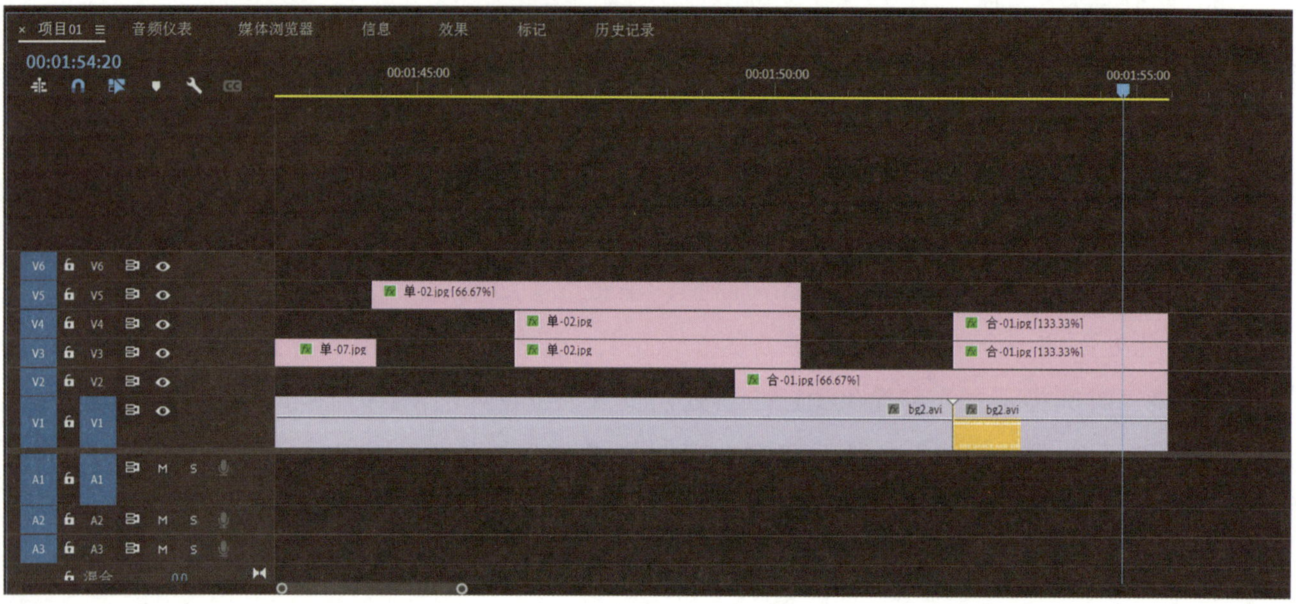

图 4-43

十一、制作字幕

1. 添加背景素材

从“背景”素材箱中拖动“bg1.avi”至“V1”轨道中“bg2.avi”素材片段后面（即拖至00:01:55:11处）。

2. 制作第1段字幕

1）在“项目”面板的空白处单击，取消对文件的选中状态。再次将当前“时间指示器”置于00:01:55:11处，执行“文件”→“新建”→“旧版标题”命令，弹出“新建字幕”对话框，输入字幕名称“昨天”，单击“确定”按钮关闭对话框，调出“字幕”面板。

2）单击“字幕”面板工具箱中的“文本工具”按钮，在绘制区域单击欲输入文字的开始点，输入“昨天是回忆，”。单击工具箱中的“选择工具”按钮，再单击文本框外任意一点，结束输入。

3）单击选中刚输入的文本，在右侧的“旧版标题属性”面板中设置字体为“华文行楷”，字号为“35.0”，字间距为“3.0”，文字填充颜色为红色（R:228、G:24、B:24）。设置文本位置“X位置”为“540.0”，“Y位置”为“140.0”。

3. 制作第2段、第3段字幕

1）采用刚才的方法新建名为“今天”的字幕，输入“今天是幸福，”。调整各参数同上，设置文本位置“X位置”为“540.0”、“Y位置”为“200.0”。

2）新建名为“永远”的字幕，输入“永远是爱情。”。调整各参数同上，设置文本位置“X位置”为“540.0”、“Y位置”为“260.0”。

此时，“字幕”面板如图4-44所示。

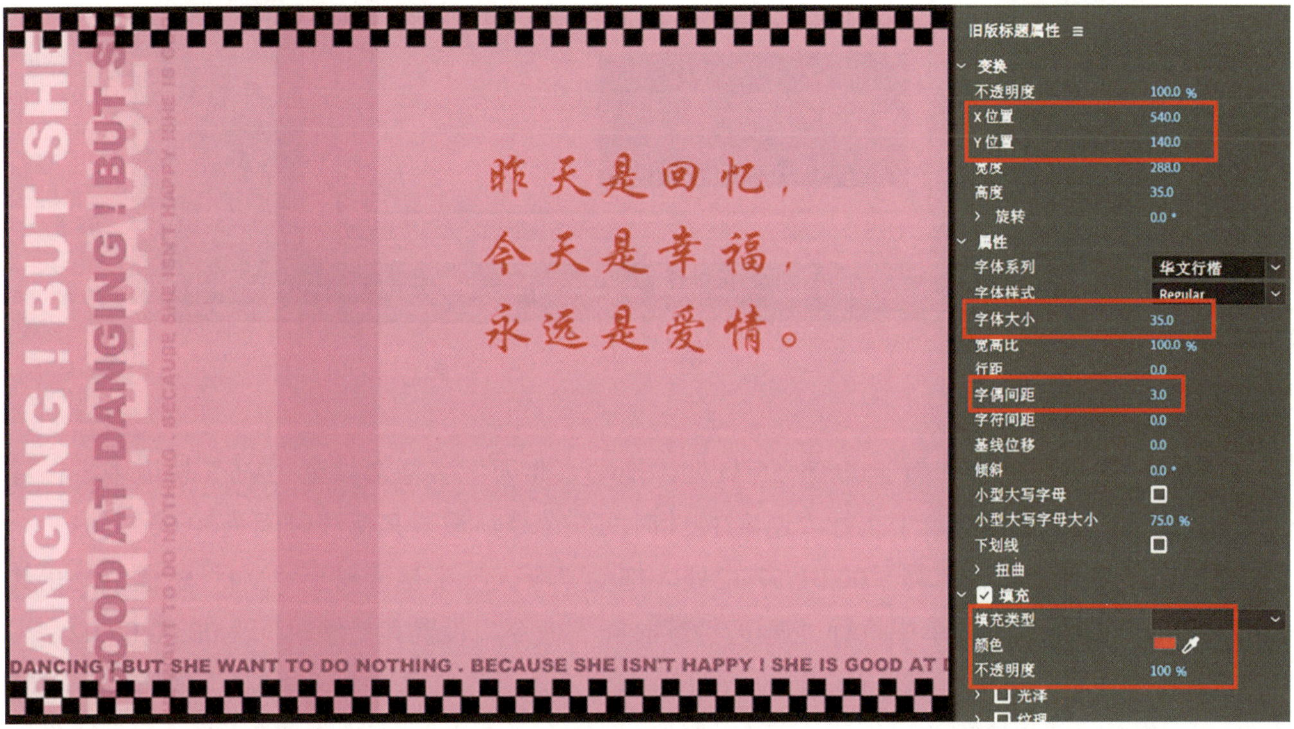

图　4-44

4. 制作第4段字幕

1）新建名为“结尾”的字幕，在“字幕”面板中，单击工具箱中的“区域文本工具”按钮，在绘制区域用鼠标拖曳出一个文本框，并输入“让我们的心一起扇起爱的双翼，在爱的世界中永远翱翔！”。

2）设置字体、颜色同上，设置“字体大小”为“30.0”、“行距”为“23.0”、“字偶间距”为“0.0”。

3）将输入光标置于第一个字“让”前，按一下<Tab>键，再执行“旧版标题”→“制表位”命令，调出“制表位”对话框。单击数字上方的标尺，添加一个“左对齐”制表符。拖动此符号的同时，文本段落中会出现一条黄色参考线指示制表符在段落中的位置。将此段文本设为图4-45所示的效果，单击“确定”按钮关闭“制表位”对话框。

4）再次选中文本，设置文本位置“X位置”为“530.0”、“Y位置”为“295.0”。

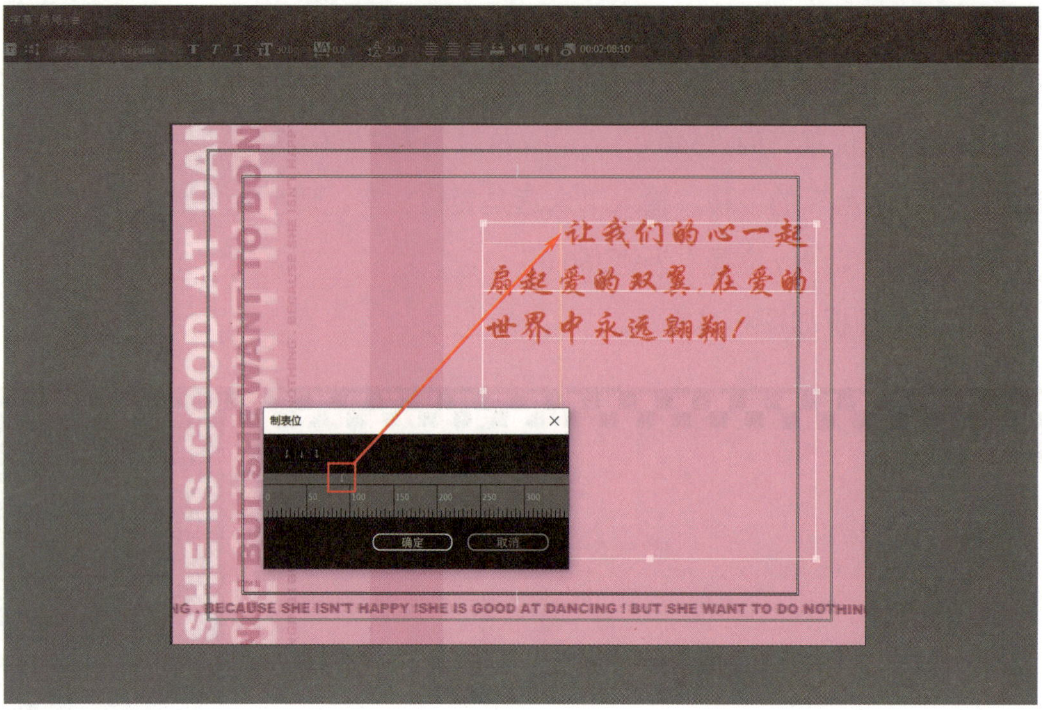

图　4-45

5．组接字幕素材

1）将“时间指示器”置于00:01:55:11处，拖动“昨天”字幕素材至“V5”轨道中，在其上右击，在弹出的快捷菜单中执行“速度/持续时间”命令，设置其持续时间为00:00:11:03。

2）将“时间指示器”置于00:01:57:12处，拖动“今天”字幕素材至“V4”轨道中，在其上右击，在弹出的快捷菜单中执行“速度/持续时间”命令，设置其持续时间为00:00:09:02。

3）将“时间指示器”置于00:01:59:16处，拖动“永远”字幕素材至“V3”轨道中，在其上右击，在弹出的快捷菜单中执行“速度/持续时间”命令，设置其持续时间为00:00:06:23。

4）将“时间指示器”置于00:02:06:14处，拖动“结尾”字幕素材至“V2”轨道中，在其上右击，在弹出的快捷菜单中执行“速度/持续时间”命令，设置其持续时间为00:00:07:00。

此时，“时间轴”面板如图4-46所示。

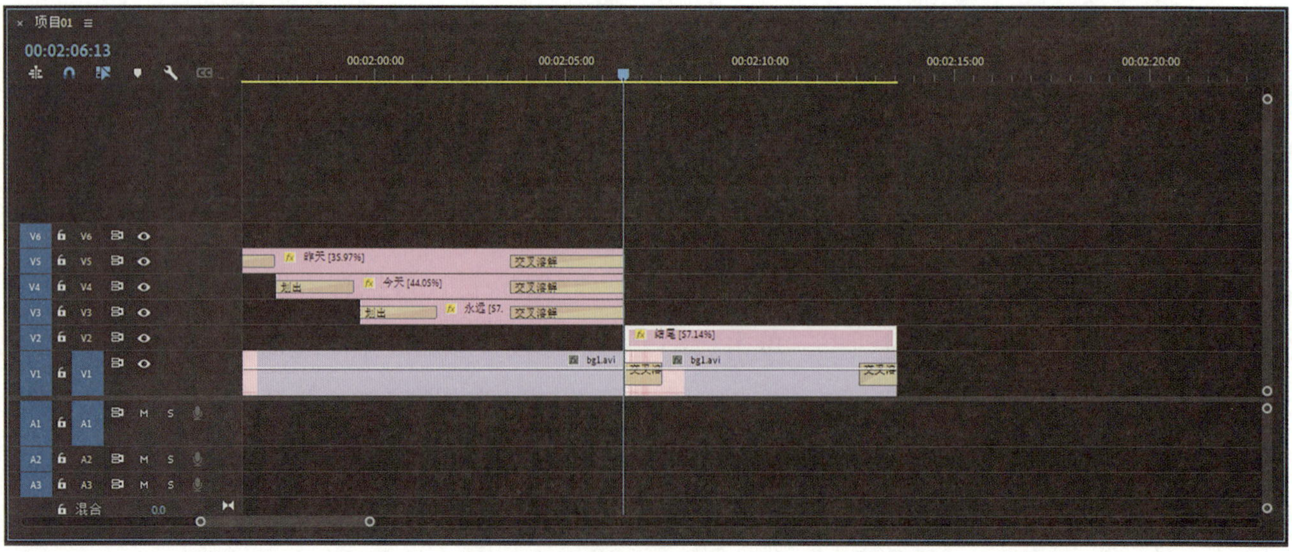

图　4-46

6. 添加字幕转场

1）在“效果”面板中，展开“视频过渡”文件夹中的“擦除”文件夹，将其中的“擦除”转场拖至素材“昨天”的入点处，并设置其转场持续时间为00:00:02:00，即2s。

2）把“今天”和“永远”字幕素材的入点也加入该转场，持续时间同上。

3）在“效果”面板中，展开“视频过渡”文件夹中的“溶解”文件夹，将其中的“交叉溶解”转场分别拖至“昨天”“今天”“永远”“结尾”素材的出点处，转场持续时间均设为00:00:03:00，即3s。

4）将“交叉溶解”转场拖至“结尾”素材的入点处，设置持续时间为00:00:02:00。

此时，“时间轴”面板如图4-47所示。

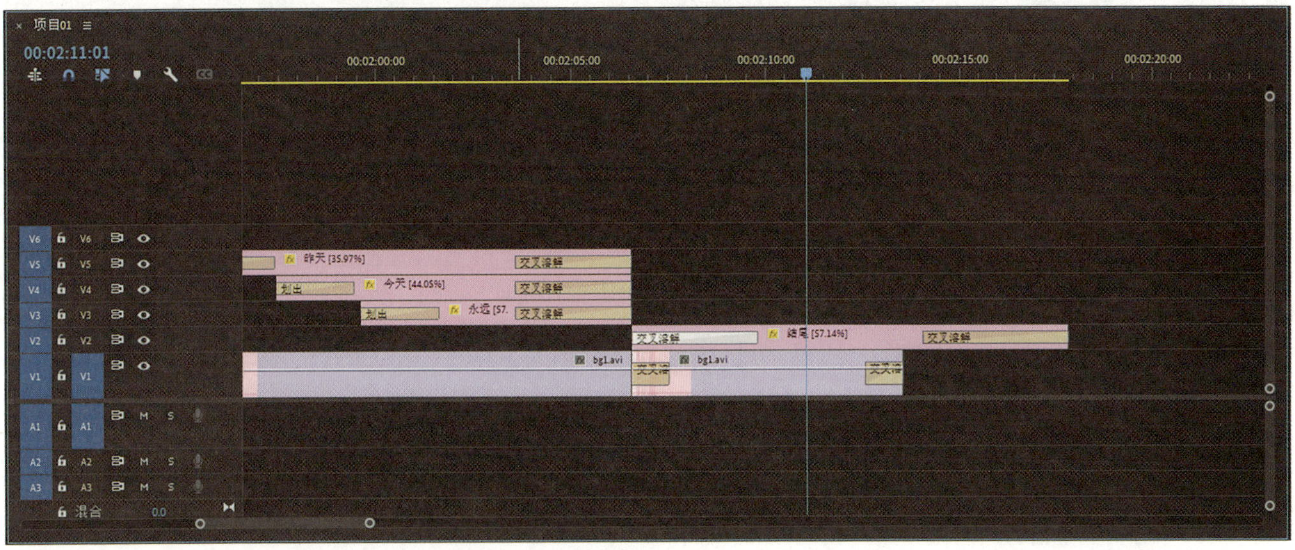

图　4-47

7. 补充背景素材

“结尾”字幕部分背景素材的长度不够，所以再加入一段素材。

1）将“时间指示器”移至00:02:06:14处，拖动“V1”轨道中“bg1.avi”素材的出点至该处。

2）从“背景”素材箱内拖动“bg1.avi”素材至“V1”轨道中已有“bg1.avi”素材的后面（即“V1”轨道的00:02:06:14处）。

3）将“时间指示器”移至00:02:13:14处（即片尾），拖动“bg1.avi”素材的出点至该处。

4）将“时间指示器”移至00:01:55:11处，在“效果”面板中，展开“视频过渡”文件夹中的“溶解”文件夹，将其中的“叠加溶解”转场拖至“V1”轨道中“bg1.avi”素材的入点处，设置转场持续时间为00:00:00:15。

5）将“时间指示器”移至00:02:06:14处，在“效果”面板中，展开“视频过渡”文件夹中的“溶解”文件夹，将其中的“交叉溶解”转场分别拖至“V1”轨道中“bg1.avi”素材（即最后一段背景素材）的入点处和出点处，转场持续时间均设为00:00:01:00。

此时，“时间轴”面板如图4-48所示。

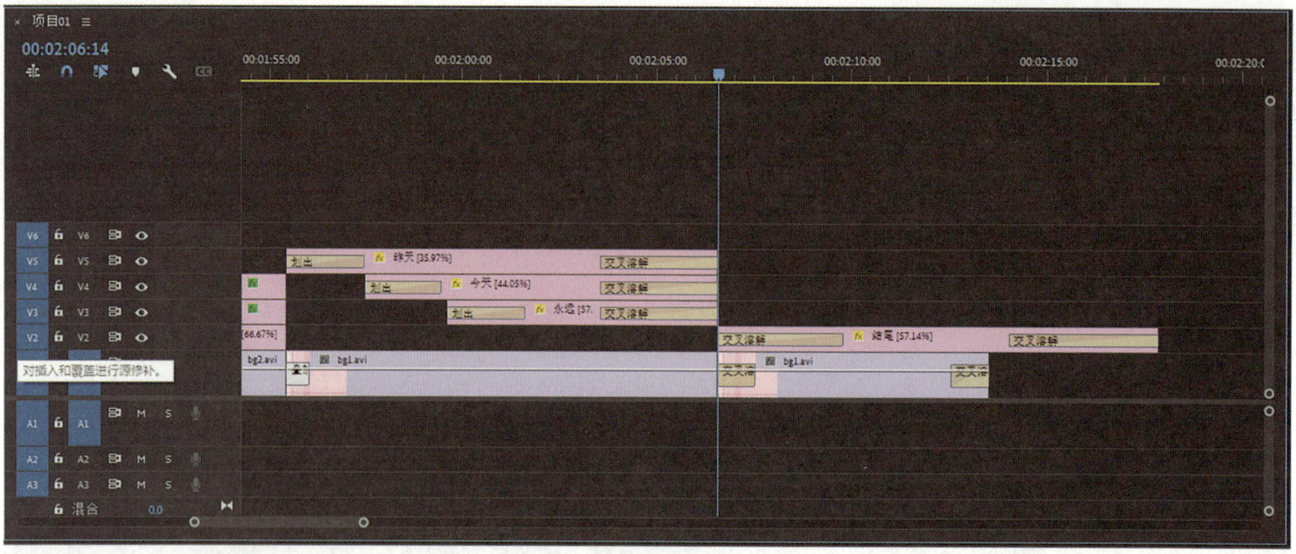

图 4-48

十二、加入点缀素材及背景音乐

1. 加入点缀素材

1）将“时间指示器”移至影片开始（即00:00:00:00）处，从“项目”面板中将“黑方格.psd”素材拖至“V6”轨道；在其上右击，在弹出的快捷菜单中执行“速度/持续时间”命令，设置其持续时间为00:02:13:14（即贯穿全片）。

2）在该素材片段的出点处添加“交叉溶解”转场，设置转场持续时间为00:00:01:00。

2. 添加背景音乐

1）将“时间指示器”移至影片开始（即00:00:00:00）处，从“项目”面板中将“music.mp3”素材拖至“A1”轨道。

2）将“时间指示器”移至00:00:01:21处，单击“工具”面板中的“剃刀工具”按钮，在“时间指示器”处的“音乐.mp3”素材上单击，将其分割为两部分；单击“选择工具”按钮，再单击分割的前半部分，将其选中，按<Delete>键将其删除；将余下的素材片段移至轨道开头处。

3）将“时间指示器”移至00:02:13:14处，利用“剃刀工具”分割“音乐.mp3”素材片段，并将分割的后半部分删除。

4）展开“效果”面板“音频过渡”文件夹中的“交叉淡化”文件夹，将其中的“恒定功率”转场拖至“音乐.mp3”素材片段的出点处，设置转场持续时间为00:00:03:00。

十三、输出影片

执行“文件”→“导出”→“媒体”命令，弹出“导出设置”对话框，在该对话框中选择目标保存路径并输入文件名，然后单击“保存”按钮。等渲染完毕后，即可观看电子相册了。

触类旁通

本项目的制作比较复杂，操作步骤较多，要考虑如何为照片设计丰富的动画效果，用到了多条视频轨道。

很多读者在初次制作时，对于设计照片的动画往往不知如何下手。其实，可以利用下面一些方法来制作。

1）对素材的位置、缩放、旋转、不透明度等基本属性设置动画。

2）利用“效果”面板中的“视频效果”和“音频效果”为其添加视频、音频特效，然后对特效参数进行动画设置。

3）加入丰富的转场效果。

4）制作复杂的动画，例如，同一时刻多个素材的同时动画，综合运用各种效果等。在制作复杂的效果时，一定要有耐心，要保持清晰的思路。此外，可以把复杂效果分成若干部分分别制作，以达到“化繁为简”的目的。

实战强化

以“大国重器”为题，自行收集素材，以下面这段文字为主题内容，结合本项目所学，配以合适的背景音乐，制作一个电子相册。

在我国装备制造业创新发展的过程中，将镜头对准普通的产业工人，真实记录他们的智慧、生活和梦想，通过人物故事和制造细节，鲜活地讲述了充满中国智慧的制造故事，再现了我国装备制造业从无到有，赶超世界先进水平背后的艰辛历程，展望了我国装备制造业迈向高端制造的未来前景。

制作要求

1）影片中的图片素材要有放大或缩小的动画。

2）动画及转场效果丰富、背景音乐贴切。

3）给影片加入背景音乐，结合画面动画效果和音乐节奏进行声画对位。

4）在影片的开头及结尾，要有画面和音乐的淡入、淡出效果。

项目5 翻页电子相册

项目情境

随着数字照相机、智能手机的普及，人们对于生活中的点滴记录起来越来越方便，也喜欢把照片以图像文件的形式存储在计算机中。利用Premiere软件，可以给这些照片加上字幕、背景音乐并设置动画等，制作成影片文件。

小女孩娜娜非常喜欢动物，她的父母想送给她一份特别的礼物：挑选出不同可爱动物的照片，制作成电子相册送给她。

制作要求：

1）运用“基本3D”效果。

2）版面、色彩等要适合儿童阶段的特点，要美观。

3）加入合适的背景音乐。

项目分析

本项目将使读者进一步提升Photoshop软件修饰处理照片的技巧。同时，通过Premiere软件的“运动”及“基本3D”特效，设置关键帧，使素材产生“立体旋转”的动画效果。最后添加背景音乐，并调整其入点和出点，使之适合画面效果的需要。影片最终的渲染输出效果如图5-1所示。

图 5-1

项目目标

1）掌握电子相册制作的基本模式，并能灵活运用。

2）从儿童阶段的特点出发，设计版面、色彩等，要适合、美观。

3）尽量理解背景音乐所表达的意义，运用合适的音乐进行剪辑。

4）掌握Premiere软件的“运动”及“基本3D”特效，设置关键帧，使素材产生“翻页”的动画效果。

5）掌握“序列嵌套”原理及其运用。

项目实施

扫一扫
查看教学视频

一、新建项目文件

1）启动Premiere软件，单击“新建项目”按钮，打开“新建项目”对话框新建项目。

2）在对话框下方指定保存路径并命名为“电子相册”，单击“确定”按钮关闭对话框，进入Premiere的工作界面。

二、导入素材

1. 素材文件夹的导入

1）执行“编辑”→“首选项”→“常规”命令，打开“首选项”对话框。将“静止图像默认持续时间”的值设置为“100”，单击“确定”按钮关闭对话框。

小提示

要想使每张照片停留4s，就需要将图片默认持续时间设置为100帧。

2）执行“文件”→“导入”命令（或按<Ctrl+I>快捷键），打开“导入”对话框。在对话框中找到配套资源“项目5”文件夹中的“项目5素材”文件夹，打开后，选中“图片”文件夹，单击“导入文件夹”按钮，将“图片”文件夹及其内的所有素材都导入“项目”面板中。

小提示

以上素材均已在Photoshop软件中进行了必要的处理。对于Photoshop软件的具体使用，请参阅相关书籍。

2. 导入背景及音频素材文件

将配套资源“项目5”文件夹中“项目5素材”文件夹内的“音乐.wma”和“背景.jpg”素材文件导入“项目”面板中。

三、制作电子相册动画

1）在“项目”面板中，将素材箱“图片”拖至“时间轴”面板的“V3”和“V1”轨道中，则该素材箱中的所有照片素材都一次性插入到“V3”和“V1”轨道，如图5-2所示。

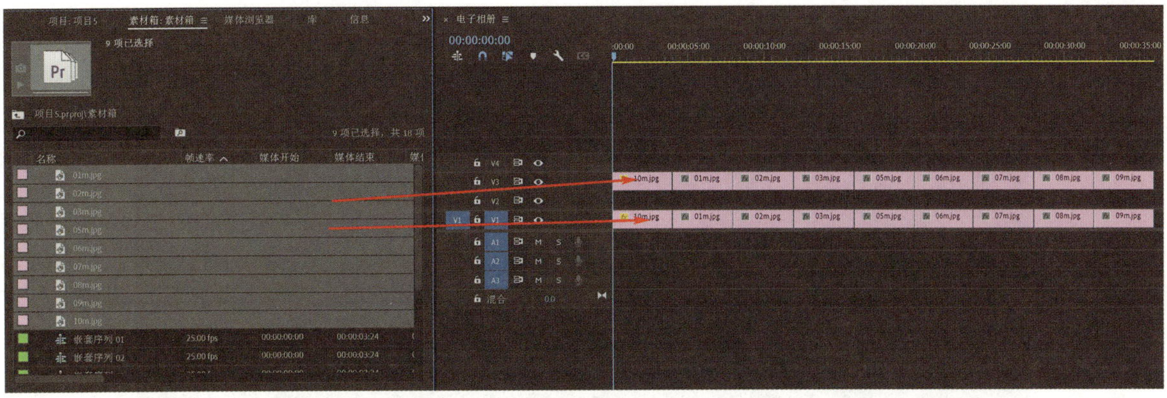

图　5-2

2）选择“V3”轨道中第1个素材，在“效果控件”面板中调整“缩放”的值为“65.0”，如图5-3所示。

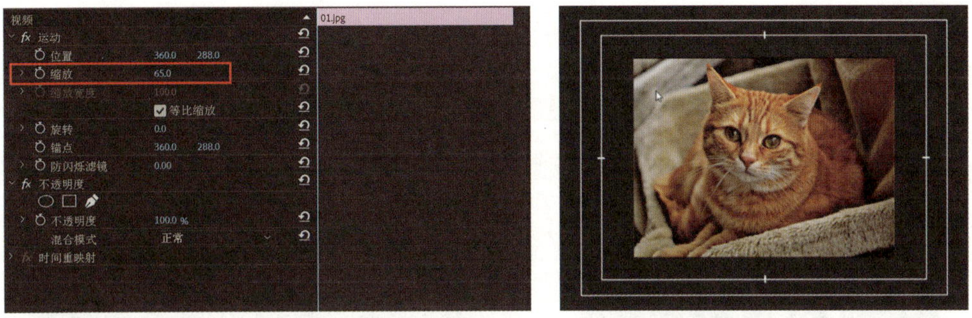

图　5-3

3）选择“V3”轨道中第1个素材，按<Ctrl+C>快捷键，复制属性，选中“V3”轨道中剩余素材，按<Ctrl+Alt+V>快捷键，粘贴属性。这样就把第1个素材的运动属性粘贴给剩余素材，如图5-4所示。

4）在“项目”面板的空白处右击，在弹出的快捷菜单中选择“新建项目”→“颜色遮罩”命令，弹出“新建颜色遮罩”对话框，单击“确定”按钮，在打开的“拾色器”中选择“白色”，如图5-5所示。

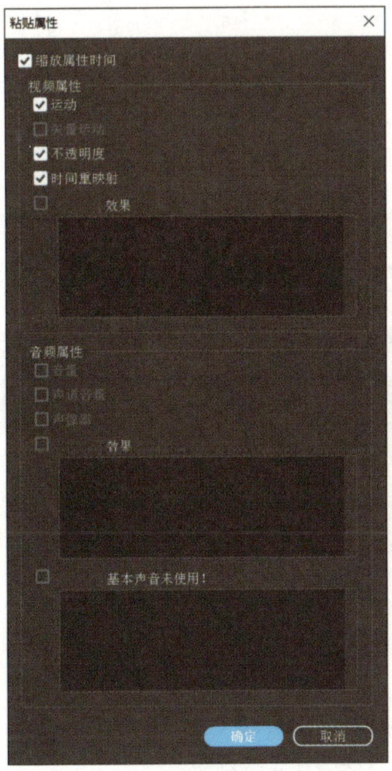

图　5-4

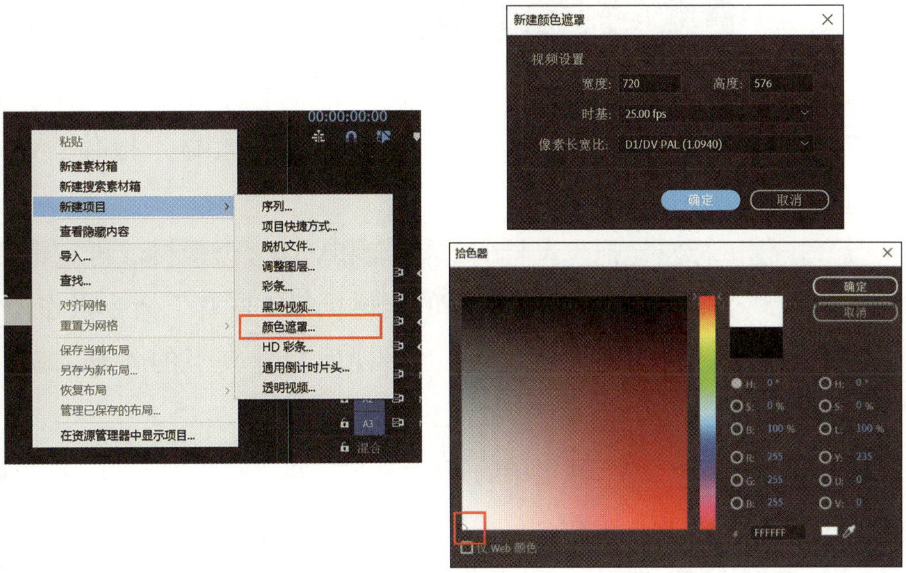

图　5-5

5）在“项目”面板中拖曳“颜色遮罩”素材至“时间轴”面板“V2”轨道上，如图5-6所示。

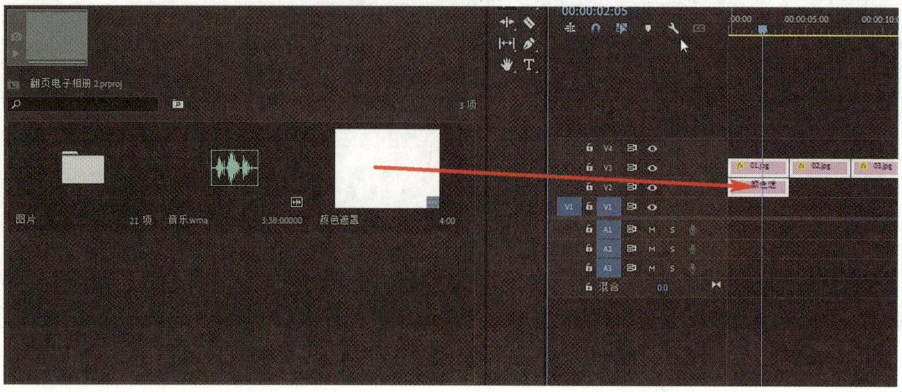

图 5-6

6）单击选中“V2”轨道中的“颜色遮罩”素材，在“效果控件”面板中取消选中“等比缩放”复选框，设置“缩放高度”的值为“70.0”、“缩放宽度”的值为“66.0”，如图5-7所示。

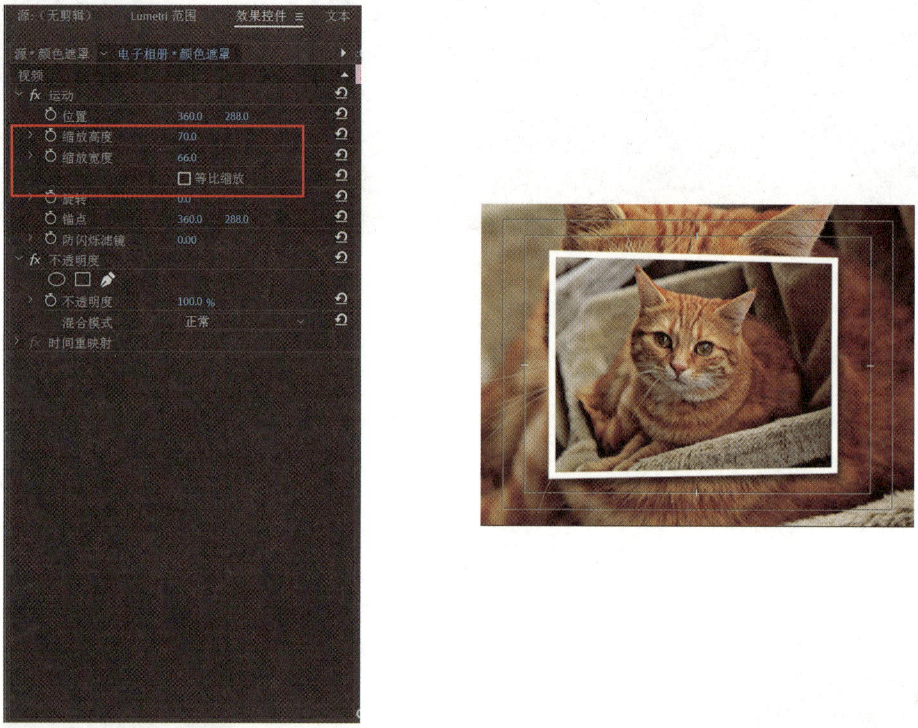

图 5-7

7）选中“V2”轨道中第1个“颜色遮罩”素材，按住<Alt>键拖曳复制对其V3每个素材如图5-8所示。

8）按住鼠标左键拖曳，同时选定V2和V3第1个素材，再右击，在弹出的快捷菜单中选择“嵌套”命令。重复对V2、V3后面的素材执行“嵌套”命令操作，如图5-9所示。

9）在“效果”面板中，拖动“透视”文件夹下的“基本3D”效果和“投影”效果至“V3”轨道中的第1个素材上，如图5-10所示。

10）单击选中“V3”轨道中的第1个素材，将“时间指示器”拖至第0帧。在“效果控件”面板中调整“基本3D”属性参数，单击“旋转”项左侧的切换“动画”按钮，设置其参数为20°；再次将“时间指示器”调到末端，设置“基本3D”属性的旋转参数为-20°，如图5-11所示。

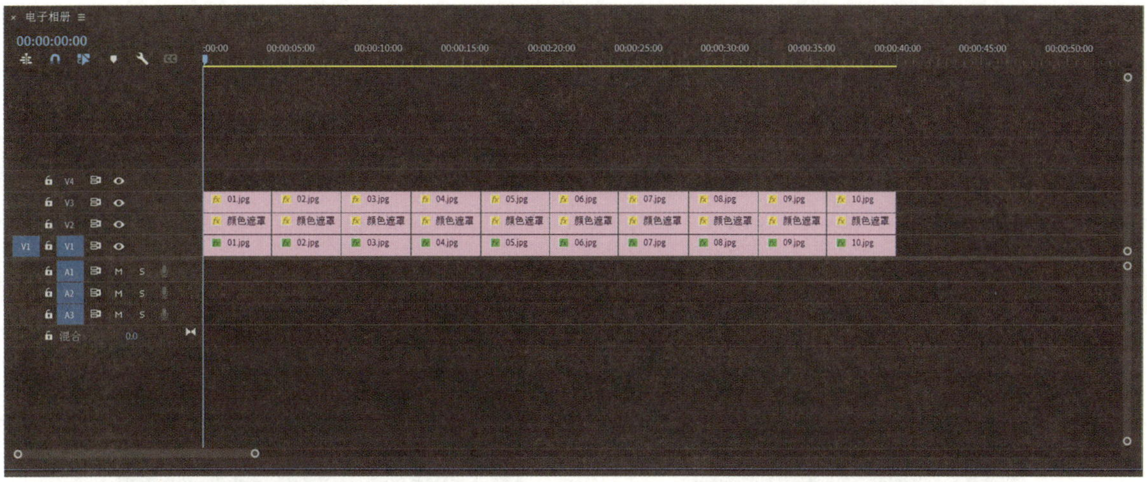

图　5-8

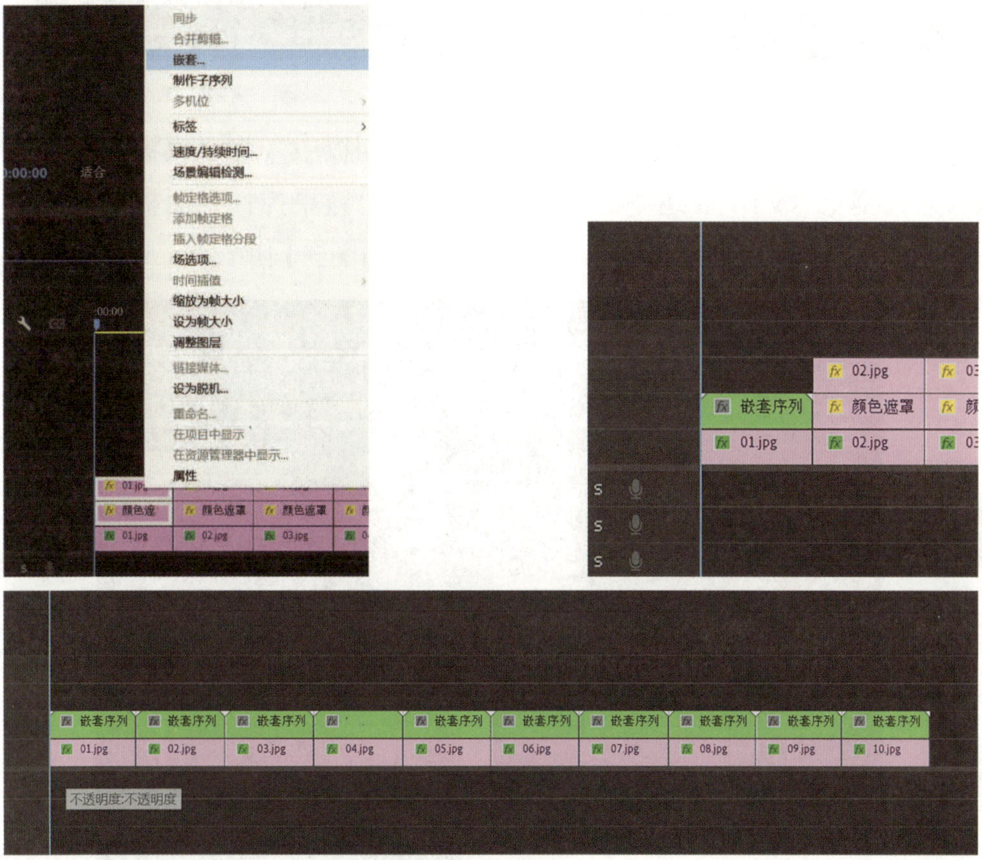

图　5-9

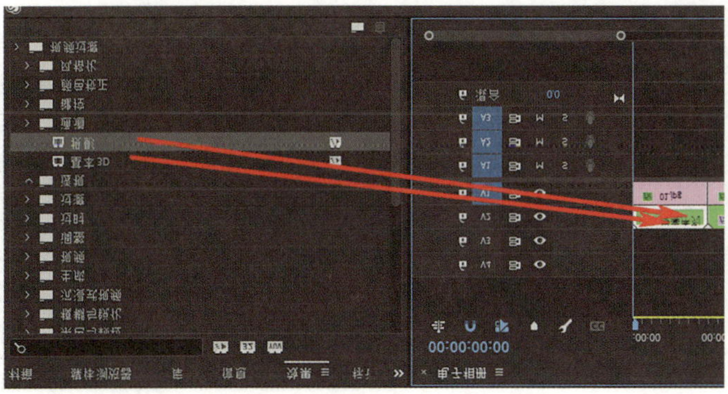

图　5-10

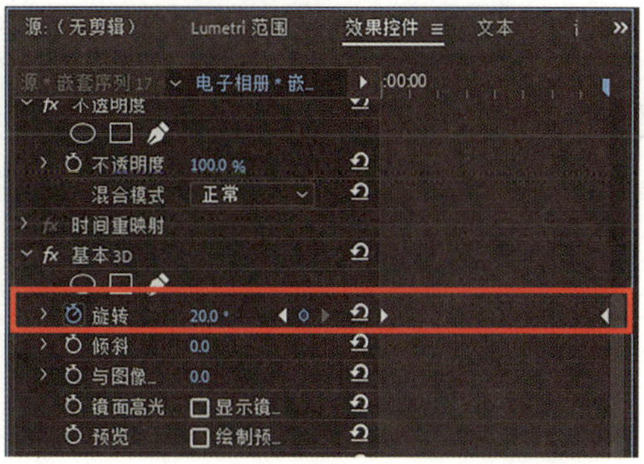

图　5-11

11）单击选中“V3”轨道中的第1个素材，在“效果控件”面板中按图5-12所示设置“投影”属性参数。

12）选中“V3”轨道中的第1个素材，按<Ctrl+C>快捷键，复制该素材的属性。再选中“V3”轨道中剩余的素材，按<Ctrl+Alt+V>快捷键，弹出“粘贴属性”对话框（见图5-13），单击“确定”按钮。这样，就把第1个素材的属性粘贴给剩余素材了。

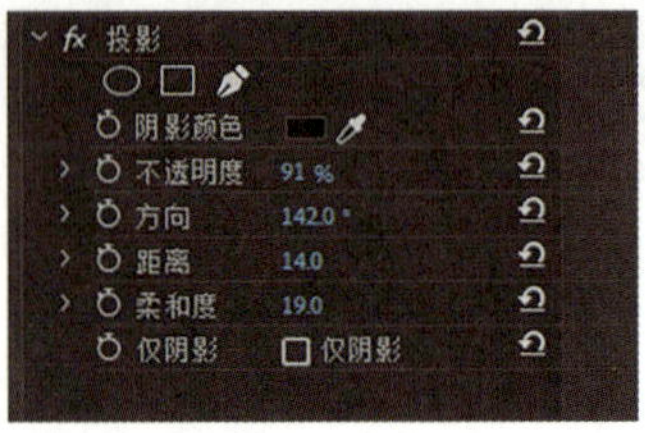

图　5-12

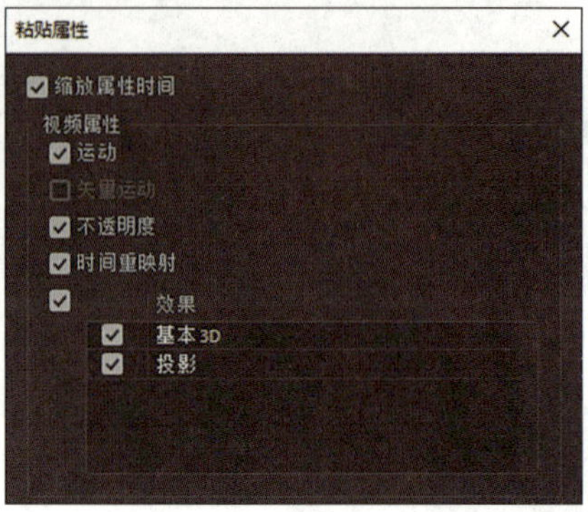

图　5-13

13）选中“V1”轨道中的第1个素材，在“效果”面板中，将“模糊与锐化”文件夹中的“高斯模糊”效果拖至“V1”轨道中的第1个素材；在“效果控件”面板中，调整“模糊度”的值为“33.0”，选中“重复边缘像素”复选框。具体如图5-14所示。

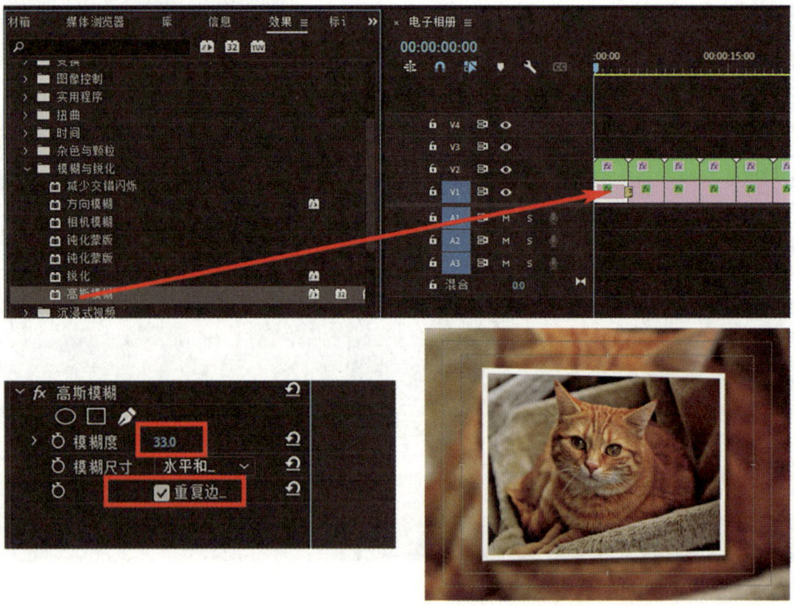

图　5-14

14）选中“V1”轨道中的第1个素材，按<Ctrl+C>快捷键，复制该素材的属性；再选中“V1”轨道中剩余的素材，按<Ctrl+Alt+V>快捷键，弹出“粘贴属性”对话框，单击“确定”按钮，如图5-15所示。这样，就把第1个素材的属性粘贴给剩余的素材了。

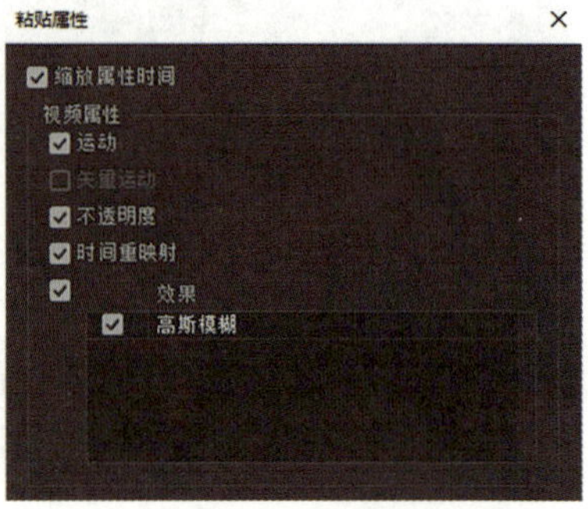

图　5-15

四、加入背景音乐

1）拖动“时间轴”调板左下方的“缩放滑块”改变

时间标尺的显示比例，使素材在调板中全部显示，以方便观察。

2）从“项目”面板中将音频素材文件“音乐.wma”拖至“时间轴”面板“A1”轨道中。注意，素材的入点应在影片开始处，即00:00:00:00处，如图5-16所示。

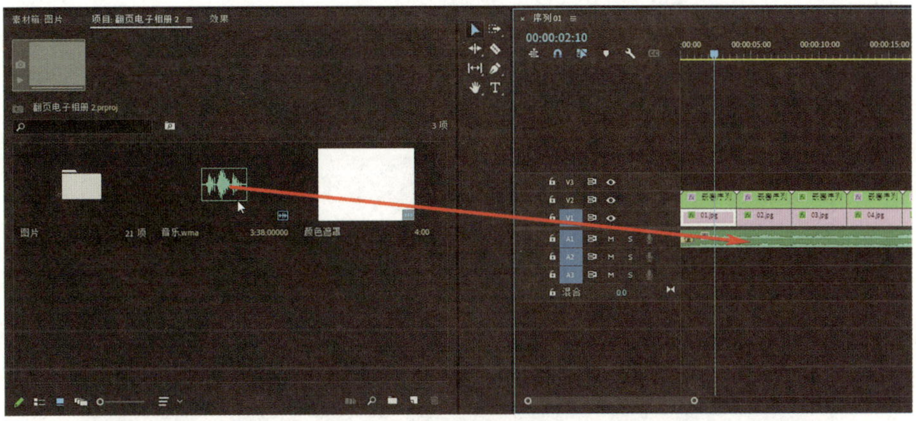

图　5-16

3）单击“工具”面板中的“剃刀工具”按钮，在素材文件“音乐.wma”上当前“时间指示器”处单击，对其进行分割，即将素材文件“音乐.wma”在00:00:40:00处分割，如图5-17所示。

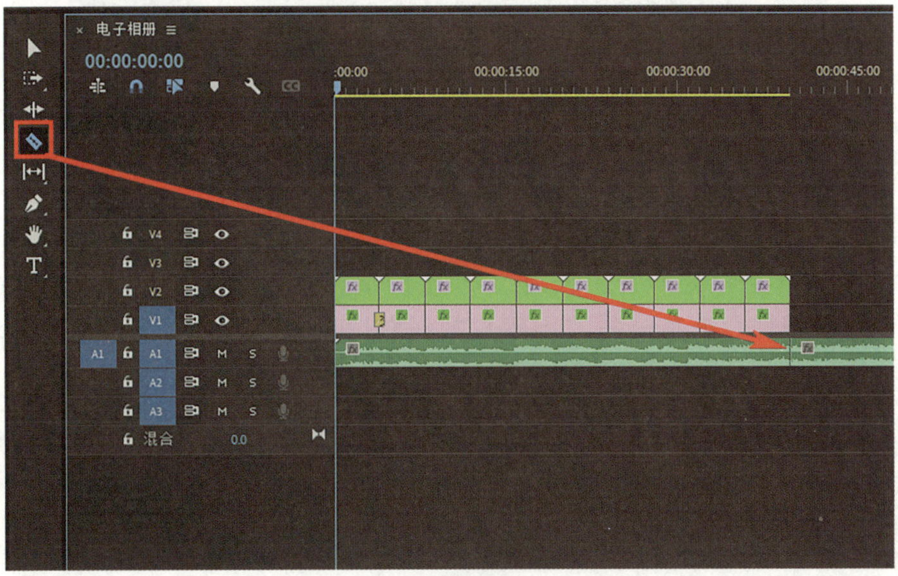

图　5-17

4）单击“工具”面板中的“选择工具”按钮，再单击素材文件“音乐.wma”的后半部分，将其选中，按<Delete>键将其删除，如图5-18所示。

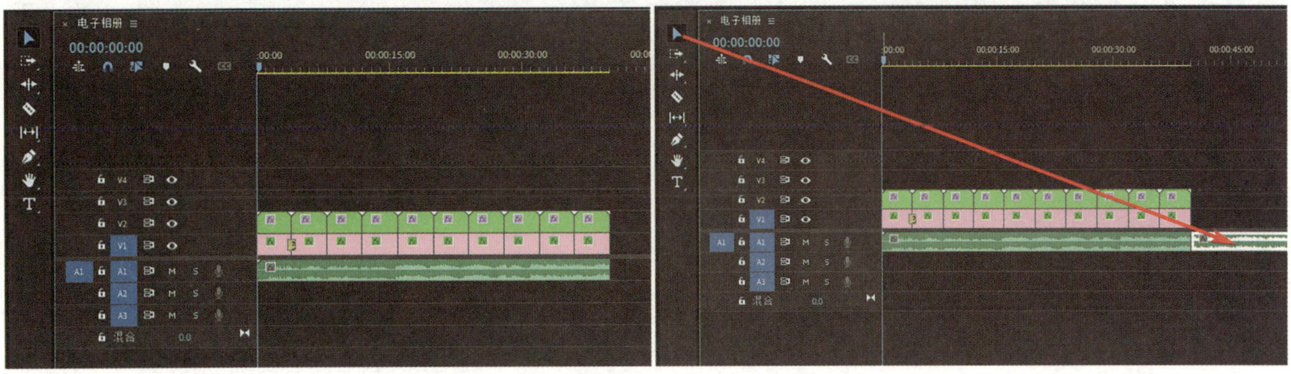

图　5-18

五、制作“淡出效果”

如果此时播放影片，会发现在影片结束时，画面是突然消失的，而且背景音乐也是戛然而止的，显得不太自然。所以，要对其进行处理。

1）在“效果”面板中，展开“视频过渡”文件夹中的“溶解”文件夹，将其中的“交叉溶解”转场分别拖至“V1”轨道中所有素材的出点处，如图5-19所示。

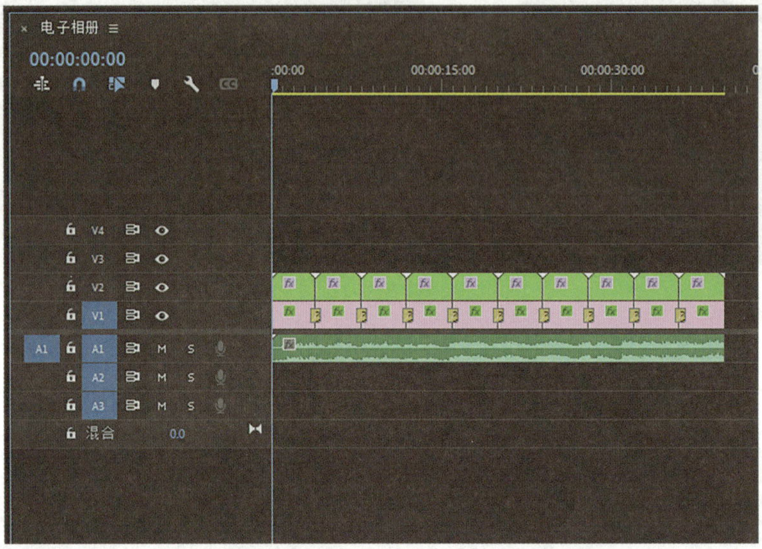

图 5-19

2）在“效果”面板中，展开“音频过渡”文件夹中的“交叉淡化”文件夹，将其中的“恒定功率”转场拖至“A1”轨道中素材“音乐.wma”的出点处。双击“A1”轨道中此音频转场，打开其“效果控件”面板。将“设置过渡持续时间”的值设置为00:00:02:00，即将音频转场持续时间设为2s。此时，“时间轴”面板如图5-20所示。

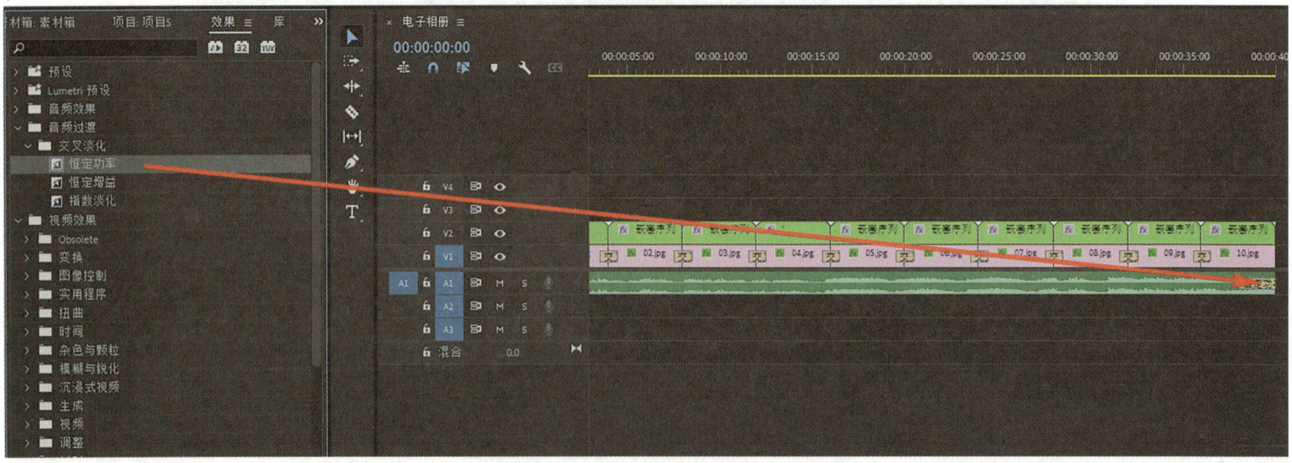

图 5-20

六、输出影片

1）在“时间轴”面板或“节目监视器”面板中的任意位置单击，以激活面板。

2）执行“文件”→“导出”→“媒体”命令，打开“导出设置”对话框，在其中指定输出影片的保存路径及文件名，如图5-21所示。

3）待渲染完成后，即可在播放器中观看效果。

图　5-21

触类旁通

本项目是翻页电子相册的制作，制作思路要符合儿童的审美特点，应多注意颜色和元素的灵活应用，多关注流行颜色及转场的组合应用。

实战强化

配套资源“项目5实战强化”文件夹中给出了一些宠物图片，试着用它们制作出一个电子相册。

制作要求

1）对素材进行必要的修饰，如加边框、文本等。

2）添加合适的背景音乐。

项目6

片头制作—— 美食一刻

项目情境

我国饮食文化历史悠久，素有“烹饪王国”之美誉，饮食文化也是中华优秀传统文化的重要组成部分。客户想为一档美食类节目“美食一刻”制作一个片头。

客户对片头的制作要求是：

1）片头的长度为10s。

2）画面元素的运用应契合主题，与栏目本身的内容、风格相吻合。

3）个性明显、特色鲜明。

项目分析

1）首先对背景素材进行“校色”等必要处理，使其符合整体风格及画面的构图需要。

2）利用Photoshop软件来制作英文字母及最后的圆圈素材。

在Premiere中将开头部分英文字母对齐及制作各个字母依次出现的动画时，工作量会比较大，需要有耐心。

3）加入一些快速闪动的图片及照片素材，同时要设置文本的位置动画。

4）制作定版动画，这部分主要是对圆圈素材设置位置动画。

5）添加背景音乐并将影片输出，完成制作。

影片最终的渲染输出效果如图6-1所示。

图 6-1

项目目标

1）掌握背景素材的调色及变换。

2）掌握中、英文文本编辑，会添加文字素材，能制作文字动画效果。

3）掌握添加背景音乐的方法，整体调整进行渲染输出“娱乐快递”综艺片头制作。

项目实施

扫一扫
查看教学视频

一、新建项目文件

1）启动Premiere软件，单击“新建项目”按钮，打开“新建项目”对话框新建项目。

2）在对话框中选择DV-PAL项，并指定保存路径，将其命名为“娱乐快递”，单击“确定”按钮关闭对话框，进入Premiere的工作界面。

二、背景素材调色及变换

1）导入背景素材：将配套资源“项目6”文件夹中“项目6素材”文件夹内的“背景.avi”素材文件导入“项目”面板中，并将其拖动到“时间轴”面板的“V1”轨道中。

2）在“效果”面板中，展开“视频效果”文件夹中的“过时”文件夹，将其中的“通道混合器”效果、“颜色平衡（HLS）”效果分别拖至“V1”轨道中素材片段“背景.avi”上；再将“调整”文件夹中的“色阶”效果也拖至“背景.avi”上。

在“效果控制”面板中设置“通道混合器”选项的“红色—蓝色”数值为“100”，“绿色—红色”数值为“100”，“蓝色—红色”数值为“100”。在“效果控制”面板中设置“颜色平衡”选项的“阴影蓝色平衡”参数为“1.0”，设置“高光蓝色平衡”数值为“12.0”。设置“色阶”选项的“（RGB）输入”数值为“75”，设置“（RGB）灰度系数”数值为“87”，如图6-2所示。

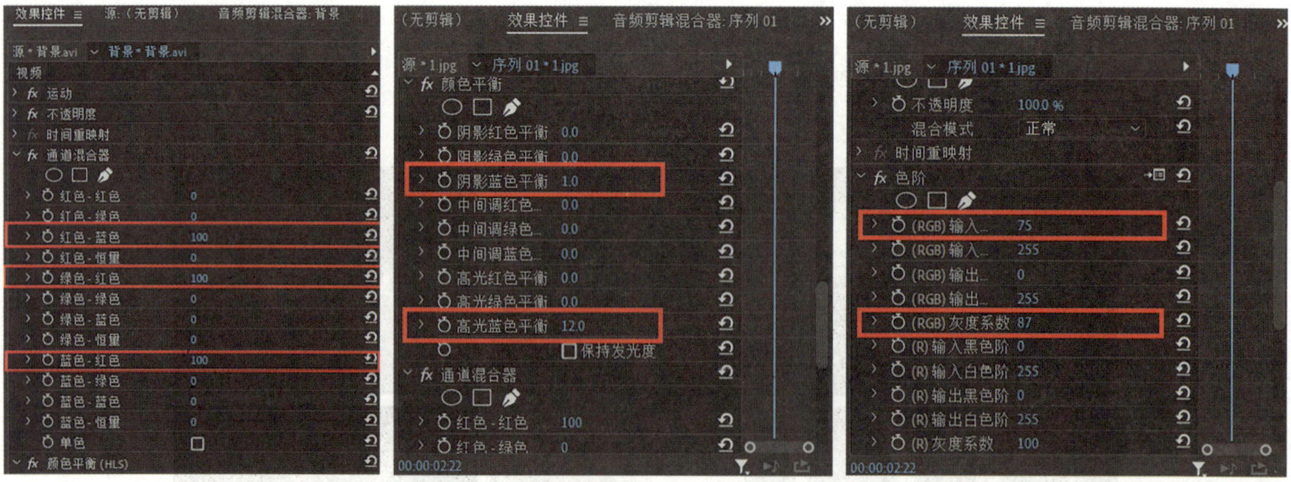

图 6-2

3）为了影片构图的需要，对素材进行变换操作：在“效果”面板中，展开“视频效果”文件夹中的“扭曲”文件夹，将其中的“变换”效果拖至素材片段“背景.avi”上。在其“效果控制”面板中，将“缩放”参数设置为“-100.0”，如图6-3所示。

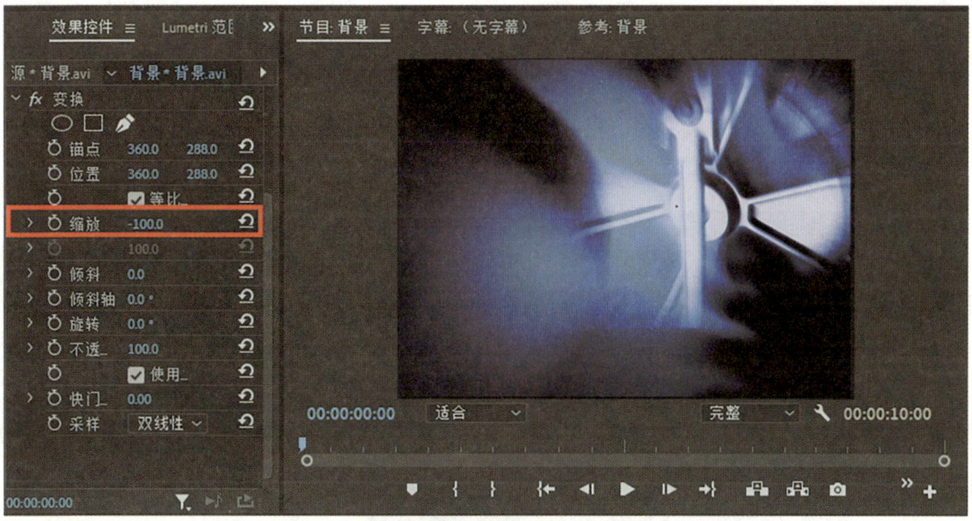

图　6-3

三、文本素材的制作

1．中文文本制作

扫一扫
查看教学视频

1）执行“编辑”→“首选项”→“常规”命令，打开“首选项”对话框。将“静止图像默认持续时间”的值修改为“125”（即将默认导入静态图片的持续时间修改为125帧）。

2）执行“文件”→“新建”→“旧版标题”命令，弹出“新建字幕”对话框，输入字幕名称“美食一刻”，单击“确定”按钮关闭对话框，调出“字幕”面板。

3）在其中输入文字“美食一刻”，并进行文本属性的设置：将“字体系列”设置为“黑体”，“字体大小”设置为“50.0”，填充色设为白色；设置“外描边”的“大小”为“12.0”、“颜色”为白色；设置“阴影”的“颜色”为黑色、“不透明度”为“100%”、“距离”为“3.0”。具体如图6-4所示。

在“字幕”面板左下的“中心”选项区域中，单击“垂直居中”及“水平居中”按钮，将文本放置于绘制区域的中央。

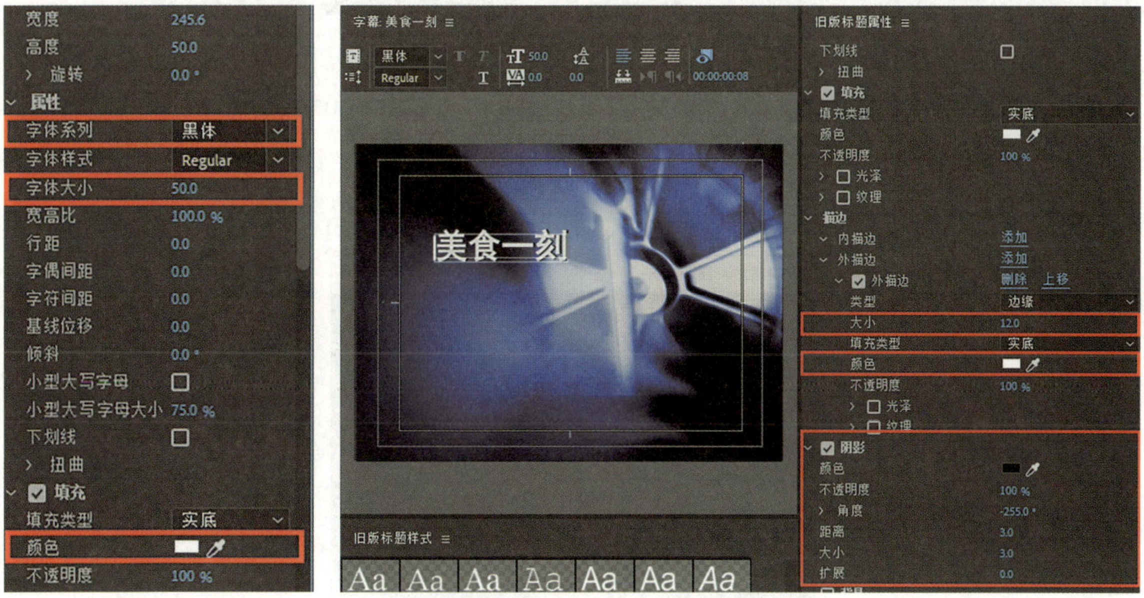

图　6-4

2．英文字母动画制作

1）将配套资源“项目6”文件夹中“项目6素材”文件夹内的“psd文件”中的“字母.psd”素材文件以“序列”方式导入“项目”面板中，如图6-5所示。

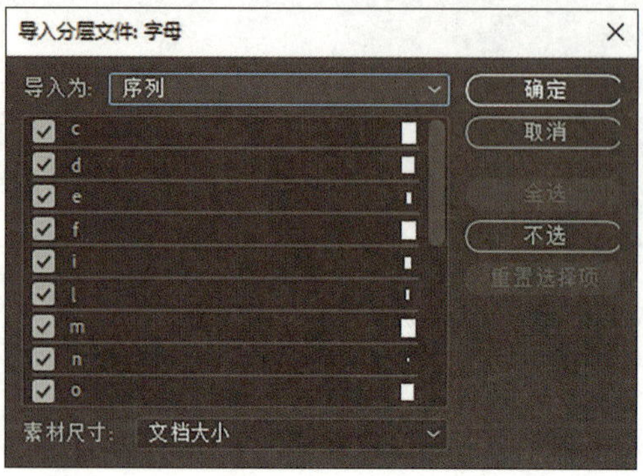

图 6-5

扫一扫
查看教学视频

2）在“项目”面板中展开“字母”素材箱，双击其中的“字母”序列素材，在“时间轴”面板中将其打开，如图6-6所示。

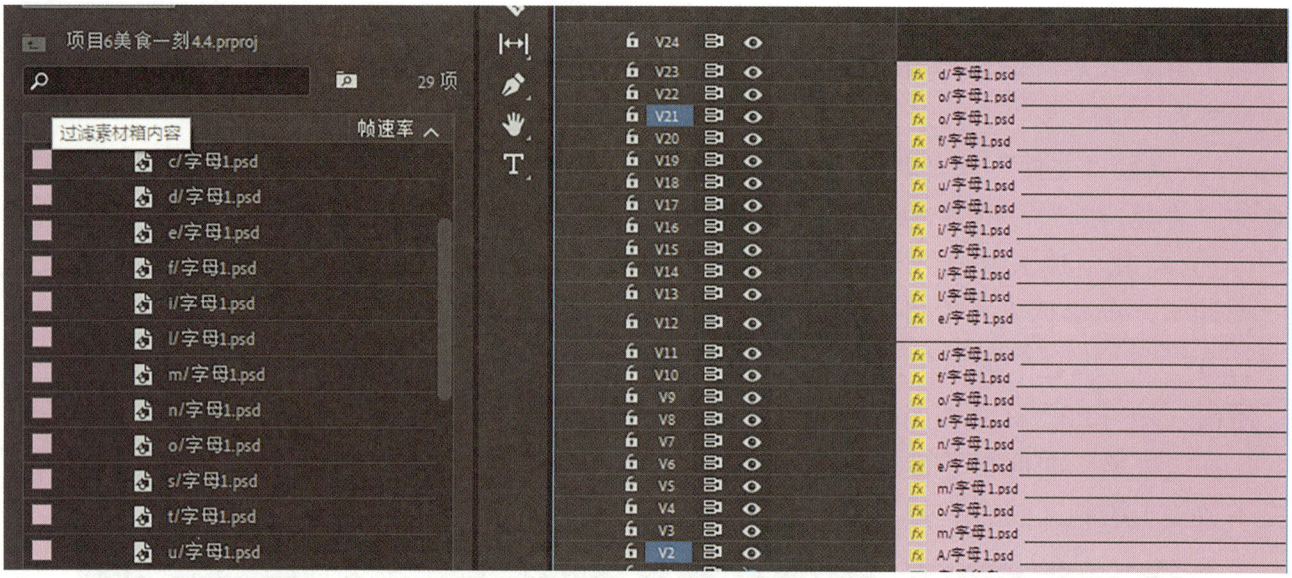

图 6-6

3）为了便于将各字母对位，组成单词“A moment of delicious food”的排列，再导入配套资源“项目6”文件夹中“项目6素材”文件夹内的“psd文件”中的“字母参考.psd”素材文件，导入方式如图6-7所示。

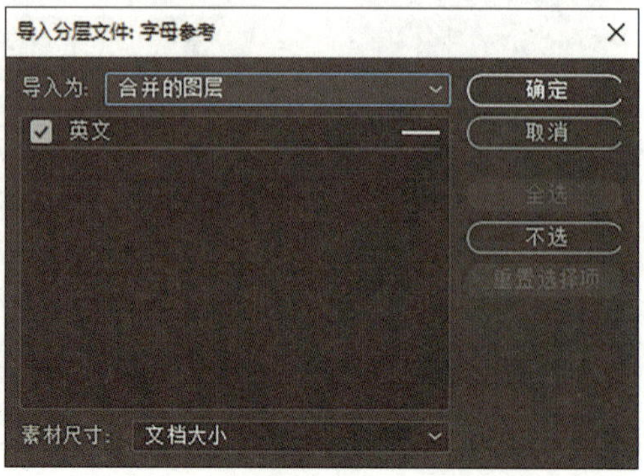

图 6-7

4）新添加一条视频轨道，在“添加轨道”对话框中，设置添加位置为“在第一条轨道之前”，如图6-8所示。

5）将“字母参考.psd”素材文件从“项目”面板中拖至新添加的“V1”轨道中，如图6-9所示。

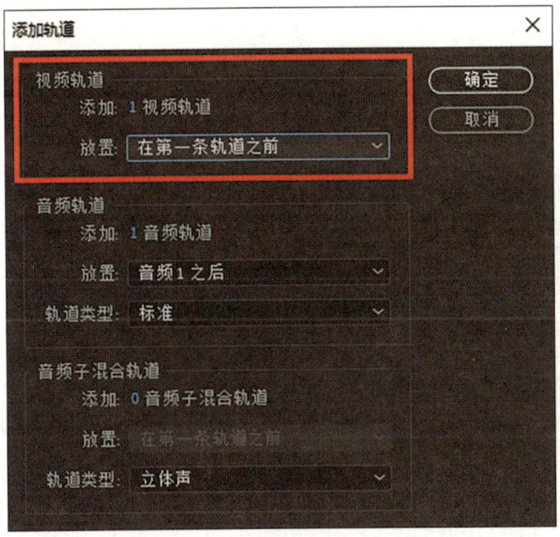

图 6-8

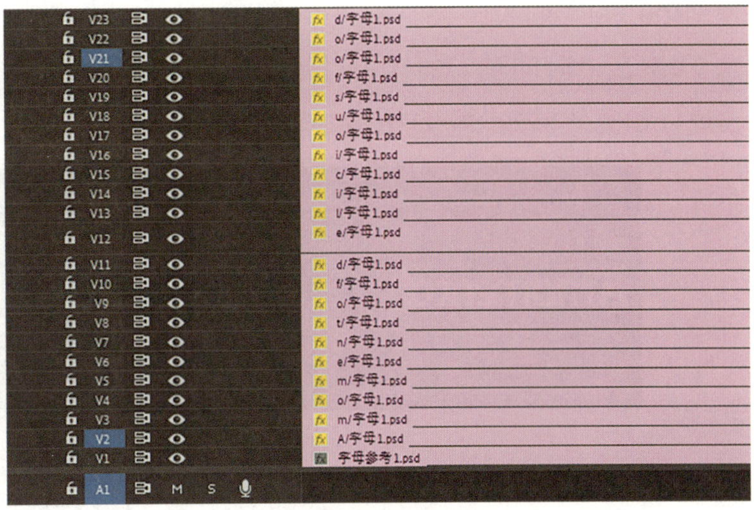

图 6-9

6）参照“字母参考.psd”素材画面中字母的排列顺序、位置及间距，分别调整其他各轨道中字母素材的“位置”参数，使之最终排列成“A moment of delicious food”（即与“字母参考.psd”画面重合）。

例如，“A/字母.psd”的“位置”参数为“258.5”和“285.0”、“m/字母.psd”的“位置”参数为“271.5”和“288.0”、“o/字母.psd”的“位置”参数为“279.5”和“286.0”等。

小提示

这一操作过程非常烦琐，希望大家有耐心并且还要细心，这样才能制作出好的效果。

7）调整完毕后，单击“V1”轨道控制区域的“眼睛”图标，将该轨道隐藏起来，如图6-10所示。

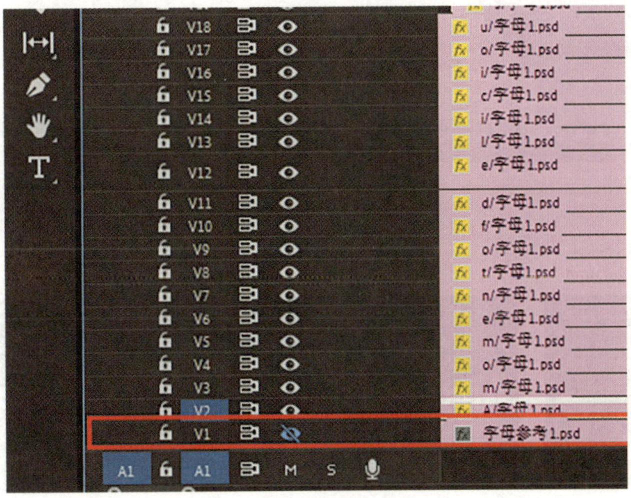

图 6-10

8）将“时间指示器”移至00:00:00:00处，在“A/字母.psd”素材的“效果控件”面板中，展开“运动”项：将“缩放”参数设置为“300.0”，单击左侧的“切换动画”按钮，设置关键帧；展开“不透明度”属性，将“不透明度”设置为“0”。

将“时间指示器”移至00:00:00:05处，将“缩放”设置为“100.0”，将“不透明度”设置为“100”。

9）在“时间轴”面板中对除“字母参考.psd”外的其他素材，都进行如上的时间及动画设置。预览效果如图6-11所示。

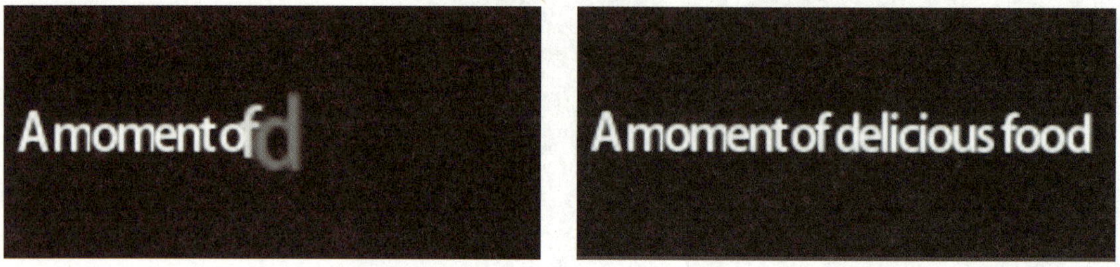

图 6-11

10）除第一个字母素材“A/字母.psd”外，将其后各字母素材片段依次整体向后拖动2帧，如图6-12所示。

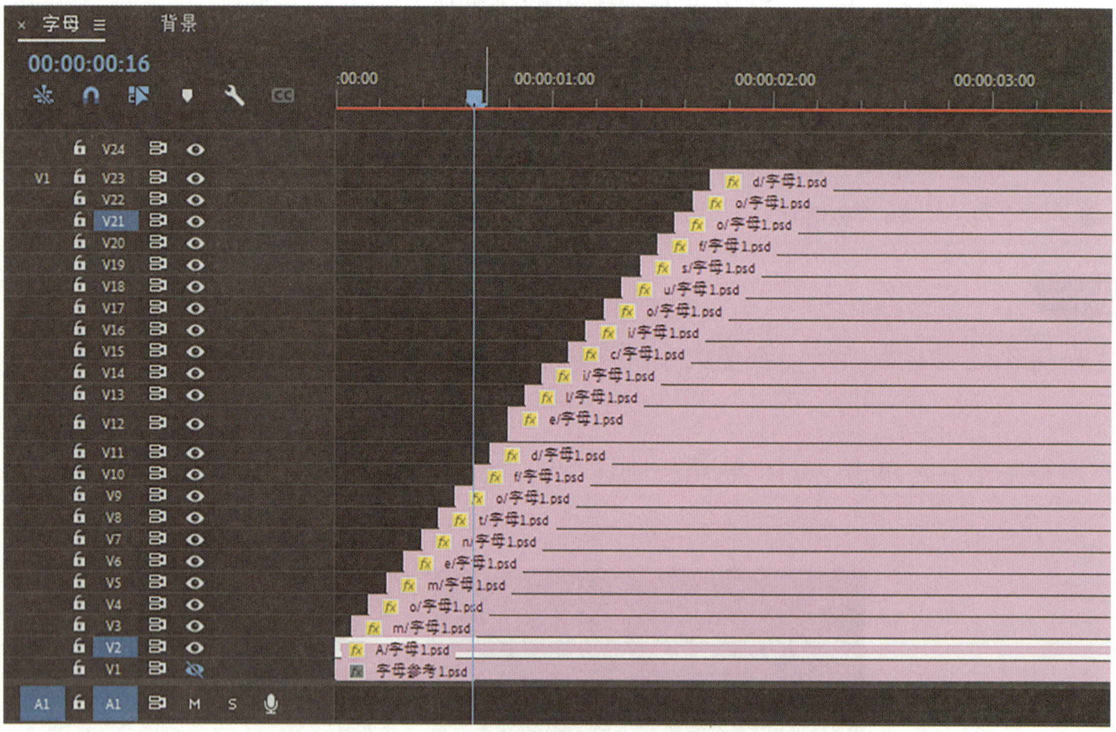

图 6-12

此时，预览效果如图6-13所示。

图 6-13

四、第一部分动画的制作

1）在“项目”面板中双击“序列01”，在“时间轴”面板中将其打开。

2）将“时间指示器”移至00:00:00:05处，将字幕素材“美食一刻”从“项目”面板中拖至“V2”轨道中。

① 在“效果”面板中，展开“视频效果”文件夹中的“透视”文件夹，将其中的“基本3D”效果拖至素材片段“美食一刻”上。

知识加油站

“基本3D”效果可以在一个虚拟的三维空间中操作素材片段，可以使素材围绕X轴或Y轴进行旋转，还可以将其沿Z轴推远或拉近。

② 在“效果控件”面板中进行如下设置：展开“运动”项，单击“位置”左侧的“切换动画”按钮，添加一个关键帧；展开“不透明度”项，设置“不透明度”的值为“0”；展开“基本3D”项，设置“距离到图像”的值为“–97.0”，并单击其左侧的“切换动画”按钮，添加一个关键帧。

③ 将“时间指示器”移至00:00:00:20处，进行如下设置：“位置”的值为“203.0”和“187.0”；“不透明度”的值为“100”；“距离到图像”的值为“0.0”。

此时，预览效果如图6-14所示。

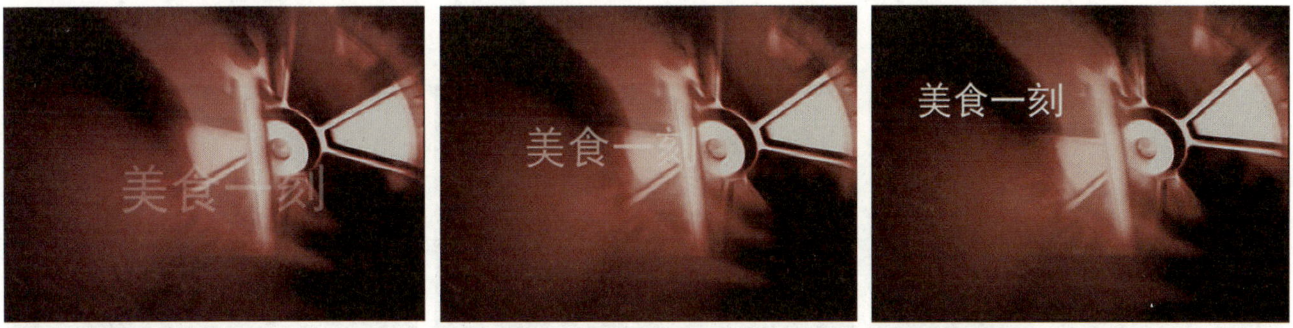

图 6-14

3）字母背景条动画。

① 执行“文件”→“新建”→“旧版标题”命令，弹出“新建字幕”对话框，输入字幕名称“黑条1”，单击“确定”按钮关闭对话框，调出“字幕”面板。

② 用“矩形工具”绘制一个矩形，并进行属性的设置：宽度为“255.4”、高度为“38.0”；填充色为黑色；无描边及阴影；单击“垂直居中”及“水平居中”按钮，将矩形放置于绘制区域的中央。具体如图6-15所示。

③ 将“时间指示器”移至00:00:00:20处，将“黑条1”素材拖至“V3”轨道。

④ 在“效果”面板中，展开“视频效果”件夹中的“扭曲”文件夹，将其中的“变换”效果拖至“V3”轨道中素材“黑条1”上。

⑤在“效果控件”面板进行如下设置：展开“运动”项，设置“位置”的值为“203.0”和“235.0”；展开“变换”项，设置“缩放宽度”的值为“0.0”，并单击其左侧的“切换动画”按钮，设置关键帧。

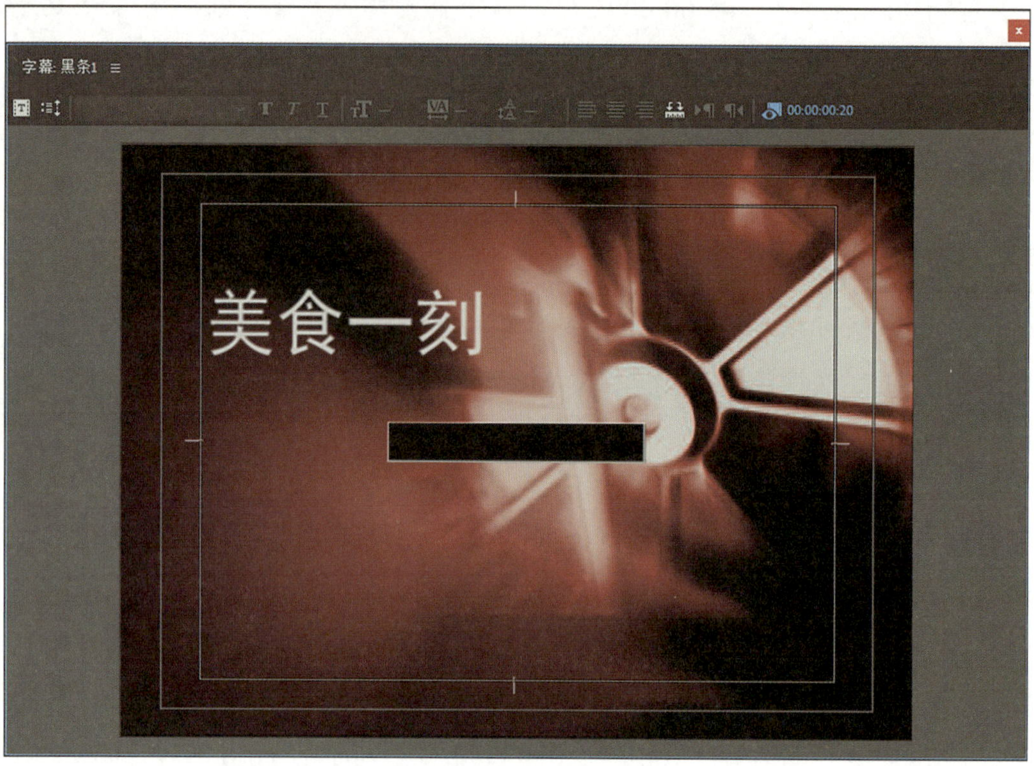

图 6-15

⑥将“时间指示器”移至00:00:01:05处，在“效果控件”面板中，设置“变换”项中的“缩放宽度”的值为“100.0”，制作出黑条由中心逐渐展开的动画，如图6-16所示。

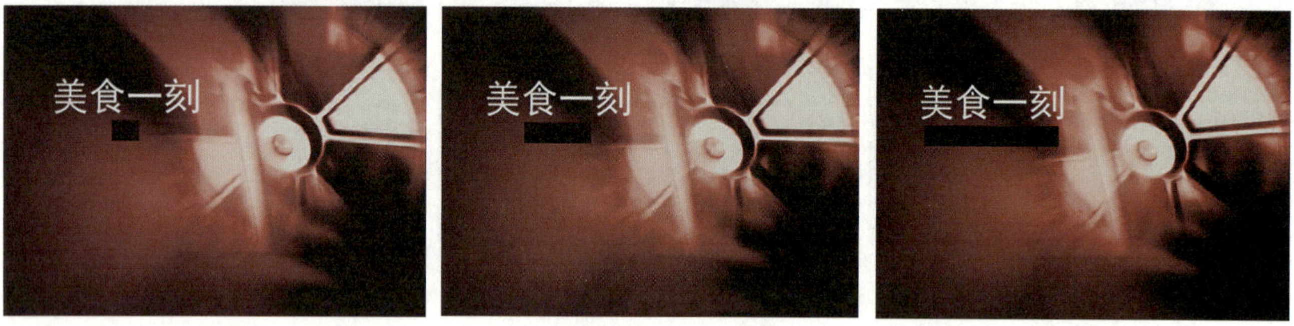

图 6-16

4）加入字母序列素材。

①将“时间指示器”置于00:00:01:05处，在“项目”面板中，展开“字母”素材箱，将其中的“字母”序列素材拖至“V3”轨道上方的空白位置，此时“字母”序列素材即可放置于新增的“V4”轨道中，如图6-17所示。

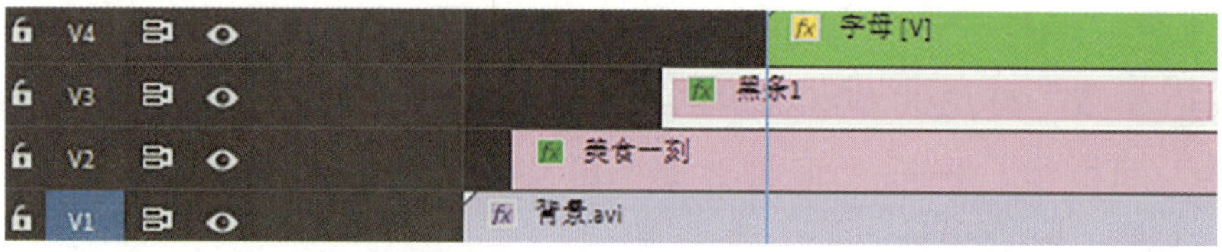

图 6-17

②在其“效果控件”面板中，展开“运动”项，设置“位置”的值为“204.0”和“237.0”，如图6-18所示。

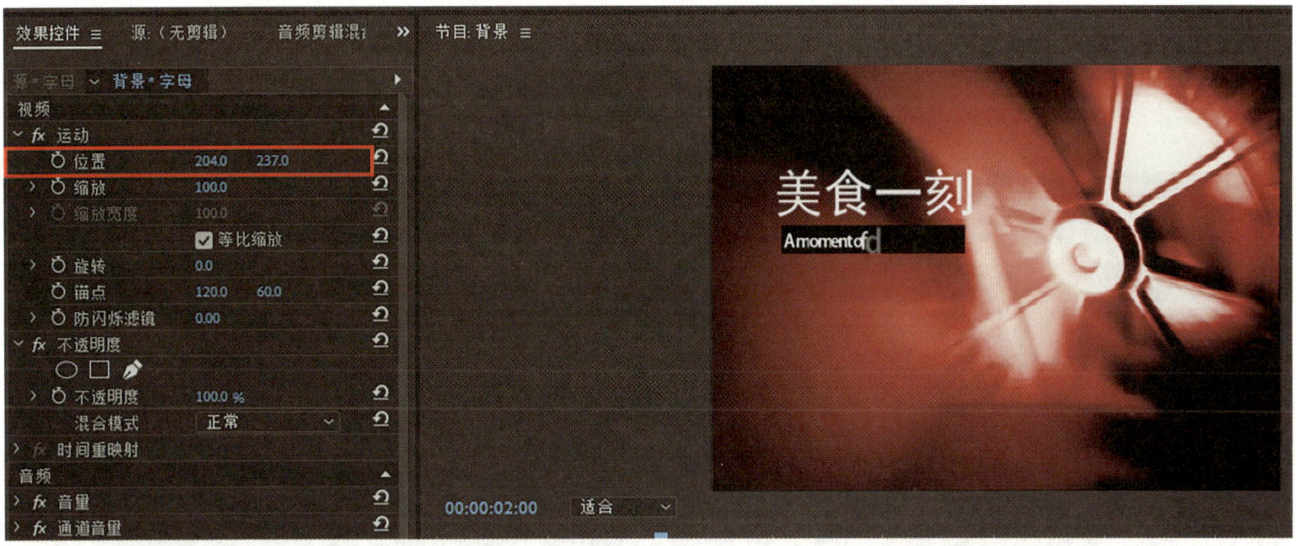

图　6-18

③将“时间指示器”移至00:00:03:00处，分别拖动“字母”序列素材、“黑条1”和“娱乐快递”素材片段右侧的出点至该位置，如图6-19所示。

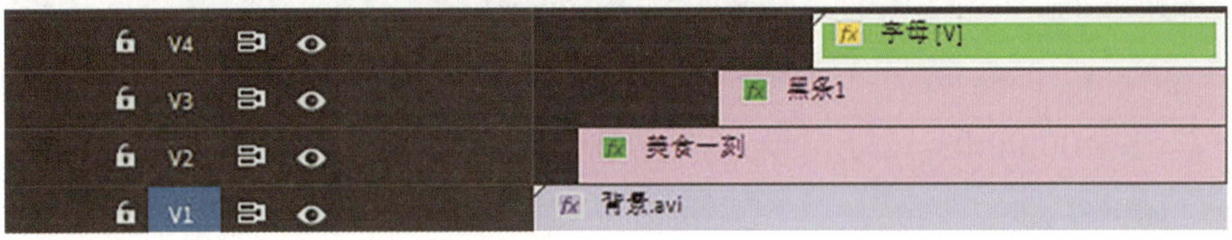

图　6-19

扫一扫
查看教学视频

五、第二部分动画的制作

1）将配套资源“项目6”文件夹中“项目6素材”文件夹内的“psd文件”中的“肉串.psd”和“海虾.psd”素材文件以“序列”方式导入“项目”面板中。

2）将“时间指示器”移至00:00:03:00处，在“项目”面板中展开“肉串”素材箱，将“肉串黑/肉串.psd”素材拖至“V4”轨道中，对其进行如下设置：

①在其“效果控件”面板中，展开“运动”项，设置“位置”的值为“237.0”和“294.0”；设置“缩放”的值为“68.0”；展开“不透明度”项，单击“不透明度”属性右侧的“添加/删除关键帧”按钮，设置动画关键帧，在出现的关键帧上右击，再在弹出的快捷菜单中选择“定格”命令，如图6-20所示。

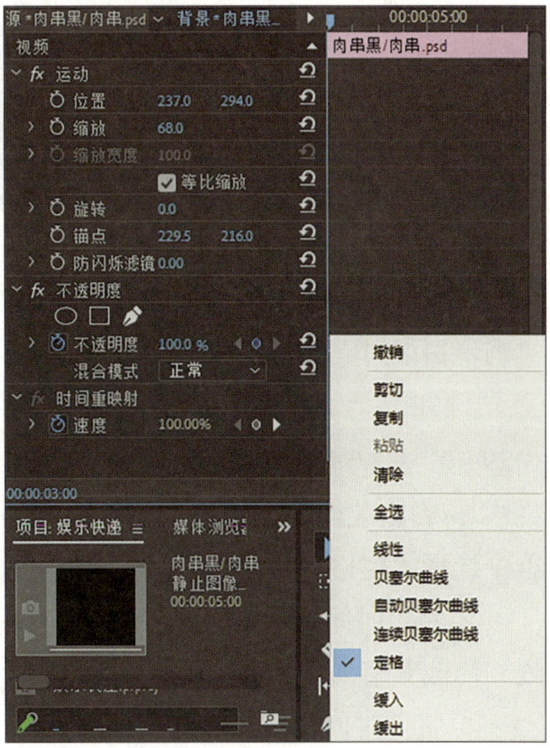

图　6-20

②将“时间指示器”移至00:00:03:03处，设置“不透明度”的值为“0”；移至00:00:03:06处，修改值为“100”；移至00:00:03:09处，修改值为“0%”。

③“时间指示器”仍在00:00:03:09处，单击“位置”左侧的“切换动画”按钮，设置关键帧；在出现的关键帧上右击，在弹出的快捷菜单中选择“临时插值”→“定格”命令，如图6-21所示。

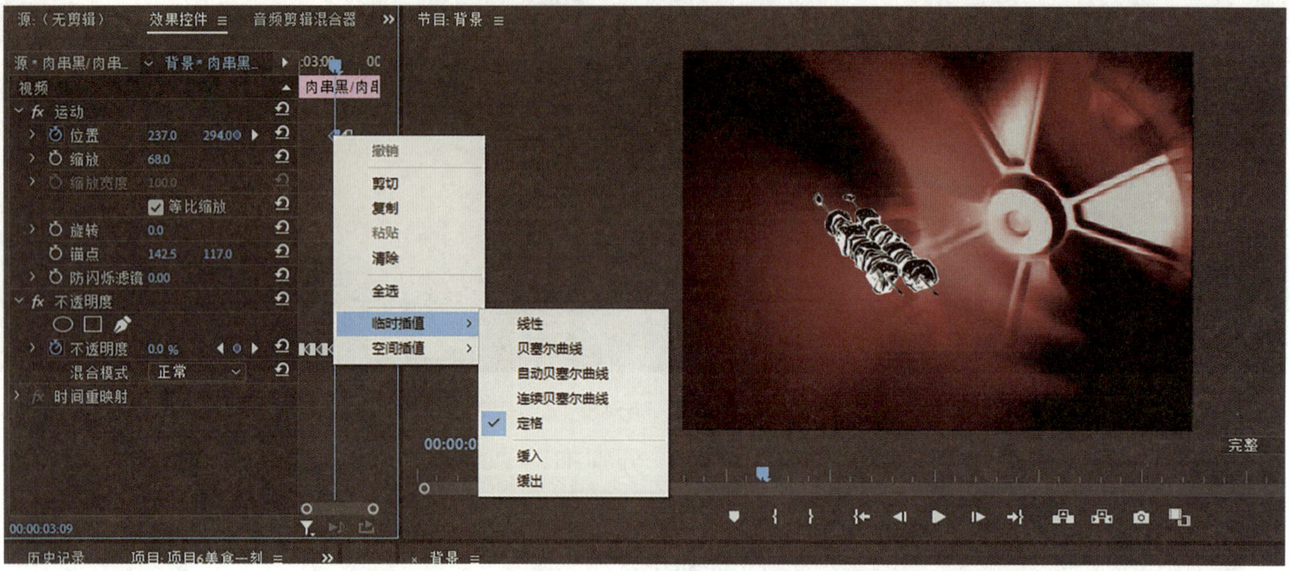

图 6-21

④将“时间指示器”移至00:00:03:12处，设置“位置”的值为“284.0”和“294.0”；设置“不透明度”的值为“100%”。

⑤将“时间指示器”移至00:00:03:20处，拖动“肉串黑/肉串.psd”素材片段右侧的出点至该位置，如图6-22所示。

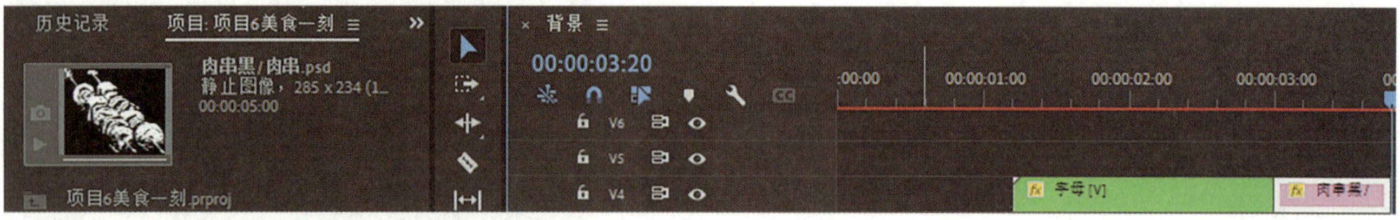

图 6-22

3）将“时间指示器”移至00:00:03:03处，在“项目”面板中展开“肉串”素材箱，将“肉串白/肉串.psd”素材拖至“V3”轨道中，对其进行如下设置：

①在其“效果控件”面板中，展开“运动”项，设置“位置”的值为“237.0”和“294.0”、“缩放”的值为“68.0”；展开“不透明度”项，单击“不透明度”属性右侧的“添加/删除关键帧”按钮，为其设置动画关键帧，在出现的关键帧上右击，在弹出的快捷菜单中选择“定格”命令。

②将“时间指示器”移至00:00:03:06处，设置“不透明度”的值为“0%”；移至00:00:03:09处，修改其值为“100”。

③将“时间指示器”移至00:00:03:12处，拖动“肉串白/肉串.psd”素材片段右侧的出点至该位置，如图6-23所示。

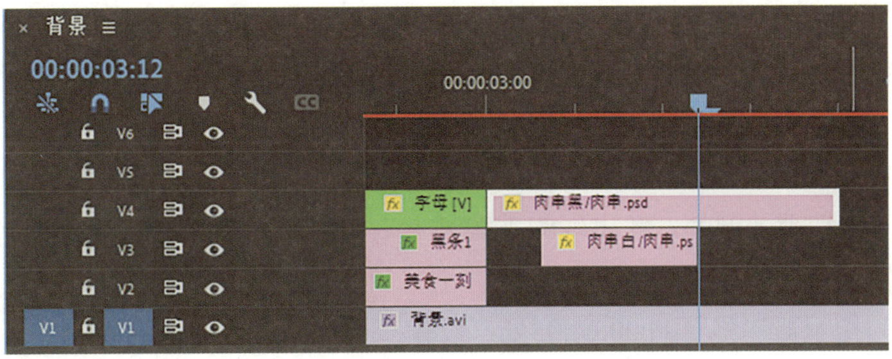

图　6-23

此时，预览效果如图6-24所示。

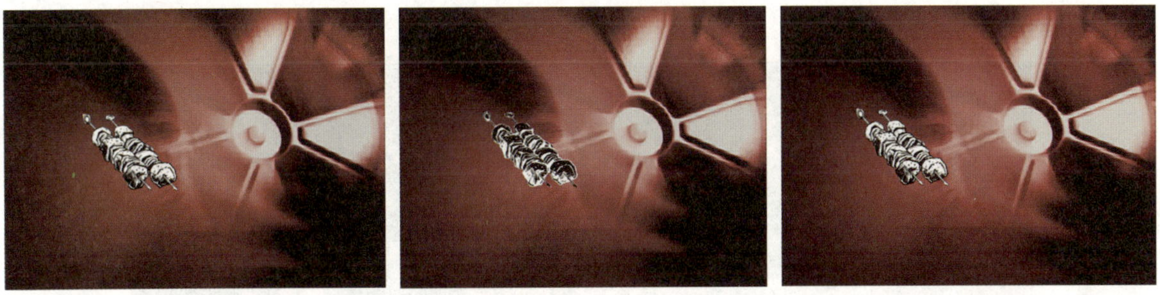

图　6-24

4）将“时间指示器”移至00:00:03:24处，在“项目”面板中展开“海虾”素材箱，将“海虾黑/海虾.psd”素材拖至“V4”轨道中，对其进行如下设置：

①在其“效果控件”面板中，展开“运动”项，设置“位置”的值为“493.0”和“324.0”、“缩放”的值为“71.0”；展开“不透明度”项，单击“不透明度”属性右侧的“添加/删除关键帧”按钮，设置动画关键帧，在出现的关键帧上右击，再在弹出的快捷菜单中选择“定格”命令。

②将“时间指示器”移至00:00:04:02处，设置“不透明度”的值为“0”；移至00:00:04:05处，修改其值为“100”；移至00:00:04:08处，修改其值为“0”。

③“时间指示器”仍在00:00:04:08处，单击“位置”左侧的“切换动画”按钮，设置关键帧；在出现的关键帧上右击，再在弹出的快捷菜单中选择“临时插值”→“定格”命令。

④将“时间指示器”移至00:00:04:11处，设置“位置”的值为“309.0”和“324.0”；设置“不透明度”的值为“100”。

⑤将“时间指示器”移至00:00:04:19处，拖动“海虾黑/海虾.psd”素材片段右侧的出点至该位置，如图6-25所示。

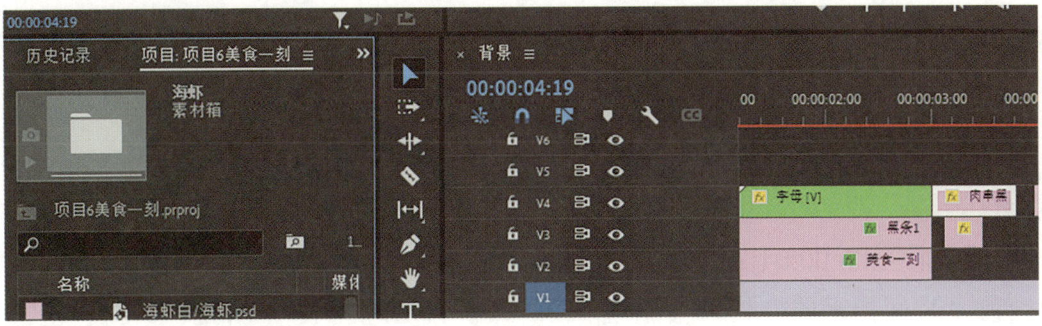

扫一扫
查看教学视频

图　6-25

5）将“时间指示器”移至00:00:04:02处，在“项目”面板中展开“海虾”素材箱，将“海虾白/海虾.psd”素材拖至“V3”轨道中，对其进行如下设置：

①在其“效果控件”面板中，展开“运动”项，设置“位置”的值为“493.0”和“324.0”、“缩放”的值为“71.0”；展开“不透明度”项，单击“不透明度”属性右侧的“添加/删除关键帧”按钮，设置动画关键帧，在出现的关键帧上右击，再在弹出的快捷菜单中选择“定格”命令。

②将“时间指示器”移至00:00:04:05处，设置“不透明度”的值为“0”；移至00:00:04:08处，修改其值为“100”。

③将“时间指示器”移至00:00:04:11处，拖动“海虾白/海虾.psd”素材片段右侧的出点至该位置，如图6-26所示。

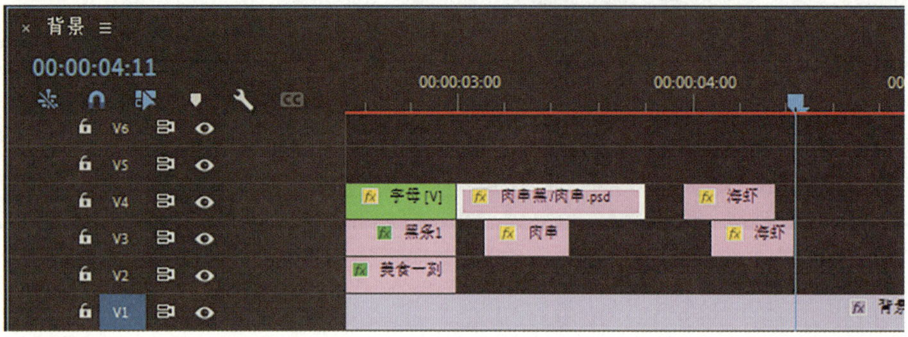

图 6-26

此时，预览效果如图6-27所示。

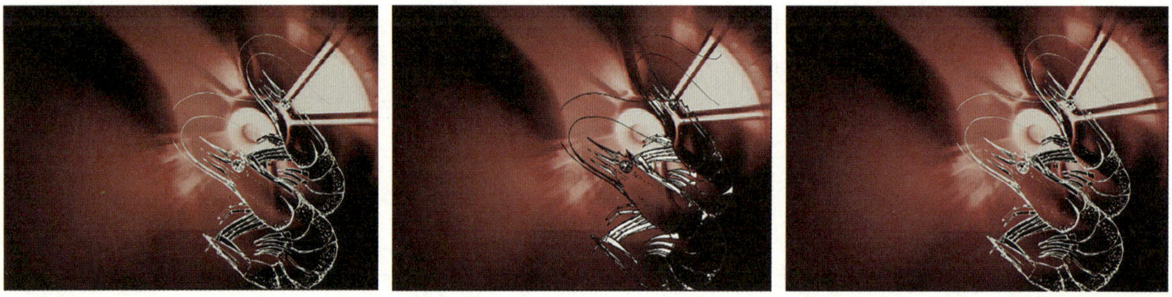

图 6-27

六、第三部分动画的制作

1．导入照片素材

扫一扫
查看教学视频

将配套资源“项目6”文件夹中“项目6素材”文件夹内“图片”文件夹中的“01.jpg”“02.jpg”和“03.jpg”三个素材文件导入“项目”面板中。

2．制作字母背景条

执行“文件”→“新建”→“黑场视频”命令，建立一个黑场；在“项目”面板中，在其名称上右击，再在弹出的快捷菜单中选择“重命名”命令，将其重命名为“黑条2”。

3．组接照片素材

1）将“时间指示器”移至00:00:04:23处，在“项目”面板中将“01.jpg”素材拖至“V4”轨道上方空白处的当前“时间指示器”处，会新增一条“V5”轨道，且“01.jpg”素材也已插入此轨道中，如图6-28所示。

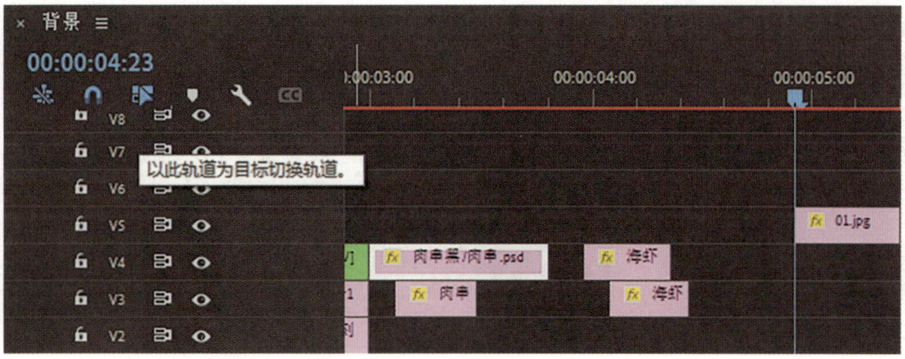

图　6-28

2）在此素材上右击，在弹出的快捷菜单中选择“速度/持续时间”命令，设置持续时间为00:00:00:12，如图6-29所示。

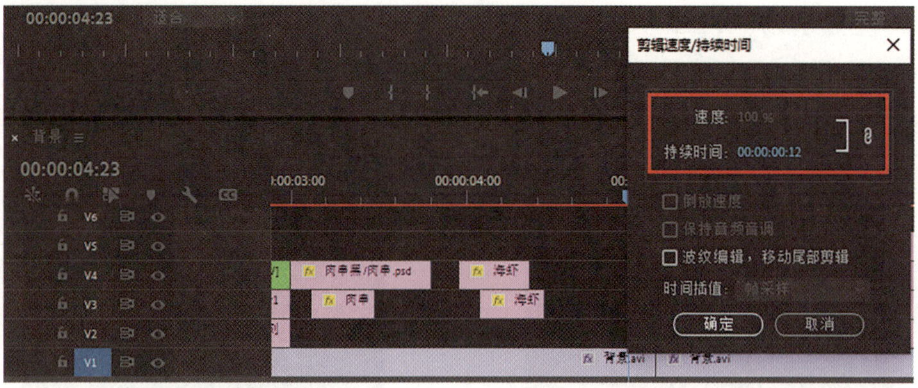

图　6-29

3）将“时间指示器”移至00:00:05:15处，将“02.jpg”素材从“项目”面板中拖至“V5”轨道，利用上面的方法，设置持续时间为00:00:00:10。

4）将“时间指示器”移至00:00:06:05处，将“03.jpg”素材从“项目”面板中拖至“V5”轨道，设置持续时间为00:00:00:12。

此时，“时间轴”面板如图6-30所示。

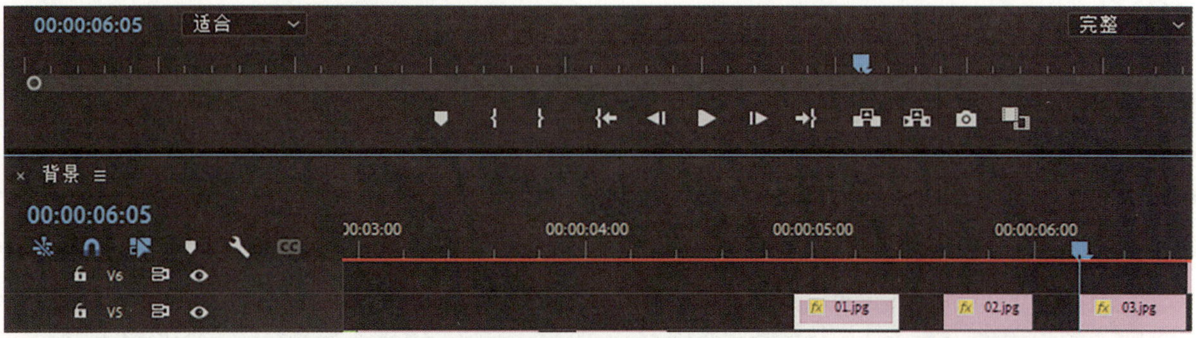

图　6-30

4．调节背景素材

1）将“时间指示器”移至00:00:05:02处，利用“工具”面板中的“剃刀工具”按钮，将“V1”轨道中的“背景.avi”素材分割。

2）为分割出的后半部分素材片段添加效果：展开“视频效果”文件夹中的“模糊与锐化”文件夹，将其中的“高斯模糊”效果拖至该段素材上；再将“调整”文件夹中的“色阶”效果也拖至此段素材上，如图6-31所示。

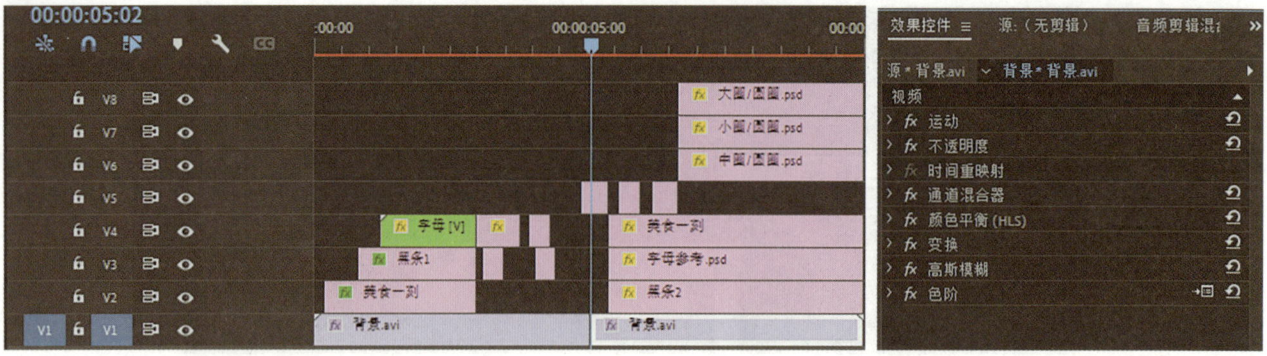

图 6-31

3）在其“效果控件”面板中，进行如下设置（见图6-32）：

①展开“变换”项，设置其“位置”的值为“488.0”和“381.0”；设置“缩放高度”和“缩放宽度”的值分别为“173.0”和“-173.0”。

②展开“高斯模糊”项，设置其“高斯模糊”的值为“33.0”。

③展开最后添加的“色阶”项，设置其“（RGB）灰度”的值为“69”。

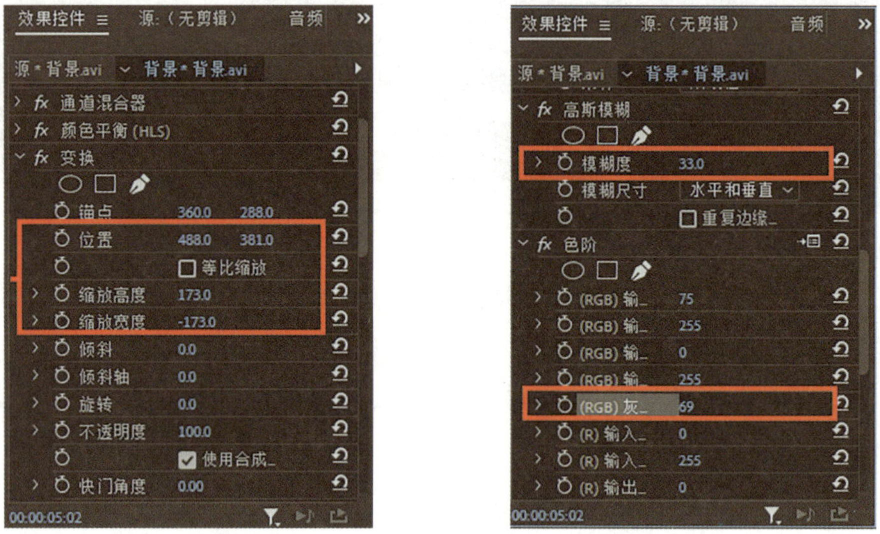

图 6-32

5. 制作中文文本动画

1）将“时间指示器”移至00:00:05:10处，拖动“美食一刻”文本素材至“V4”轨道，如图6-33所示。

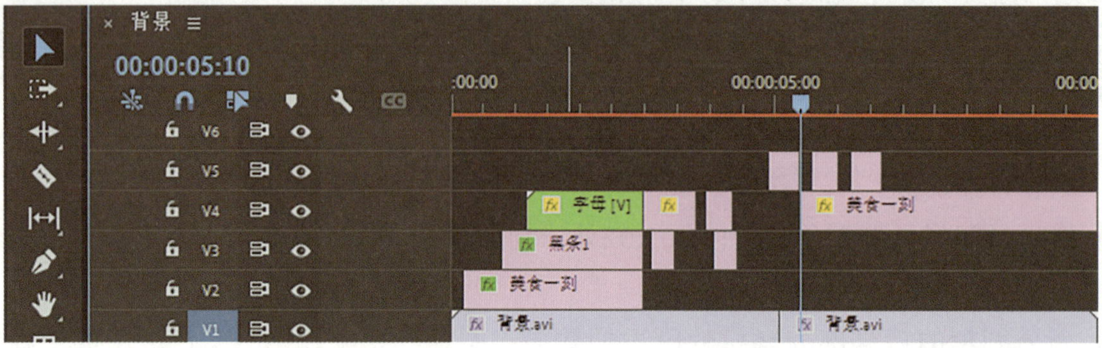

图 6-33

2）在其“效果控件”面板中，展开“运动”项，对“位置”属性进行设置：

①将“时间指示器”移至00:00:05:10处，设置“位置”的值为“222.0”和“245.0”；单击“位置”左侧的“切换动画”按钮，设置关键帧。

②将“时间指示器”移至00:00:06:17处，设置“位置”的值为“360.0”和“245.0”。

此时，预览效果如图6-34所示。

图　6-34

6. 加入“黑条2”素材并调整

1）将“时间指示器”移至00:00:05:10处，拖动“黑条2”素材至“V2”轨道，如图6-35所示。

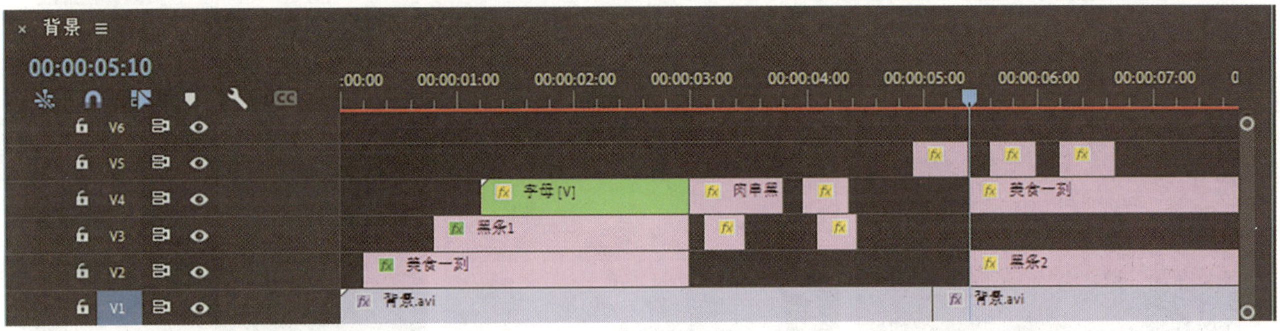

图　6-35

2）在其“效果控件”面板中，展开“运动”项，设置“位置”的值为“360.0”和“292.0”，设置“缩放高度”的值为“6.1”，如图6-36所示。

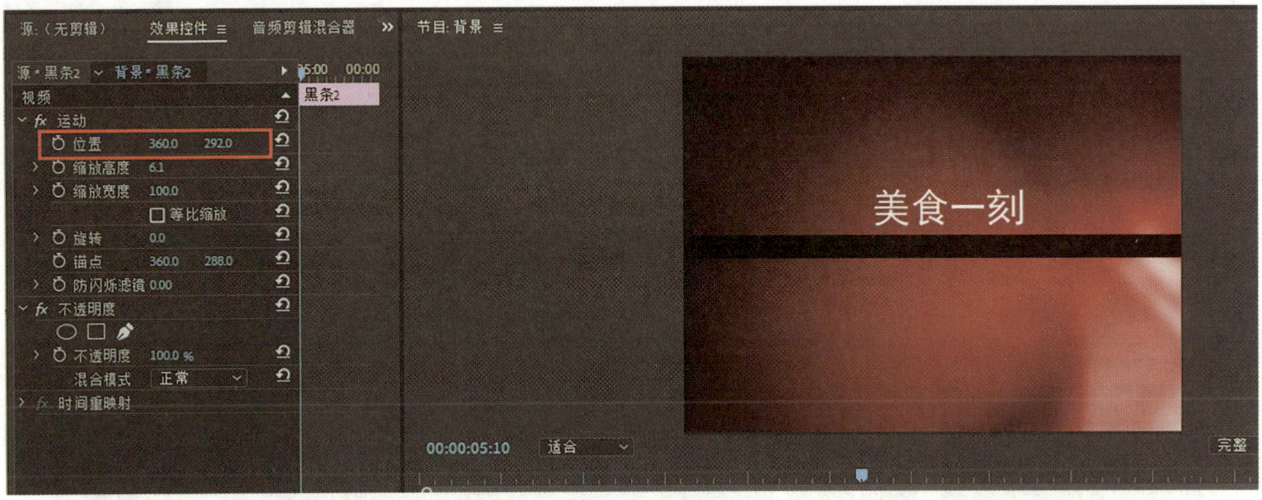

图　6-36

小提示

取消选中“等比缩放”复选框，才能分别设置“缩放高度”与“缩放宽度”的参数。

7. 设置英文文本的动画

1）将“时间指示器”移至00:00:05:10处，拖动“字母参考.psd”素材至“V3”轨道，如图6-37所示。

2）在其“效果控件”面板中，展开“运动”项，对“位置”属性进行如下设置：

① 将“时间指示器”移至00:00:05:10处，设置“位置”的值为“594.0”和“292.0”；单击“位置”左侧的“切换动画”按钮，设置关键帧。

② 将“时间指示器”移至00:00:06:17处，设置“位置”的值为“361.0”和“292.0”。

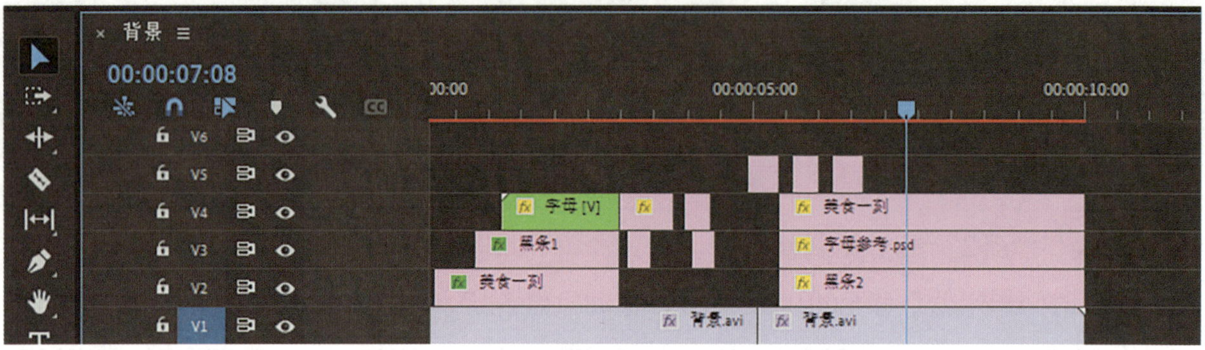

图 6-37

此时，预览效果如图6-38所示。

图 6-38

七、第四部分动画的制作

1）导入圆圈素材。将配套资源“项目6”文件夹中“项目6素材”文件夹内“psd文件”夹中的“圆圈.psd”素材文件以“序列”方式导入“项目”面板中，如图6-39所示。

扫一扫
查看教学视频

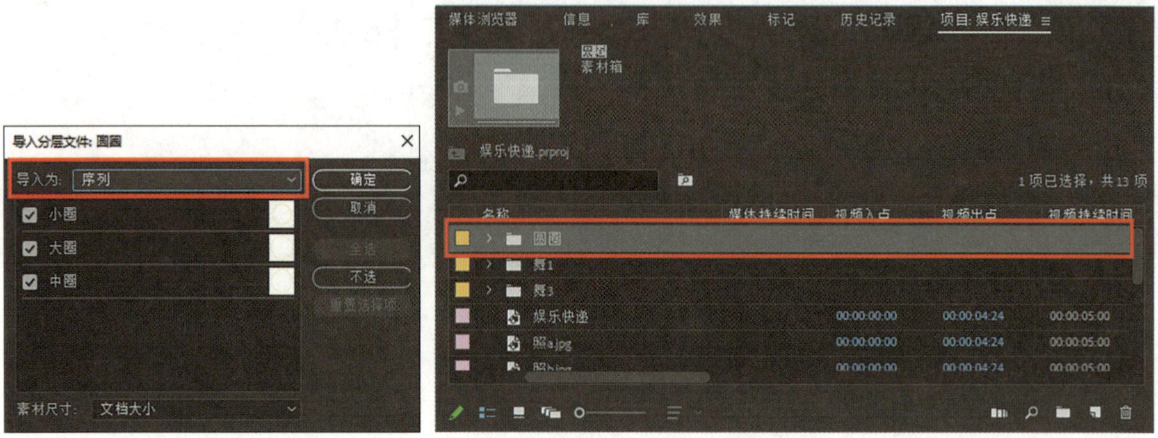

图 6-39

2）执行“序列”→“添加轨道”命令，弹出“添加轨道”对话框，在其中设置添加“3”条视频轨道和“0”条音频轨道，如图6-40所示。

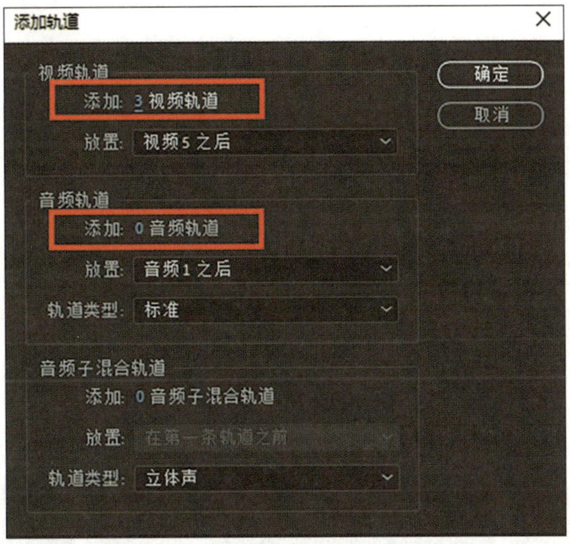

图　6-40

小提示

也可在轨道控制区域（或轨道名称上）右击，在弹出的快捷菜单中选择“添加轨道”命令，弹出“添加轨道”对话框，在对话框中进行相应设置即可。

3）将“时间指示器”移至00:00:06:17处，在“项目”面板中展开“圆圈”素材箱，将其中的“中圈/圆圈.psd”“小圈/圆圈.psd”和“大圈/圆圈.psd”三个素材文件，分别拖至“V6”轨道、“V7”轨道和“V8”轨道，如图6-41所示。

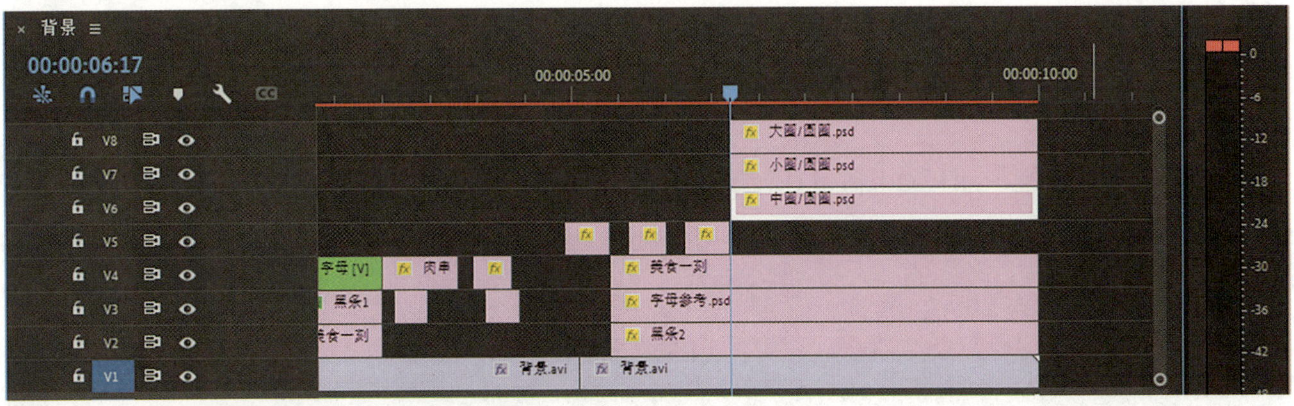

图　6-41

4）设置动画。

①将“时间指示器”仍置于00:00:06:17处，在“大圈/圆圈.psd”的“效果控件”面板中，展开“运动”项，设置“位置”的值分别为“359.0”和“288.0”；单击“位置”左侧的“切换动画”按钮，设置第一个关键帧；将“时间指示器”移至00:00:09:00处，设置“位置”的值分别为“654.0”和“288.0”；展开“不透明度”项，设置“不透明度”的值为“93.0”。

②将“时间指示器”移至00:00:06:17处，在“中圈/圆圈.psd”的“效果控件”面板中，展开“运动”项，设置“位置”的值分别为“363.0”和“288.0”；单击“位置”左侧的“切换动画”按钮，设置第一个关键帧；将“时间指示器”移至00:00:09:00处，设置“位置”的值分别为“140.0”和“288.0”；展开“不透明度”项，设置“不透明度”的值为“93.0”。

③将“时间指示器”移至00:00:06:17处，在“小圈/圆圈.psd”的“效果控件”面板中，展开“运动”项，单击“位置”左侧的“切换动画”按钮，设置第一个关键帧；将“时间指示器”移至00:00:07:22处，设置“位置”的值分别为“227.5”和“288.0”；将“时间指示器”移至00:00:09:00处，设置“位置”的值分别为“374.0”和“288.0”；展开“不透明度”项，设置“不透明度”的值为“93.0”。

至此，三个圆圈的动画制作完毕，此时的预览效果如图6-42所示。

图　6-42

八、添加背景音乐

1）将配套资源“项目6”文件夹中“项目6素材”文件夹内的“音乐.wav”素材文件导入“项目”面板中。

2）将“时间指示器”移至00:00:00:00处，从“项目”面板中将“音乐.wav”素材文件拖至“A1”轨道中。

此时，“时间轴”面板如图6-43所示。

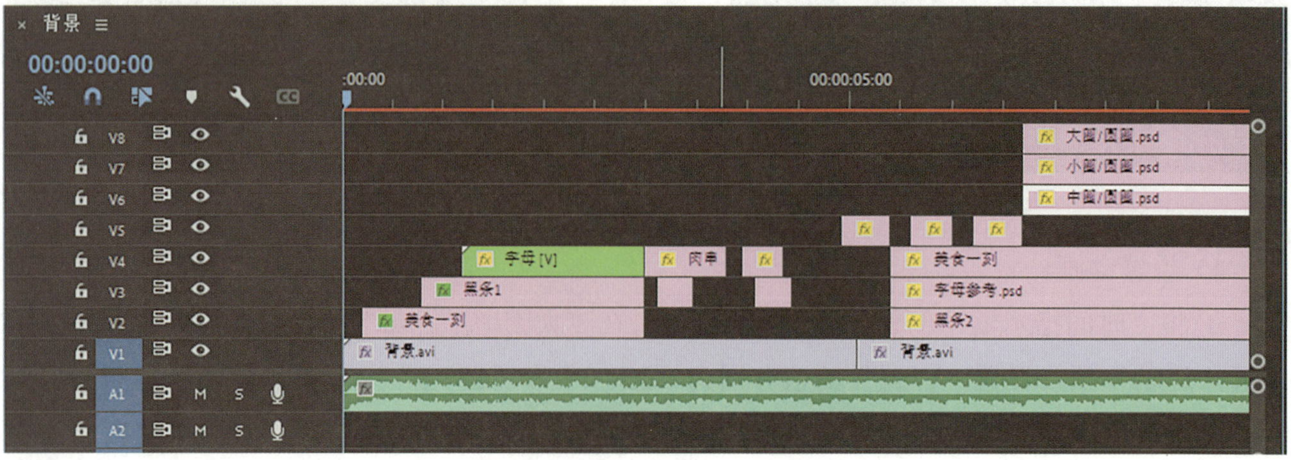

图　6-43

九、调整素材出点及输出影片

1）将“时间指示器”移至00:00:10:00处，分别将长于10s的各素材的出点向左拖至当前“时间指示器”处，如图6-44所示。

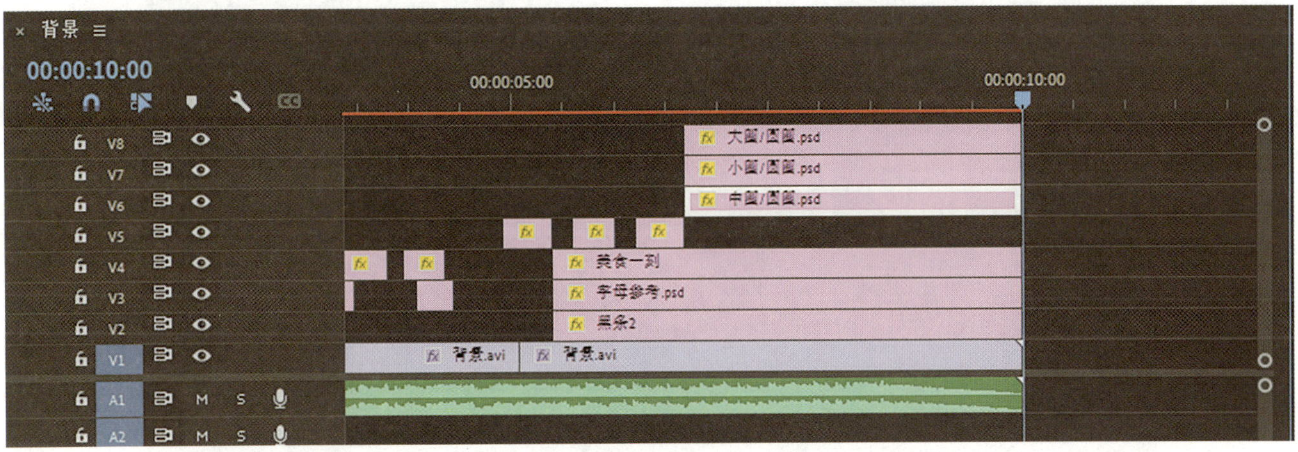

图　6-44

2）执行“文件”→“导出”→“媒体”命令，弹出“导出设置”对话框，在其中选择保存目标路径及输入文件名，然后单击“保存”按钮。

3）待渲染完成后，即可在播放器中观看效果。

触类旁通

本项目是制作一个美食类节目的片头，在整个片头的制作中，始终以红色和黑色为主体色；字母的依次出现、图像的快速闪烁、轻快的节奏等，这些流行的元素构成了节目的片头。

本项目的制作难点在开头部分，主要是英文字母在组成单词时的位置排列及制作各个字母依次出现的动画（在Photoshop软件中制作英文字母素材时，每一个字母都是单独的一个图层）。

为了表现出片头的动感，在照片素材快速闪动的同时，对两组文本素材还设置了位置动画。

另外，对于背景素材，不要简单地“拿来主义”，一定要根据片头（影片）的整体风格和画面构图的制作需要，进行必要的处理。

实战强化

教师被誉为人类灵魂的工程师，教师是默默无闻为学生成长奉献的人，学生的发展总是倾注着教师辛勤的汗水。每年的9月10日为我国的教师节，教师节的设立肯定了教师为教育事业所做的贡献，提高了教师在社会上的地位，使得教师职业成为光荣的职业。

请读者结合本项目片头制作的知识点，利用项目6配套素材“实战强化”文件夹内的素材，制作主题为“感恩教师”的节目片头，效果如图6-45所示。

图 6-45

1. 制作要求

1）制作的片头时长为15s。

2）片头中标题文字有放大或缩小的动画效果。

3）片头中的背景视频可以做色彩调整的特效处理。

4）片头中可以利用素材中的“光点”“火晕”和“分型杂色”等效果，将它们叠加到背景视频中并加以特效处理，以增添片头的气氛。

5）片头中加入背景音乐，结合画面的动画效果和音乐节奏进行声画对位。

2. 制作提示

1）标题文字的动画可以使用项目面板“视频效果”文件夹中“透视”文件夹中的“基本3D”效果，进行放大缩小的动画制作。

2）背景处理需综合运用“通道混合器”“颜色平衡（HLS）”和“色阶”这几种常用特效处理。

项目7

电视频道包装

项目情境

电视台的“公共频道”开播了，为了进行宣传和形象推广，建立良好的社会形象和品牌形象，提升观众对频道的渴望价值，提高品质和收视率，需要制作一个频道片头包装。

制作要求：

1）时间为15s。

2）能够表达出频道理念、风格、特色等信息。

3）设计新颖。

项目分析

电视频道包装是根据电视媒体的发展规律、观众收视需求、节目具体内容和频道特点，采用具有鲜明特点的节目形式，对频道进行整体介绍和宣传。它是电视频道的品牌标识，是经过设计制作而建立的一种完善的频道形象，是对包括理念、行为、视觉等频道外在形式要素的规范和强化。

本片头的一大特色是“黑白”影片效果，凸显一种冷静、客观的主流媒体形象。半透明状的单色动画效果，极大地丰富了画面内容及色彩。将频道的理念浓缩为四句话，通过丰富的动画效果，加深观众对频道理念的认识，协调、鲜明、抢眼而不刺眼。添加动听的背景音乐及丰富的转场效果。风格新颖，深入人心，使人过目不忘，极具冲击力和影响力。

影片最终的渲染输出效果如图7-1所示。

图 7-1

图　7-1（续）

项目目标

1）利用“源监视器”面板对原始视频进行截取操作。

2）对“效果控件”面板中的“运动”和“不透明度”进行综合应用。

3）掌握字幕的设置及综合提升。

4）掌握电视频道包装的制作思路、要素和整体脚本框架等。

项目实施

扫一扫
查看教学视频

一、新建项目文件

1）启动Premiere软件，单击“新建项目”按钮，打开“新建项目”对话框新建项目。

2）在对话框中指定保存路径并将其命名为“电视频道包装”，单击“确定”按钮关闭对话框，进入Premiere的工作界面。

二、组接影片素材

1）导入素材。将配套资源“项目7”文件夹中“项目7素材”文件夹内的“视频”文件夹导入“项目”面板中，如图7-2所示。

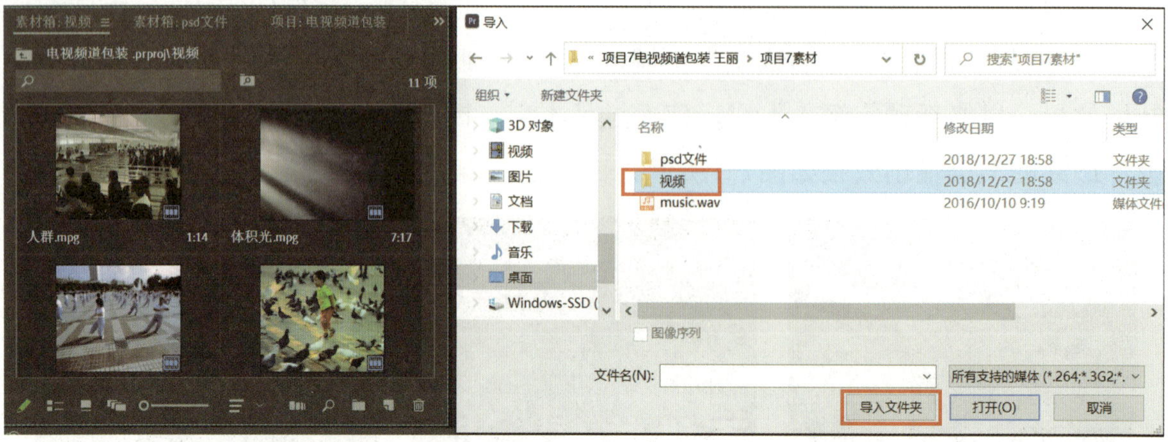

图　7-2

2）在“项目”面板中，展开“视频”素材箱，双击“商场.mpg”，在“源监视器”面板中将其打开，如图7-3所示。

在“源监视器”面板中，可通过单击“播放”按钮，对素材进行预览。将“时间指示器”移至00:00:01:16处，单击“标记出点”按钮，为素材设置出点，如图7-4所示。

图　7-3

图　7-4

3）将素材拖入“时间轴”面板中，如图7-5所示。

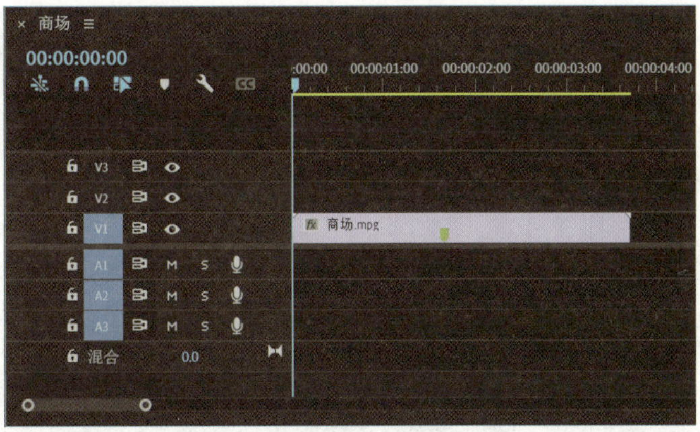

图　7-5

4）在“视频”素材箱中，双击“骑车.mpg”，在“源监视器”面板中将其打开。将“时间指示器”移至00:00:05处，单击“标记入点”按钮，为素材设置入点；将“时间指示器”移至00:00:01:18处，单击“标记出点”按钮，为素材设置出点，如图7-6所示。

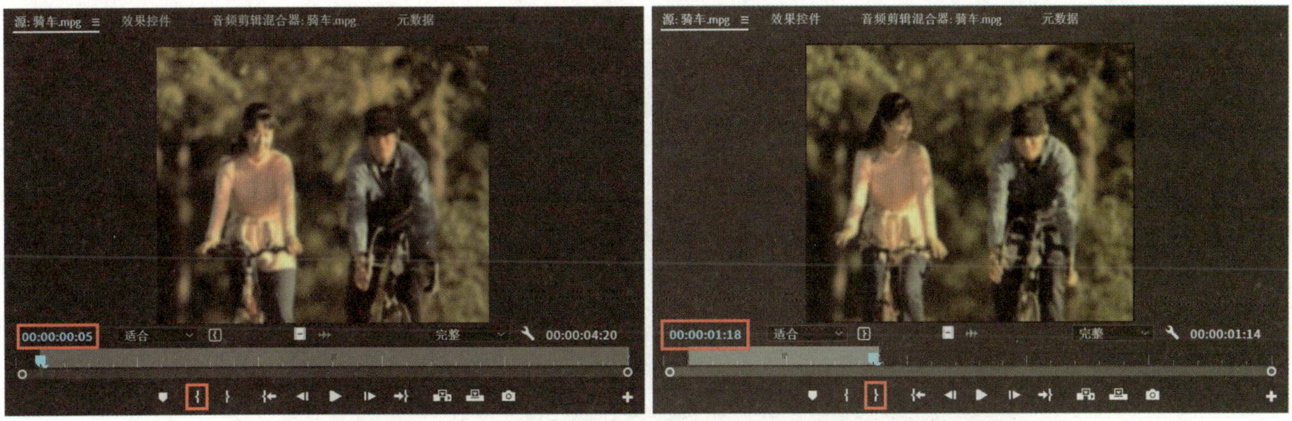

图　7-6

5）单击“插入”按钮，将素材插入“时间轴”面板中，如图7-7所示。

6）采用同样的方法，分别设置其他视频素材的入点和出点，并插入“时间轴”面板中。“太极拳.mpg”的入点为00:00:01:19、出点为00:00:03:19；“人群.mpg”的入点为00:00:03:24、出点为00:00:05:12；“车流1.mpg”的入点为00:00:00:05、出点为00:00:02:05。“小朋友.mpg”的入点为00:00:00:05、出点为00:00:01:18；“气球.mpg”的入点为00:00:02:04、出点为00:00:03:23；“车流2.mpg”的入点为00:00:00:05、出点为00:00:02:23。

此时，“时间轴”面板如图7-8所示。

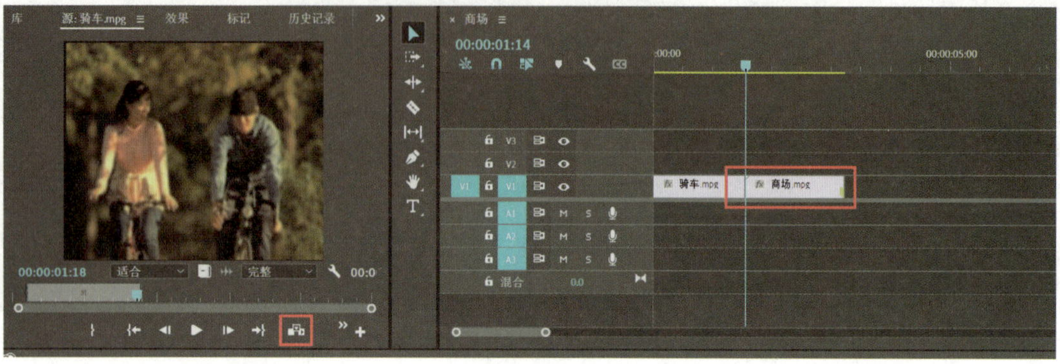

图 7-7

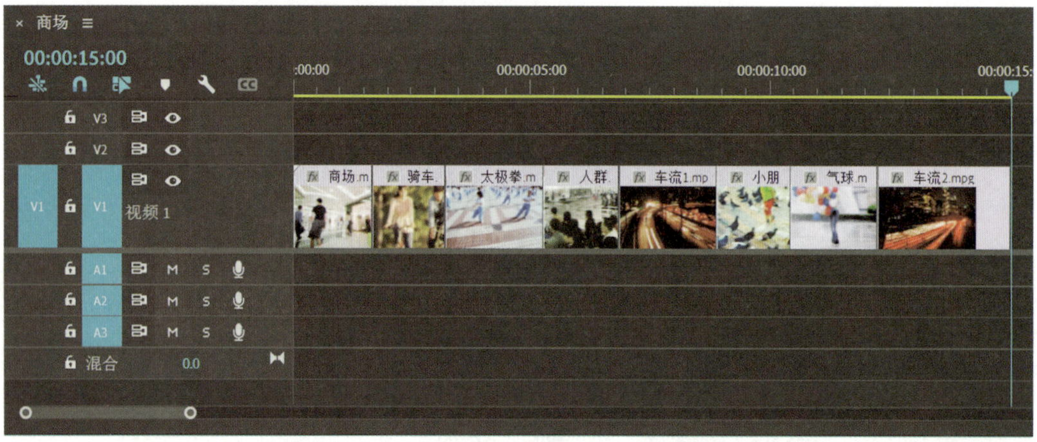

图 7-8

7）在“效果”面板中，展开“视频效果”文件夹中的“过时”文件夹，将其中的“色彩平衡（HLS）”效果拖至“V1”轨道中素材片段“商场.mpg”上。在“效果控件”面板中，将其“饱和度”设置为“-100.0”，如图7-9所示。

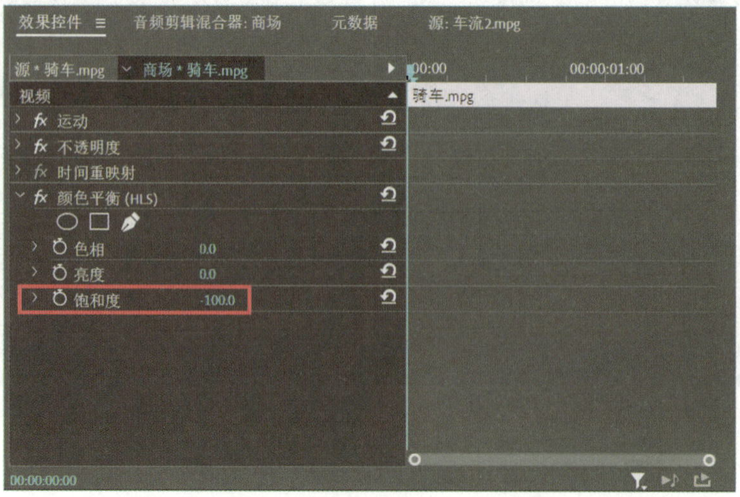

图 7-9

8）分别对“V1”轨道中的其他素材片段也添加同样的“色彩平衡（HLS）”效果，将所有素材都调整为黑白影片效果。

小提示

可以将“商场.avi”素材片段的“色彩平衡（HLS）”效果复制，再分别粘贴到其他素材片段，提高制作效率。

9）为素材间添加转场效果。

① 执行“编辑”→“首选项”→“时间轴”命令，打开“首选项”对话框。将“视频过渡默认持续时间”的值修改为“10”（即将默认转场持续时间修改为10帧），如图7-10所示。

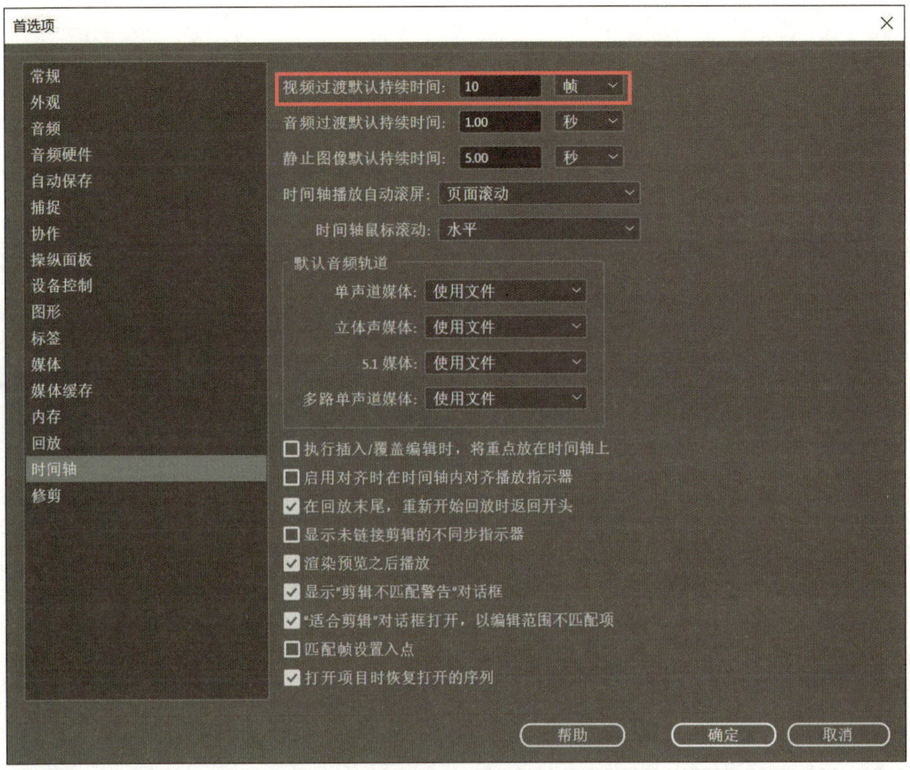

图　7-10

② 在“效果”面板中，展开“视频过渡”文件夹中的“溶解”文件夹， 将其中的“交叉溶解”转场效果拖至“V1”轨道中两个素材片段“商场.mpg”和“骑车.mpg”的中间，如图7-11所示。

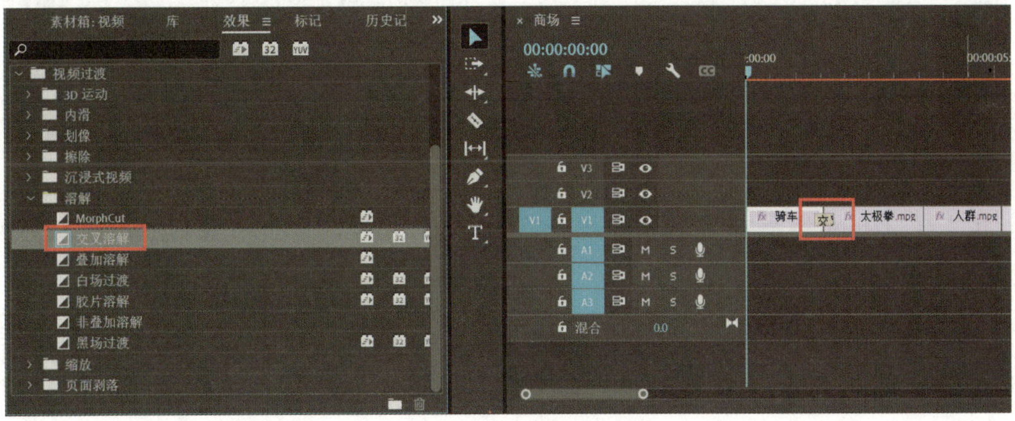

图　7-11

③ 对“V1”轨道中的其余素材，每两个素材中间都添加该转场效果，如图7-12所示。

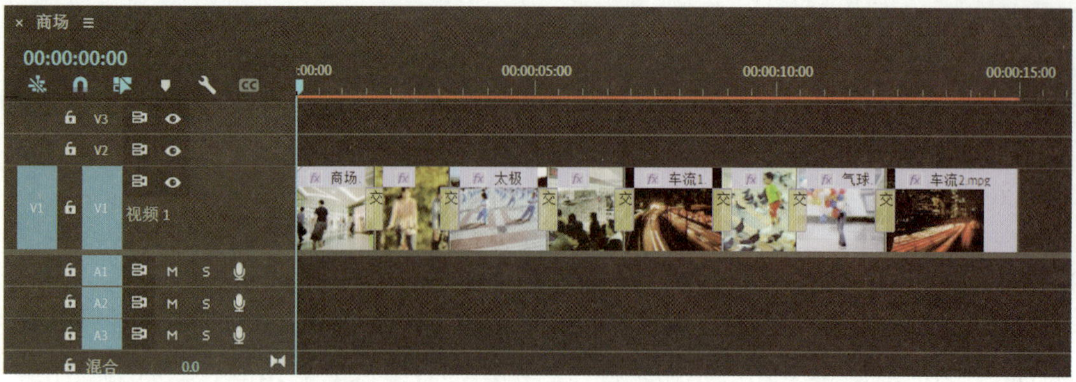

图 7-12

三、制作蒙版效果

扫一扫
查看教学视频

1）将“视频”素材箱中的“背景.mpg”素材拖至“V2”轨道，如图7-13所示。

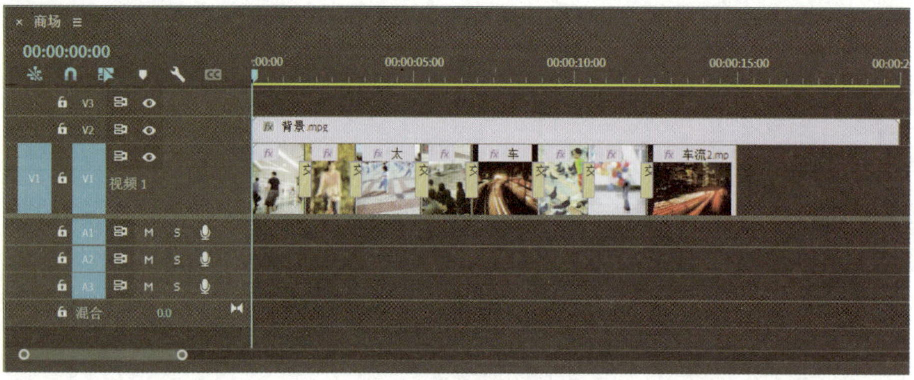

图 7-13

2）在“背景.mpg”素材片段上右击，在弹出的快捷菜单中执行“速度/持续时间”命令，在打开的对话框中设置其速度为50%（速度放慢一半），如图7-14所示。

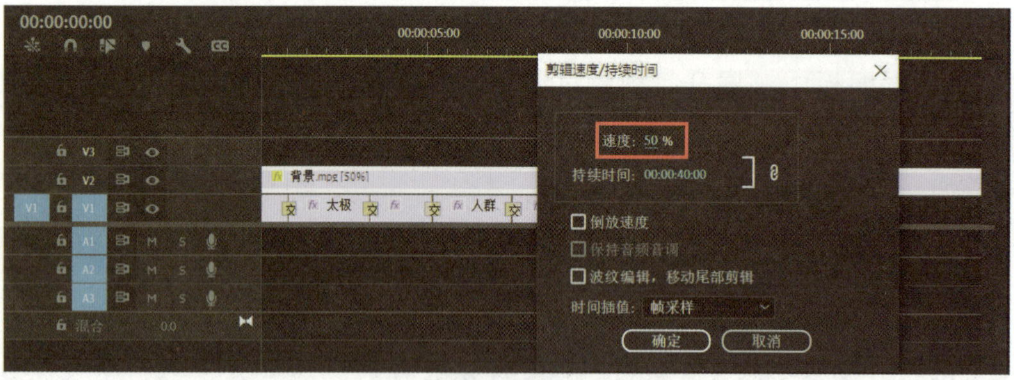

图 7-14

3）拖动“背景.mpg”素材右侧的出点至00:00:15:00处，即与“V1”轨道中的素材时间等长，如图7-15所示。

4）将“视频”素材箱中的“体积光.mpg”素材拖至“V3”轨道，由于其持续时间不够15s，所以再拖动一遍该素材至“V3”轨道中。调整第2段“体积光.avi”素材的出点至00:00:15:00处，如图7-16所示。

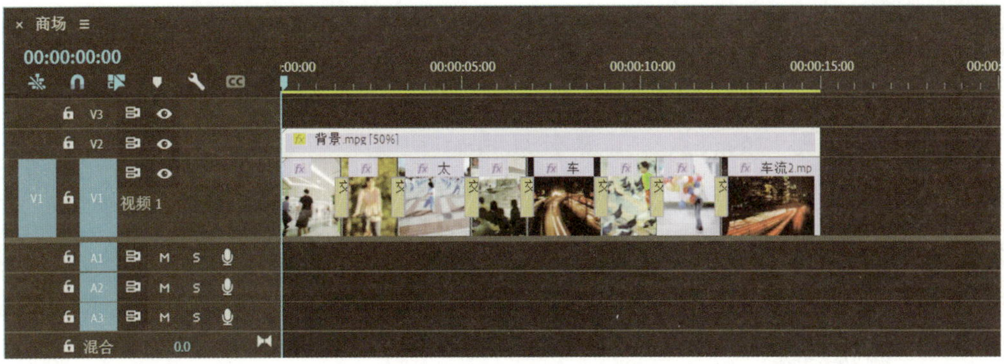

图　7-15

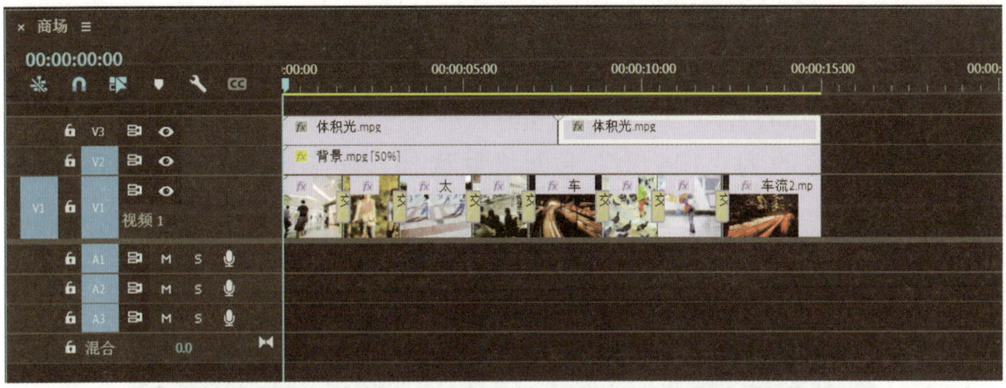

图　7-16

5）在“效果”面板中，展开“视频效果”文件夹中的“键控”文件夹，将其中的“轨道遮罩键”效果拖至“V2”轨道中素材片段“背景.avi”素材上。

在“效果控件”面板中，将其中的“遮罩”项设置为“视频3”，“合成方式”项设置为“亮度遮罩”，如图7-17所示。

图　7-17

此时，“节目监视器”面板中的播放效果如图7-18所示。

图　7-18

知识加油站

“轨道遮罩键”是使用一个文件作为蒙版，在合成素材上创建透明区域，可以显示出部分背景素材，进行影片的合成。其参数说明如下：

“遮罩”：设置作为蒙版素材所在的轨道。

“合成方式”：选择蒙版的来源。其中，“Alpha遮罩”指使用蒙版图像的Alpha通道作为合成素材的蒙版；“亮度遮罩”指使用蒙版图像的亮度信息作为合成素材的蒙版。

“反向”：翻转蒙版。

四、制作频道理念文字动画

1）执行“编辑”→“首选项”→“时间轴”命令，打开“首选项”对话框。将“静止图像默认持续时间”的值修改为“125.00”（即将默认导入静态图片的持续时间修改为125s），如图7-19所示。

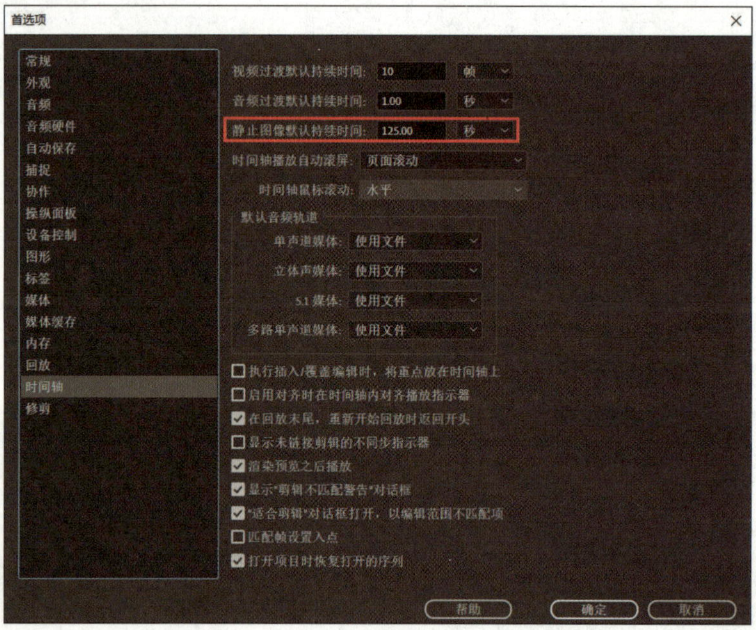

图 7-19

2）导入文字。将配套资源“项目7”文件夹中“项目7素材”文件夹内的“psd文件”文件夹导入“项目”面板中，如图7-20所示。

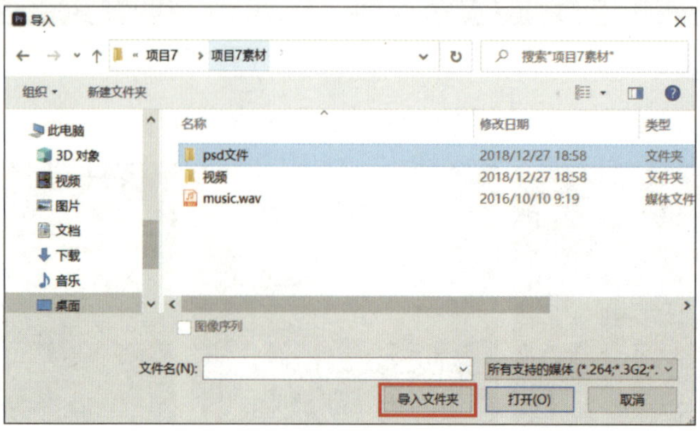

图 7-20

在出现的“导入分层文件”对话框中，对各文件均采用“合并所有图层”方式导入，如图7-21所示。

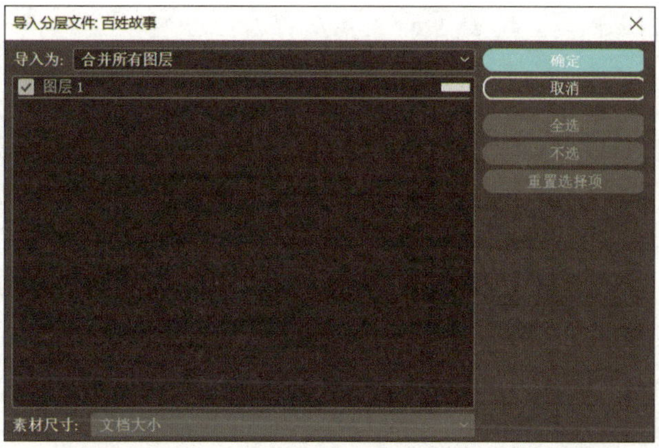

图　7-21

3）添加视频轨道。在轨道控制区域右击，在弹出的快捷菜单中执行“添加轨道”命令，在弹出的“添加轨道”对话框中，设置添加“4”条视频轨道和“0”条音频轨道，如图7-22所示。

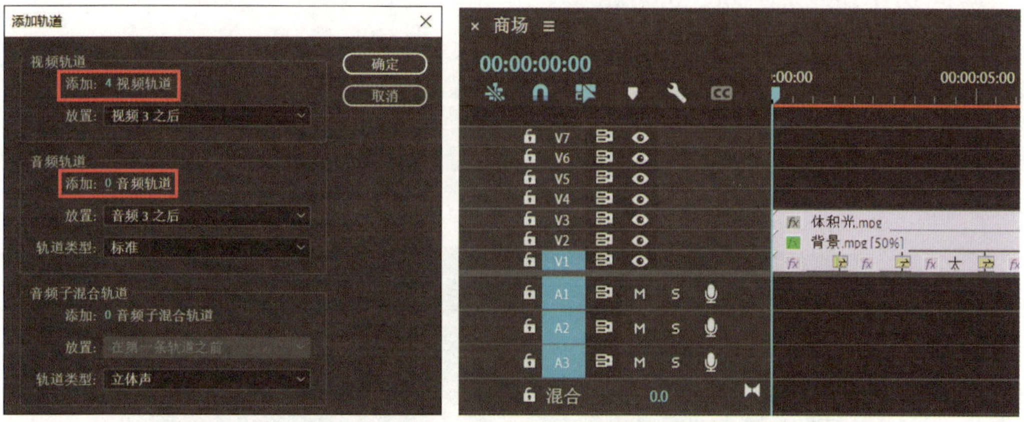

图　7-22

4）第1段文字动画的制作。

①“话”的制作。

a．在“时间轴”面板中，将“时间指示器”移至00:00:00:05处。在“项目”面板中，展开“psd文件”素材箱，将“话.psd”素材拖至“V5” 轨道中的当前“时间指示器”处，如图7-23所示。

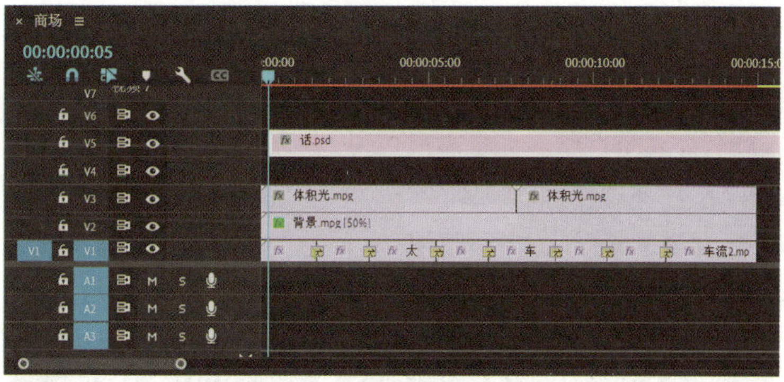

图　7-23

b．在其“效果控件”面板中，展开“运动”项，设置“位置”属性的值为“91.8”和

“170.0”；设置“缩放”的值为“260.0”，并单击左侧的“切换动画”按钮，设置第1个比例关键帧；展开“不透明度”项，设置“不透明度”的值为“0.0”，如图7-24所示。

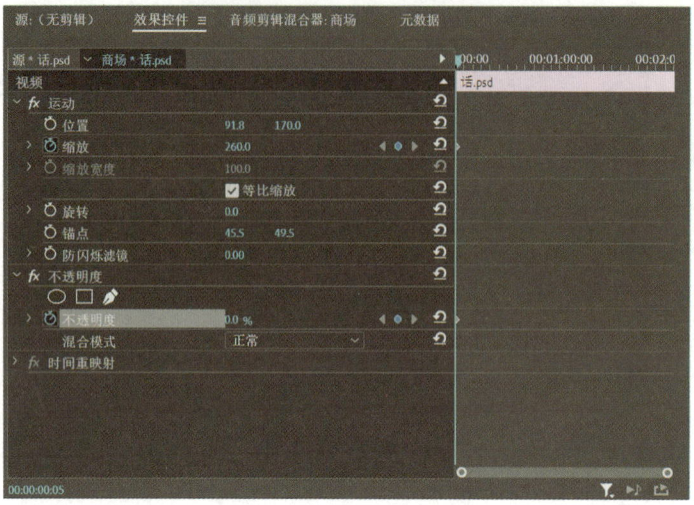

图 7-24

c．将“时间指示器”移至00:00:00:20处，单击“位置”属性左侧的“切换动画”按钮，设置第1个位置关键帧；设置“缩放”的值为“100.0”；设置“不透明度”的参数值为“60%”。

d．将“时间指示器”移至00:00:02:10处，设置“位置”的值为“209.1”和“170.0”。

e．将“时间指示器”移至00:00:03:00处，设置“位置”的值为“372.9”和“170.0”，如图7-25所示。

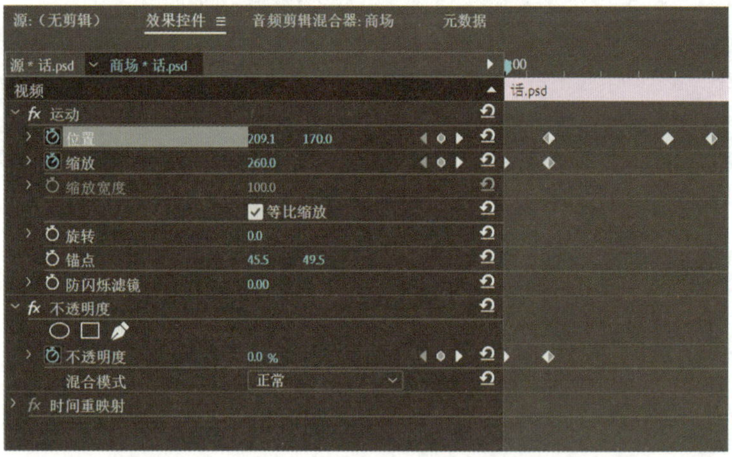

图 7-25

f．拖动“话.psd”素材右侧的出点至当前“时间指示器”处，即00:00:03:00处，如图7-26所示。

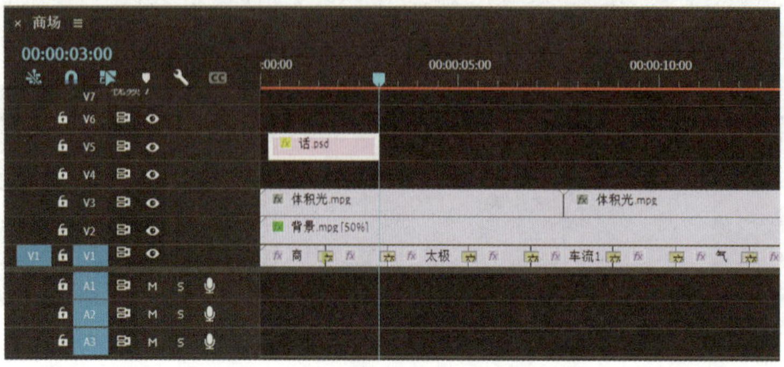

图 7-26

此时，“节目监视器”面板中的播放效果如图7-27所示。

图　7-27

小助手

文　字	时 间 轴	位　置（X）	位　置（Y）	缩　放	不透明度（%）
话（V5）	00:00:00:05	91.8◆	170.0	260.0◆	0.0◆
	00:00:00:20	91.8◆		100.0	60.0
	00:00:02:10	209.1	170.0		
	00:00:03:00	372.9	170.0		

注：◆表示添加关键帧。

②“百姓故事”的制作。

a．将“时间指示器”移至00:00:00:15处，将“百姓故事.psd”素材拖至“V4”轨道中。设置“位置”的值为“176.0”和“220.0”；设置“缩放”的值为“178.0”，单击左侧的“切换动画”按钮，设置第1个比例关键帧；设置“不透明度”的值为“0.0”。

b．将“时间指示器”移至00:00:01:05处，单击“位置”属性左侧的“切换动画”按钮，设置第1个位置关键帧；设置“缩放”的值为“60.0”；设置“不透明度”属性参数值为“100.0”。

c．将“时间指示器”移至00:00:02:10处，设置“位置”的值为“101.0”和“220.0”。

d．将“时间指示器”移至00:00:03:00处，设置“位置”的值为“-75.3”和“220.0”。

e．拖动“百姓故事.psd”素材片段右侧的出点至当前“时间指示器”处，即00:00:03:00处，与“话.psd”素材等长，如图7-28所示。

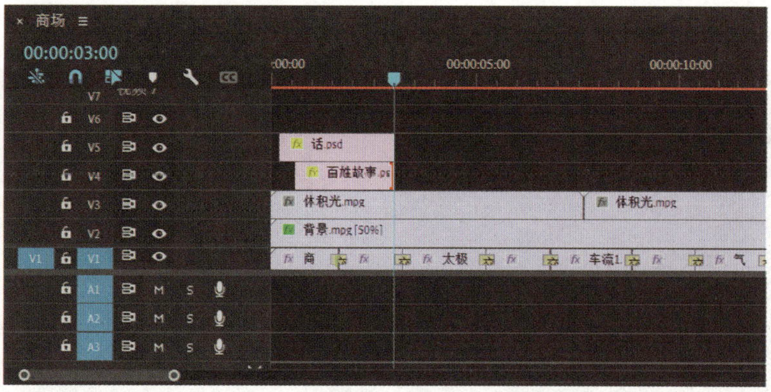

图　7-28

此时，“节目监视器”面板中的播放效果如图7-29所示。

图　7-29

小助手

文　字	时 间 轴	位　置（X）	位　置（Y）	缩　放	不透明度（%）
百姓故事（V4）	00:00:00:15	176.0	220.0	178.0◆	0.0◆
	00:00:01:05	◆		60.0	100.0
	00:00:02:10	101.0	220.0		
	00:00:03:00	−75.3	220.0		

注：◆表示添加关键帧。

5）第2段文字动画的制作。

①“听”的制作。

扫一扫 查看教学视频

a．将“时间指示器”移至00:00:02:20处，将“听.psd”素材拖至“V6”轨道中。设置“位置”的值为“390.6”和“123.5”，并单击左侧的“切换动画”按钮，设置第1个位置关键帧；设置“缩放”的值为“120.0”，并单击左侧的“切换动画”按钮，设置第1个关键帧。

b．将“时间指示器”移至00:00:03:10处，设置“位置”的值为“160.4”和“123.5”。

c．将“时间指示器”移至00:00:03:20处，单击“位置”属性右侧的“添加/删除关键帧”按钮，添加一个位置关键帧；单击“缩放”属性右侧的“添加/删除关键帧”按钮，添加一个比例关键帧。

d．将“时间指示器”移至00:00:04:20处，设置“位置”的值为“101.2”和“123.5”，设置“缩放”的值为“100.0”。

e．将“时间指示器”移至00:00:06:09处，设置“位置”的值为“131.0”和“123.5”；将“时间指示器”移至00:00:06:24处，设置“位置”的值为“374.5”和“123.5”。

f．拖动“听.psd”素材片段右侧的出点至当前“时间指示器”处，如图7-30所示。

图　7-30

g．将“时间指示器”移至00:00:03:11处，将“听.psd”素材拖至“V7”轨道中。在该素材片段上右击，在弹出的快捷菜单中执行“速度/持续时间”命令，设置其持续时间为00:00:00:10，如图7-31所示。

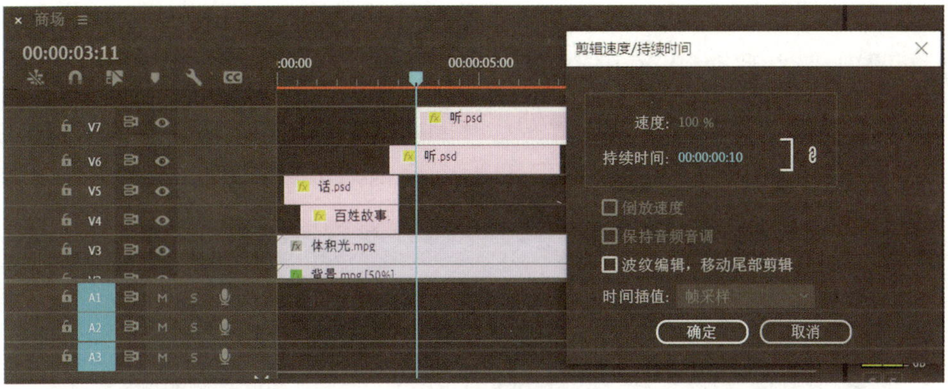

图　7-31

h．在“V7”轨道中“听.psd”素材的“效果控件”面板中，设置“位置”的值为“160.4”和“123.5”；设置“缩放”的值为“180.0”，单击左侧的“切换动画”按钮，设置第1个关键帧；单击“不透明度”属性右侧的“添加/删除关键帧”按钮，添加一个关键帧。

i．将“时间指示器”移至00:00:03:21处，设置“缩放”的值为“600.0”，设置“不透明度”的值为“0.0”。

此时，“节目监视器”面板中的播放效果如图7-32所示。

图　7-32

小助手

文　字	时　间　轴	位　置（X）	位　置（Y）	缩　　放	不透明度（%）
听（V6）	00:00:02:20	390.6◆	123.5	120.0◆	
	00:00:03:10	160.4	123.5		
	00:00:03:20	◆		◆	
	00:00:04:20	101.2	123.5	100.0	
	00:00:06:09	131.0	123.5		
	00:00:06:24	374.5	123.5		
听（V7）	00:00:03:11	160.4◆	123.5	180.0◆	◆
	00:00:03:21			600.0	0.0

注：◆表示添加关键帧。

②“百姓心声”的制作。

a．将“时间指示器”移至00:00:04:15处，拖动“百姓心声.psd”素材至“V7”轨道中。设置其“位置”的值为“-77.2”和“175.5”，单击左侧的“切换动画”按钮，设置第1个关键帧。设置“缩放”参数值为“60.0”。

b．将“时间指示器”移至00:00:05:05处，设置其“位置”的值为“89.5”和“175.5”。

c．将“时间指示器”移至00:00:06:09处，设置其“位置”的值为“241.0”和“175.5”。

d．将“时间指示器”移至00:00:06:24处，设置其“位置”的值为“428”和“175.5”。

e．拖动“百姓心声.psd”素材片段右侧的出点至当前“时间指示器”处，如图7-33所示。

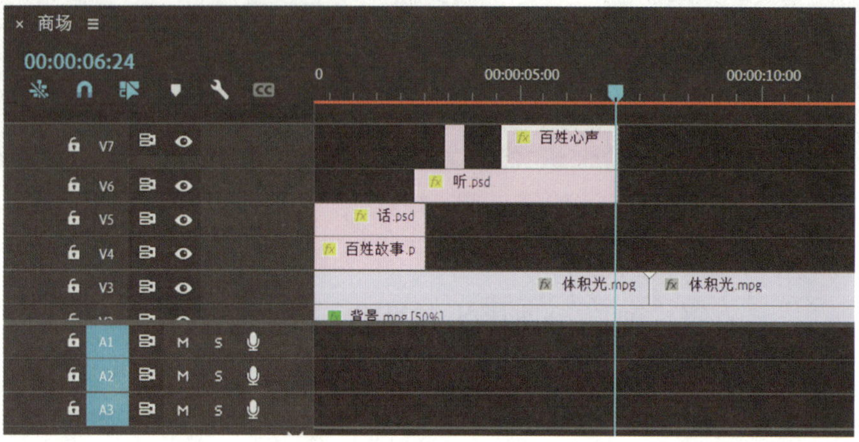

图　7-33

此时，“节目监视器”面板中的播放效果如图7-34所示。

图　7-34

小助手

文　字	时　间　轴	位　置（X）	位　置（Y）	缩　放	不透明度（%）
百姓心声（V7）	00:00:04:15	-77.2◆	175.5	60.0	
	00:00:05:05	89.5	175.5		
	00:00:06:09	241.0	175.5		
	00:00:06:24	428.0	175.5		

注：◆表示添加关键帧。

6）第3段文字动画的制作。

①“看”的制作。

a．将“时间指示器”移至00:00:06:24处，拖动“看.psd”素材至“V4”轨道中。设置其“位置”的值为“376.0”和“171.5”，并单击左侧的“切换动

扫一扫
查看教学视频

画”按钮，设置第1个关键帧；设置“缩放”的值为“60.0”。

b．将“时间指示器”移至00:00:07:14处，设置其“位置”的值为“226.8”和“171.5”。

c．将“时间指示器”移至00:00:09:04处，设置其“位置”的值为“146.8”和“171.5”。

d．将“时间指示器”移至00:00:09:19处，设置其“位置”的值为“-28.4”和“171.5”。

e．拖动“看.psd”素材片段右侧的出点至当前“时间指示器”处，如图7-35所示。

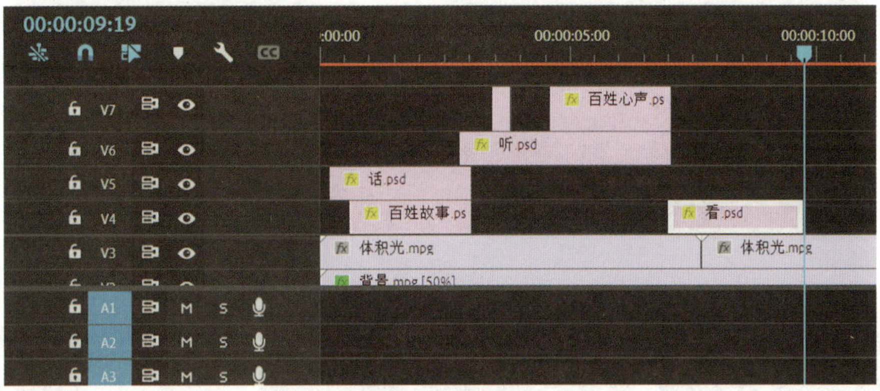

图 7-35

此时，“节目监视器”面板中的播放效果如图7-36所示。

图 7-36

小助手

文 字	时 间 轴	位 置（X）	位 置（Y）	缩 放	不透明度（%）
看（V4）	00:00:06:24	376.0◆	171.5	60.0	
	00:00:07:14	226.8	171.5		
	00:00:09:04	146.8	171.5		
	00:00:09:19	-28.4	171.5		

注：◆表示添加关键帧。

②“社会万象”的制作。

a．将“时间指示器”移至00:00:07:14处，拖动“社会万象.psd”素材至“V5”轨道中。设置其“位置”的值为“430.0”和“307.0”，并单击左侧的“切换动画”按钮，设置第1个关键帧；设置“缩放”参数值为“60.0”。

b．将“时间指示器”移至00:00:08:04处，设置其“位置”的值为“250.0”和“226.0”。

c．将“时间指示器”移至00:00:09:09处，设置其“位置”的值为“110.0”和“226.0”。

d．将“时间指示器”移至00:00:09:24处，设置其“位置”的值为“-77.7”和“226.0”。

e．拖动“社会万象.psd”素材片段右侧的出点至当前“时间指示器”处，如图7-37所示。此时，“节目监视器”面板中的播放效果如图7-38所示。

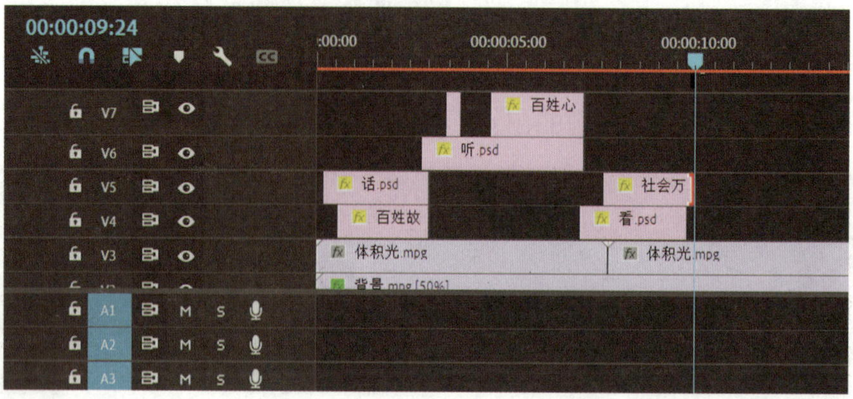

图　7-37

图　7-38

小助手

文　字	时 间 轴	位　置（X）	位　置（Y）	缩　　放	不透明度（%）
社会万象（V5）	00:00:07:14	430.0◆	307.0	60.0	
	00:00:08:04	250.0	226.0		
	00:00:09:09	110.0	226.0		
	00:00:09:24	-77.7	226.0		

注：◆表示添加关键帧。

7）第4段文字动画的制作。

①“说”的制作。

a．将“时间指示器”移至00:00:09:16处，拖动“说.psd”素材至“V7”轨道中。设置其“位置”的值为“215.0”和“168.0”，并单击左侧的“切换动画”按钮，设置第1个关键帧；设置“缩放”的值为“332.0”，并单击左侧的“切换动画”按钮，设置关键帧；设置“不透明度”的值为“0.0”。

b．将“时间指示器”移至00:00:10:06处，设置其“位置”的值为“88.0”和“168.0”，设置“缩放”的值为“60.0”，设置“不透明度”的值为“100.0”。

c．将“时间指示器”移至00:00:12:00处，单击“不透明度”右侧的“添加/删除关键帧”按钮，手动添加一个关键帧。

d．将“时间指示器”移至00:00:12:14处，设置其“位置”参数值为“190.0”和“168.0”；设置“不透明度”的值为“0.0”。

e．拖动“说.psd”素材片段右侧的出点至当前“时间指示器”处，如图7-39所示。“节目监视器”面板中的播放效果如图7-40所示。

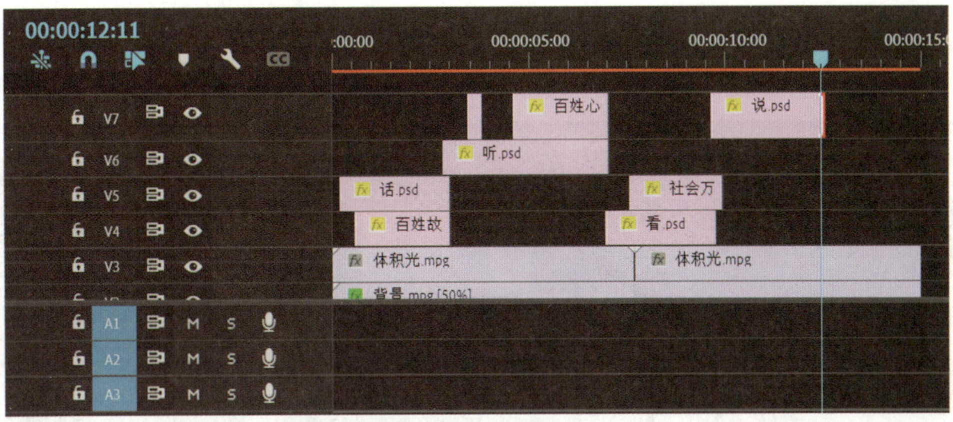

图　7-39

图　7-40

小助手

文　字	时　间　轴	位　置（X）	位　置（Y）	缩　　放	不透明度（%）
说（V7）	00:00:09:16	215.0◆	168.0	332.0◆	0.0◆
	00:00:10:06	88.0	168.0	60.0	100.0
	00:00:12:00				◆
	00:00:12:14	190.0	168.0		0.0

注：◆表示添加关键帧。

②“今日生活”的制作。

a．将“时间指示器”移至00:00:09:22处，拖动“今日生活.psd”素材至“V6”轨道中。设置其“位置”的值为“-277.0”和“228.0”，并单击左侧的“切换动画”按钮，设置第1个关键帧；设置“缩放”的值为“531.0”，并单击左侧的“切换动画”按钮，设置关键帧；设置“不透明度”参数值为“0.0”。

b．将“时间指示器”移至00:00:10:12处，设置其“位置”的值为“192.0”和“228.0”，设置“缩放”的值为“60.0”，设置“不透明度”的值为“100.0”。

c．将“时间指示器”移至00:00:12:00处，单击“不透明度”右侧的“添加/删除关键帧”按钮，手动添加一个关键帧。

d．将“时间指示器”移至00:00:12:14处，设置其“位置”的值为“99.0”和“228.0”；设置“不透明度”参数值为“0.0”。

e．拖动“今日生活.psd”素材片段右侧的出点至当前“时间指示器”处，如图7-41所示。此时，“节目监视器”面板中的播放效果如图7-42所示。

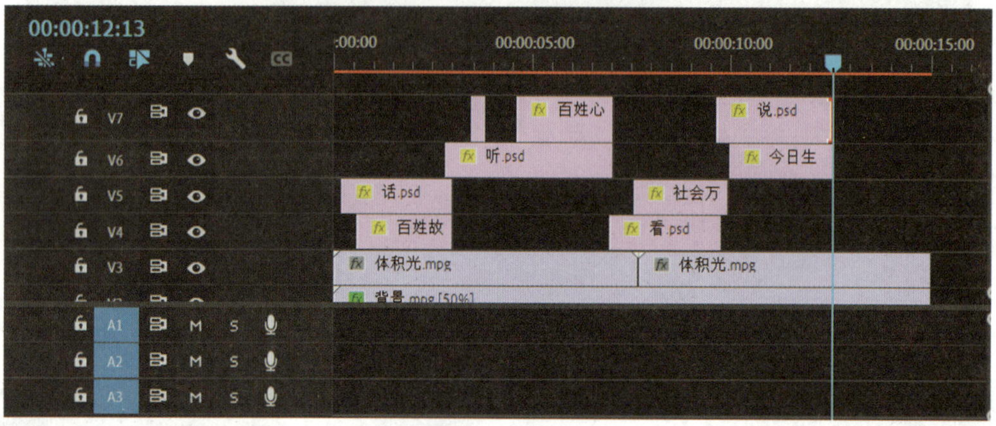

图　7-41

图　7-42

小助手

文　　字	时　间　轴	位　置（X）	位　置（Y）	缩　　放	不透明度（%）
今日生活（V6）	00:00:09:22	-277.0◆	228.0	531.0◆	0.0◆
	00:00:10:12	192.0	228.0	60.0	100.0
	00:00:12:00				◆
	00:00:12:14	99.0	228.0		0.0

注：◆表示添加关键帧。

五、制作频道文字动画

1．主体文字的制作

1）将“时间指示器”移至00:00:12:14处，执行“文件”→“新建”→“旧版标题”命令，弹出“新建字幕”对话框，输入字幕名称“公共频道”，单击“确定”按钮关闭对话框，调出“字幕”面板。

扫一扫
查看教学视频

2）在绘制区域用“矩形工具”绘制一个矩形，采用“线性渐变”方式填充，具体参数设置如图7-43所示。

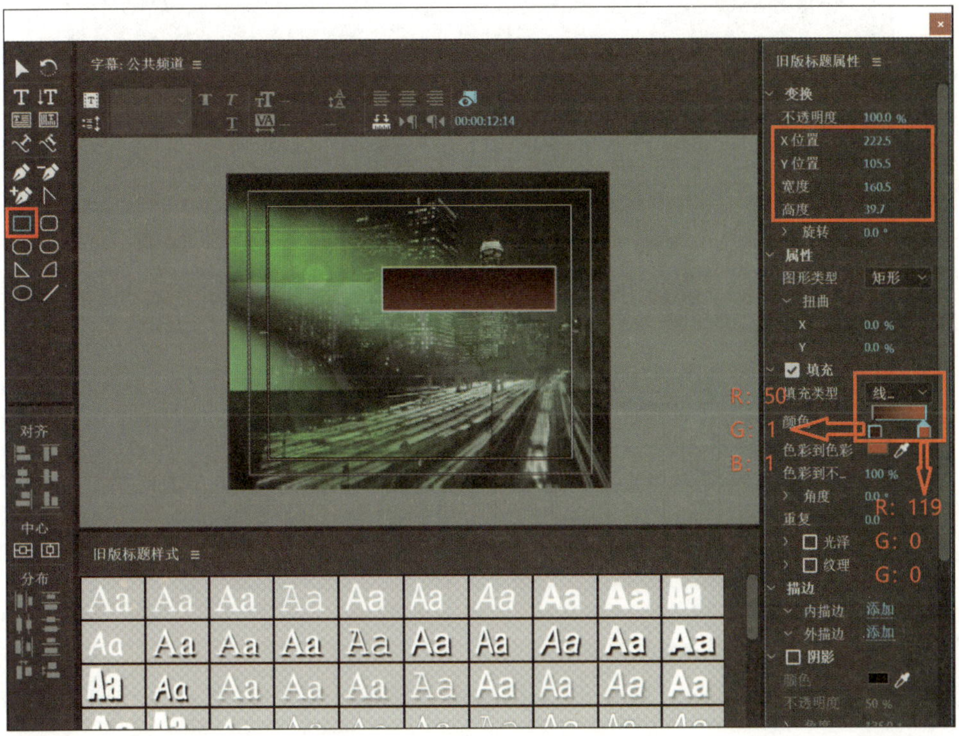

图　7-43

小提示

在将矩形图形绘制完成、调整其大小和位置前，应先设定其“宽”和“高”参数，再调整“X位置”及“Y位置”的参数值。

3）在绘制区域利用“文本工具”输入文字“公共频道”，设置字体为“黑体”，填充色及外描线颜色均为白色，具体参数设置如图7-44、图7-45所示。

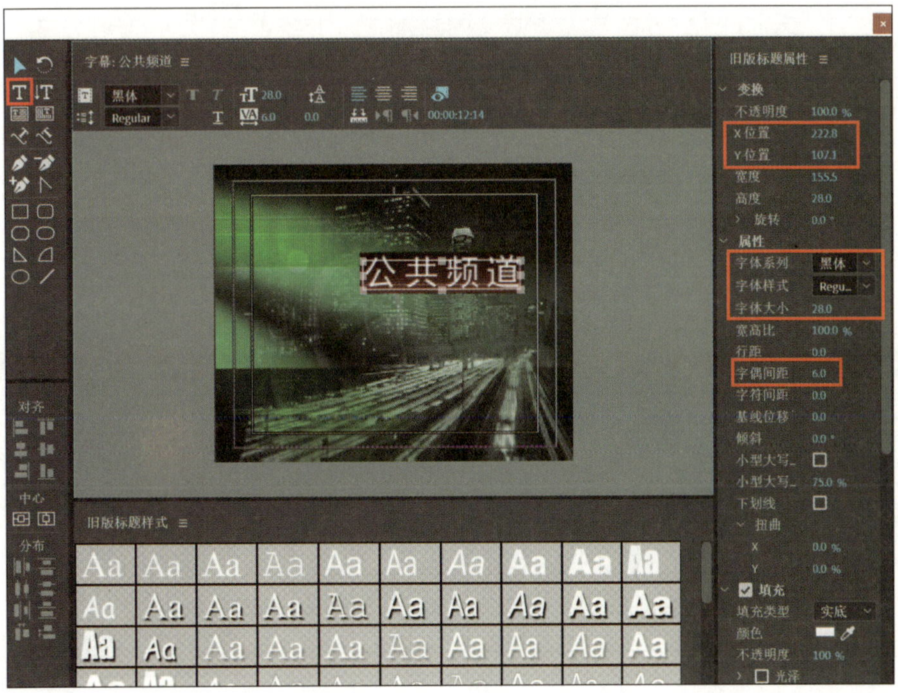

图　7-44

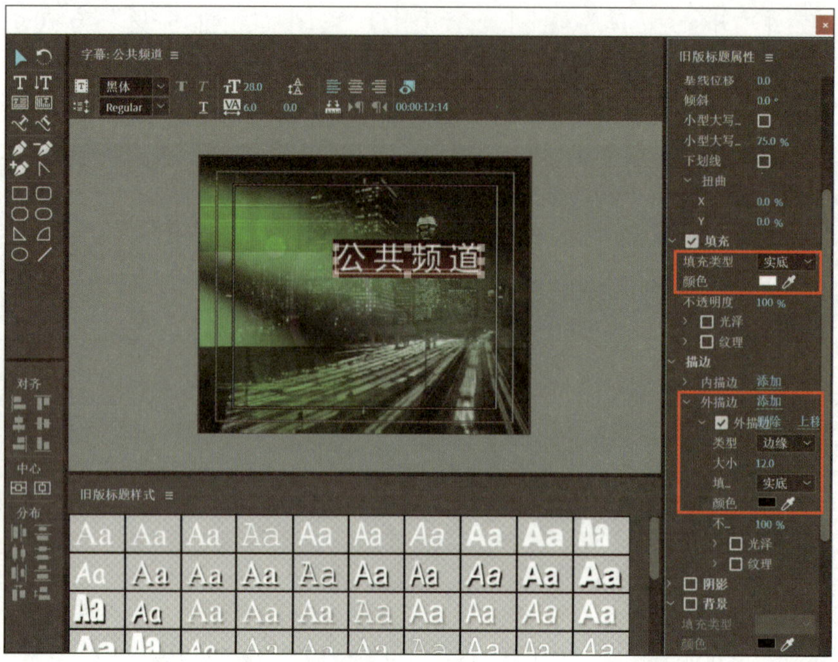

图 7-45

小提示

如果先输入文字后绘制矩形，则矩形会叠加在文字的上方，即盖住了文字，此时可通过右击文字选择“排列”命令中的相应命令，改变其叠加顺序。

“移动最前”：将所选择的对象移动到最前面。

“前移”：向前移动一个对象。

“移到最后”：将所选择的对象移动到最后面。

“后移”：向后移动一个对象。

4）在绘制区域用“矩形工具”绘制一个矩形，设置填充色为黑色，具体参数设置如图7-46所示。

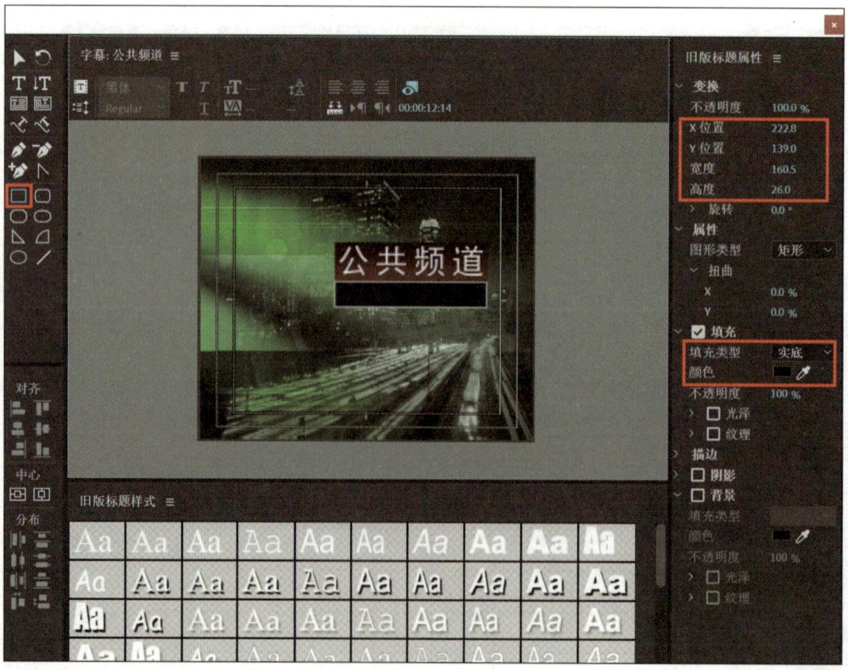

图 7-46

5）在绘制区域利用“文本工具”输入英文“COMMON CHANNEL”，设置字体为“黑体”，填充色为白色，具体参数设置如图7-47所示。最后关闭“字幕”面板。

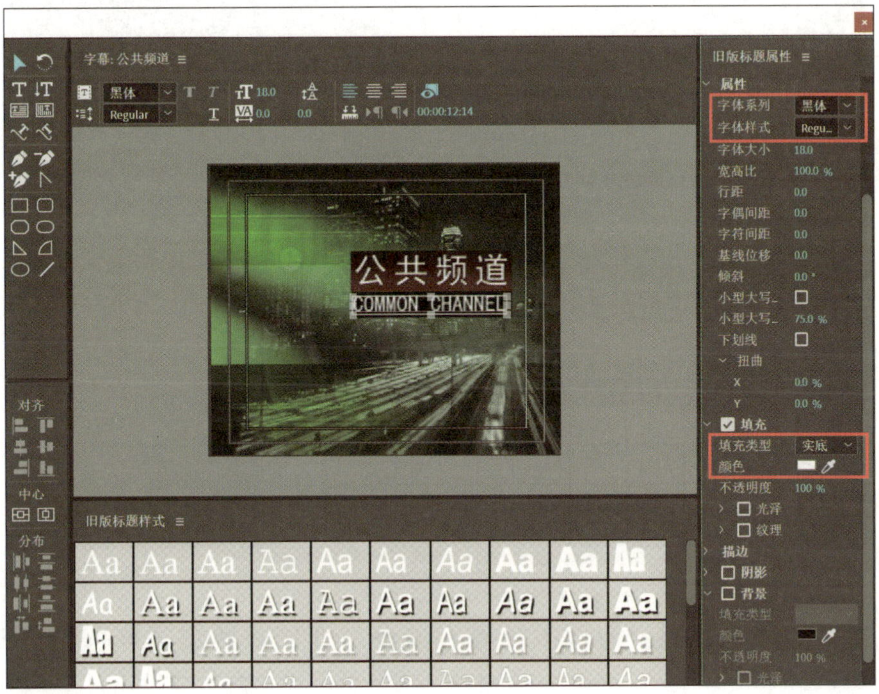

图　7-47

2. 英文元素的制作

1）执行“文件”→“新建→“旧版标题”命令，弹出“新建字幕”对话框，输入字幕名称“频道英文1”，单击“确定”按钮关闭对话框，调出“字幕”面板。

2）在绘制区域利用“文本工具”输入英文“COMMON”，设置字体为“Arial”，字体样式为“Narrow”，填充色及外描边颜色均为白色，具体参数设置如图7-48、图7-49所示。

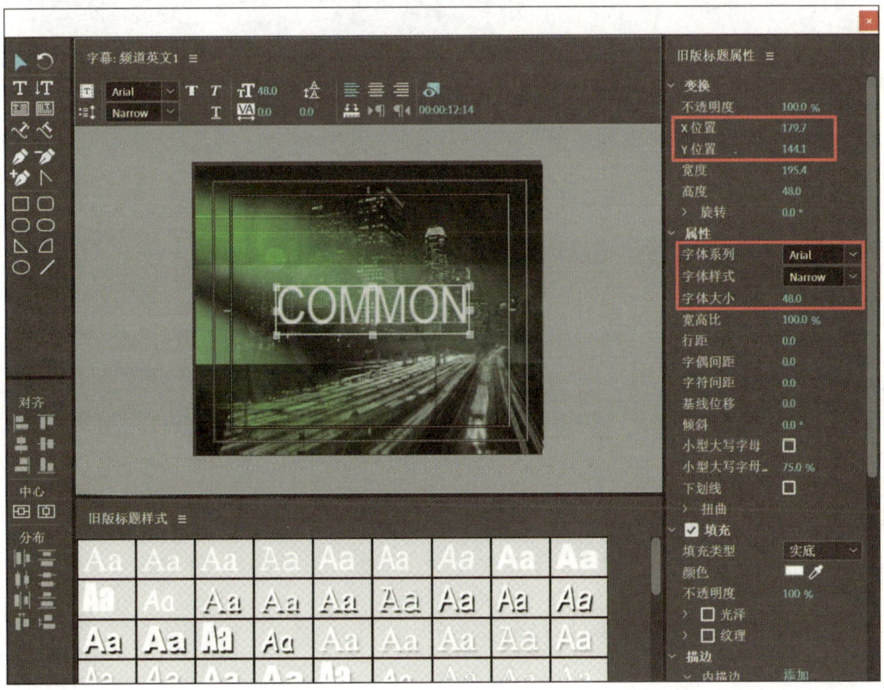

图　7-48

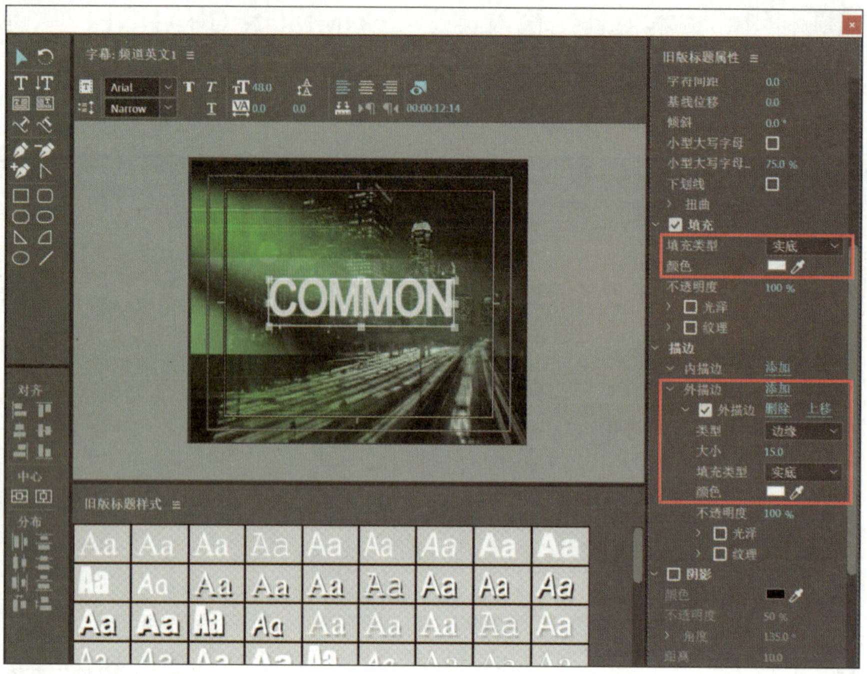

图 7-49

3）执行“文件”→“新建→“旧版标题”命令，弹出“新建字幕”对话框，输入字幕名称“频道英文2”，单击“确定”按钮关闭对话框，调出“字幕”面板。

4）在绘制区域利用“文本工具”输入英文“CHANNEL”，设置其属性参数与“频道英文1”完全相同，如图7-50所示。关闭“字幕”面板。

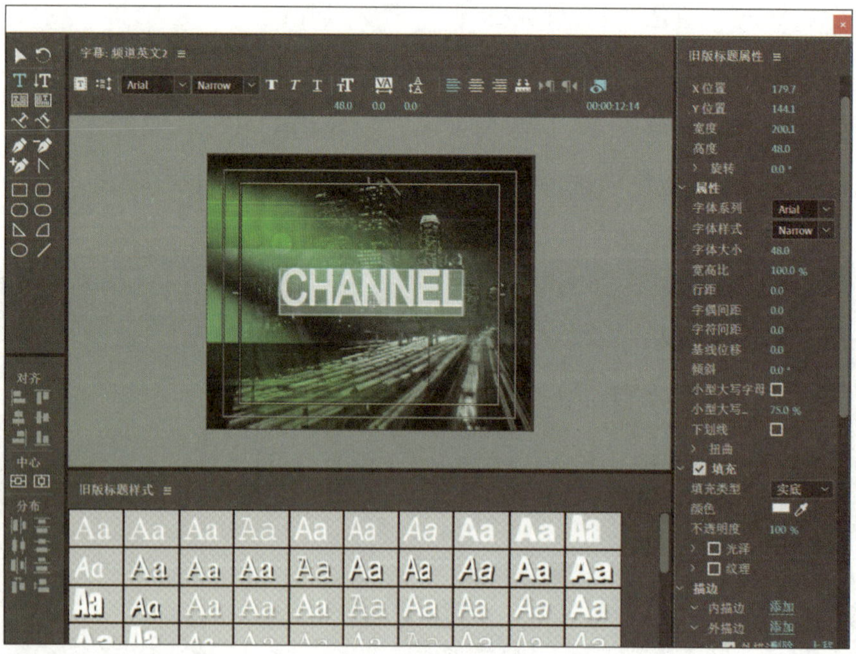

图 7-50

3. 文字动画的制作

（1）主体文字动画

1）将“时间指示器”移至00:00:12:14处，将字幕素材“公共频道”从“项目”面板拖至“V4”轨道中。

扫一扫 查看教学视频

2）在“效果”面板中，展开“视频过渡”文件夹中的“擦除”文件夹，将其中的“插入”转场效果拖至素材“公共频道”的入点处，如图7-51所示。

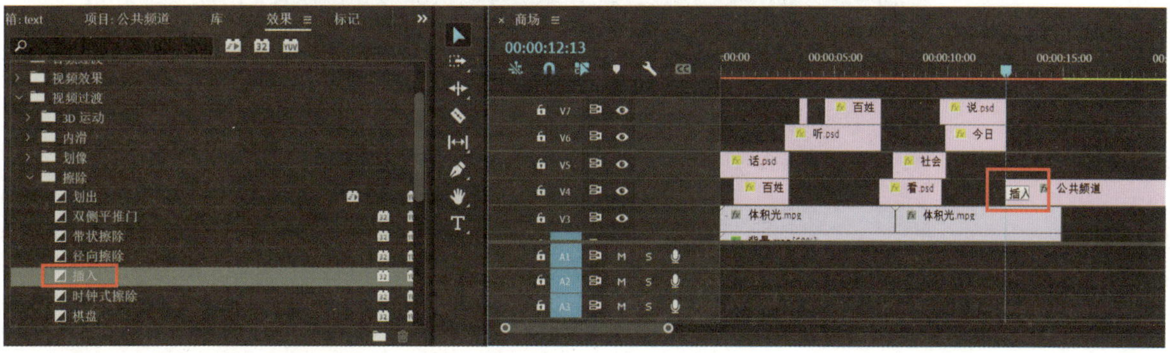

图　7-51

3）双击“V4”轨道中的该转场，在“效果控件”面板中，设置其转场时间为00:00:01:00，设置“开始”的值为“41.0”、结束的值为“85.0”，如图7-52所示。

4）拖动“公共频道”素材右侧的出点至00:00:15:00处，如图7-53所示。

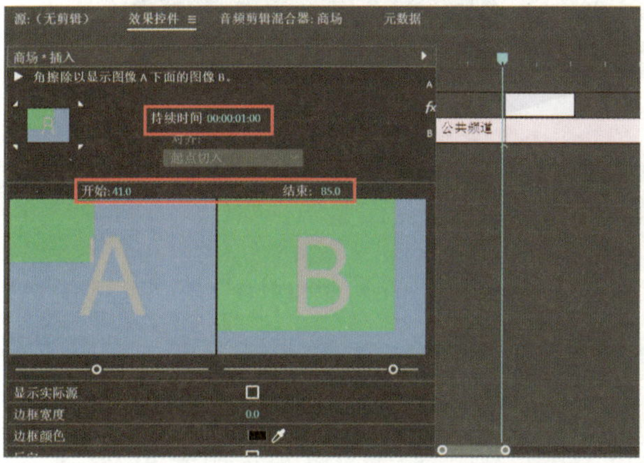

图　7-52

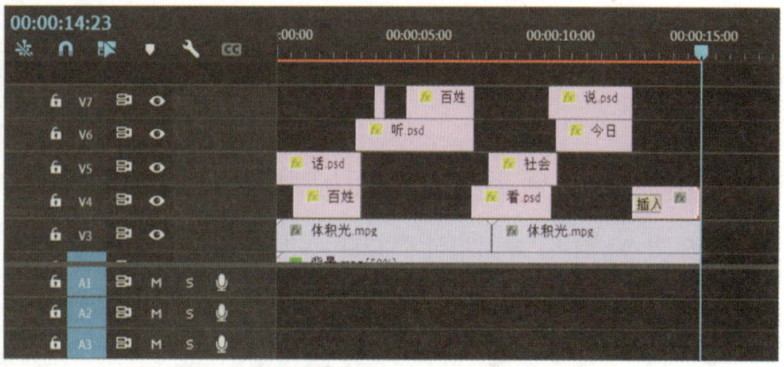

图　7-53

此时，“节目监视器”面板中的播放效果如图7-54所示。

图　7-54

（2）英文元素动画

1）将“时间指示器”移至00:00:12:14处，将字幕素材“频道英文1”从“项目”面板拖至“V5”轨道中。

2）在其“效果控件”面板中展开“运动”项，设置“位置”的值为“368.0”和“177.0”，并单击“位置”左侧的“切换动画”按钮，设置动画关键帧；展开“不透明度”项，设置“不透明度”的值为“30.0”。

3）将“时间指示器”移至00:00:15:00处，设置“位置”的值为“88.0”和“177.0”。

4）拖动“频道英文1”素材右侧出点至00:00:15:00处，如图7-55所示。

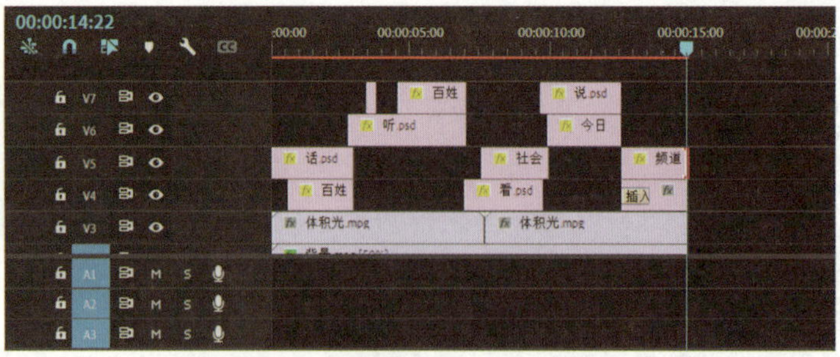

图 7-55

此时，“节目监视器”面板中的播放效果如图7-56所示。

图 7-56

5）将“时间指示器”移至00:00:12:14处，将字幕素材“频道英文2”从“项目”面板拖至“V6”轨道中。

6）在其“效果控件”面板中展开“运动”项，设置“位置”的值为“800.0”和“228.0”，并单击“位置”左侧的“切换动画”按钮，设置动画关键帧；展开“不透明度”项，设置“不透明度”的值为“30.0”。

7）将“时间指示器”移至00:00:15:00处，设置“位置”的值为“-100.0”和“228.0”。

8）拖动“频道英文2”素材右侧出点至00:00:15:00处，如图7-57所示。

此时，“节目监视器”面板中的播放效果如图7-58所示。

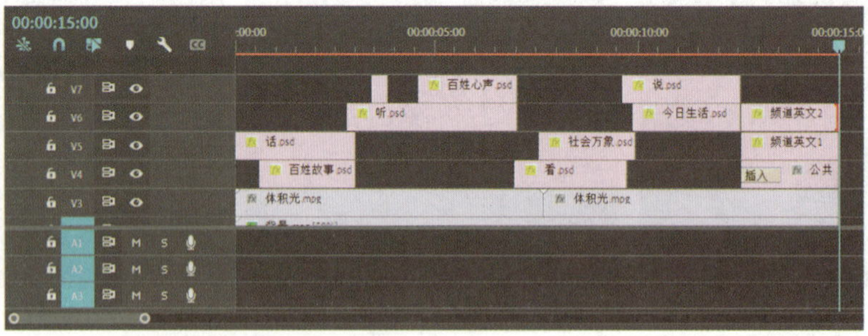

图 7-57

图 7-58

六、添加背景音乐

1）将配套资源“项目7”文件夹中“项目7素材”文件夹内的“music.wav”文件导入“项目”面板中。

2）将“时间指示器”移至00:00:00:00处，将“music.wav”素材文件拖至“A1”轨道中。

3）拖动“music.wav”素材右侧出点至00:00:15:00处，如图7-59所示。

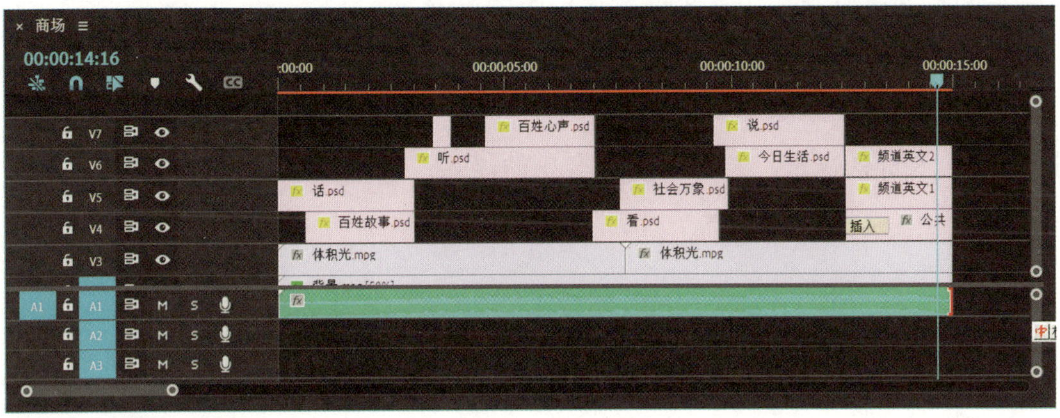

图 7-59

七、输出影片

1）执行“文件”→“导出”→“媒体”命令，弹出“导出设置”对话框，在其中选择保存目标路径并输入文件名，然后单击“保存”按钮。

2）待渲染完成后，即可在播放器中观看效果。

触类旁通

本项目制作的片头在色彩运用方面风格新颖，展现了简洁清新的频道包装风格，使观众眼前一亮，有效地建立了频道形象识别。

文本素材应用了丰富的动画效果，将频道理念以一种活泼的形式展现给观众。在制作文本动画时，设置的关键帧较多。此外，注意动画时间的把握。

在结尾部分，处理频道名称文本“擦出”效果时，对“擦除”转场参数进行了必要的修改。

最后，再提示一下：为了丰富视频设计风格，还可以借助各种各样的艺术表现形式，例如，古典艺术、现代艺术，抽象主义、表现主义，油画、水墨或民间艺术等。

实战强化

《中国诗词大会》是央视首档全民参与的诗词类节目，该节目以“赏中华诗词、寻文化基因、品生活之美”为基本宗旨，力求通过对诗词知识的比拼及赏析，带动全民重温那些古诗词，分享诗词之美，感受诗词之趣，从古人的智慧和情怀中汲取营养，涵养心灵。

因为懂得才热爱，因为理解才淡然，惬意感受和品味古诗词之美。请利用本项目配套资源中的“实战强化”素材，为《中国诗词大会》制作电视栏目包装。

制作要求

1）制作《中国诗词大会》电视栏目包装时间为15～30s。

2）能够表达出该栏目的文化理念。在美术设计上，既要突出大气磅礴的审美意向，又要彰显活力向上的青春底色，烘托真实情感巧用中国元素。

3）展现“文化自信”“守正创新”的栏目内涵，传承中华优秀传统文化，“为时代画像、为时代立传、为时代明德”。

4）影片要加入背景音乐，要有画面和音乐的淡入、淡出效果。

项目8 城市宣传片

项目情境

某城市为提高城市知名度，将举办一次城市宣传展。在展会上要放映城市特色短片，以展现城市魅力、扩大知名度。其中有一段城市景观及人文宣传片需要制作。工作人员提供了视频、图片、音乐等，要求利用这些素材来制作。

制作要求：

1）展现城市的人文特色：文化气息浓郁、风光秀丽、依山傍水的魅力之城。

2）版面、颜色要符合城市的特点，要美观。

3）配以合适的背景音乐。

项目分析

宣传片通常由片头、正片、片尾三部分组成。本项目是城市宣城片，主要从地理位置、自然景观、人文民俗、现代化城市建设等几部分来介绍，通过运用文字、转场、音乐等来展示城市风景和人文特色，达到宣传的效果。通过本项目的学习，读者可以掌握制作综合视频的方法。

影片片头“魅力吉林”，在详细介绍城市特色的过程中，选择节奏欢快的音乐作为衬托，使整个视频展现出吉林市是一座充满活力和民族特色的城市，从而达到制作宣传片的目的。

知识加油站

视频影片是由镜头与镜头之间的链接组建起来的，因此在许多镜头与镜头之间的切换过程中，难免会显得过于“僵硬”。此时，用户可以在两个镜头之间添加转场效果，使得镜头与镜头之间的过渡更为平滑。先来看一下渲染输出后的影片最终效果，如图8-1所示。

图　8-1

项目目标

1）掌握宣传片的制作思路和方法。

2）熟练设置素材的入点和出点，掌握在“时间轴”面板中插入剪辑的方法。

3）熟练制作片头、片尾及解说词等文字动画。

项目实施

扫一扫
查看教学视频

一、新建项目文件

1）启动Premiere软件，单击“新建项目”按钮，打开“新建项目”对话框，新建项目。

2）在对话框中展开“DV-PAL”项，选择其下的“标准48kHz”（我国目前通用的电视制式）。在对话框中指定保存路径并将其命名为“城市宣传片”，单击“确定”按钮关闭对话框，进入Premiere的工作界面。

二、导入素材

1）在“项目”面板中新建文件夹并命名为“素材”。将配套资源“项目8”文件夹中“项目8素材”文件夹的内容导入“项目”面板“素材”文件夹中，如图8-2所示。

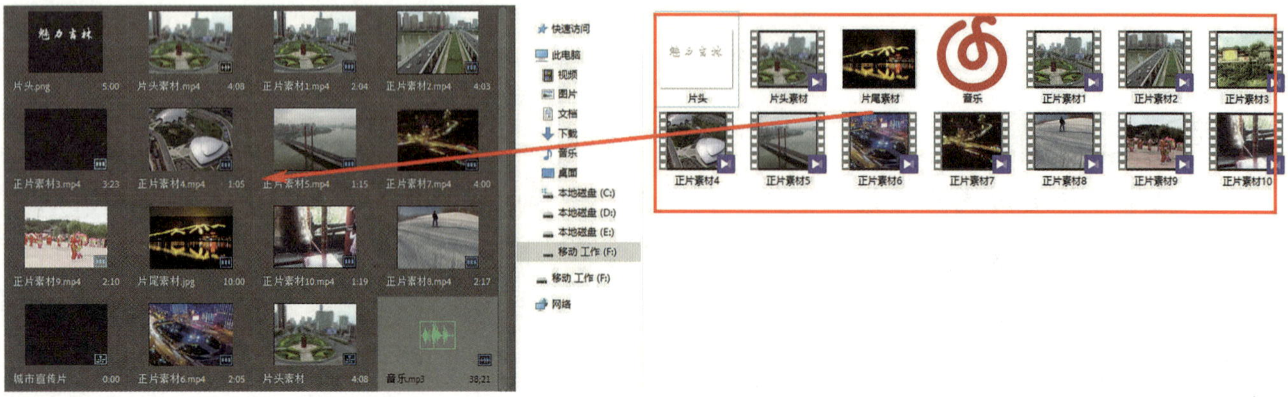

图　8-2

2）在“项目”面板中，展开“素材”素材箱，拖动“片头素材.mp4”至轨道“V1”中，如图8-3所示。

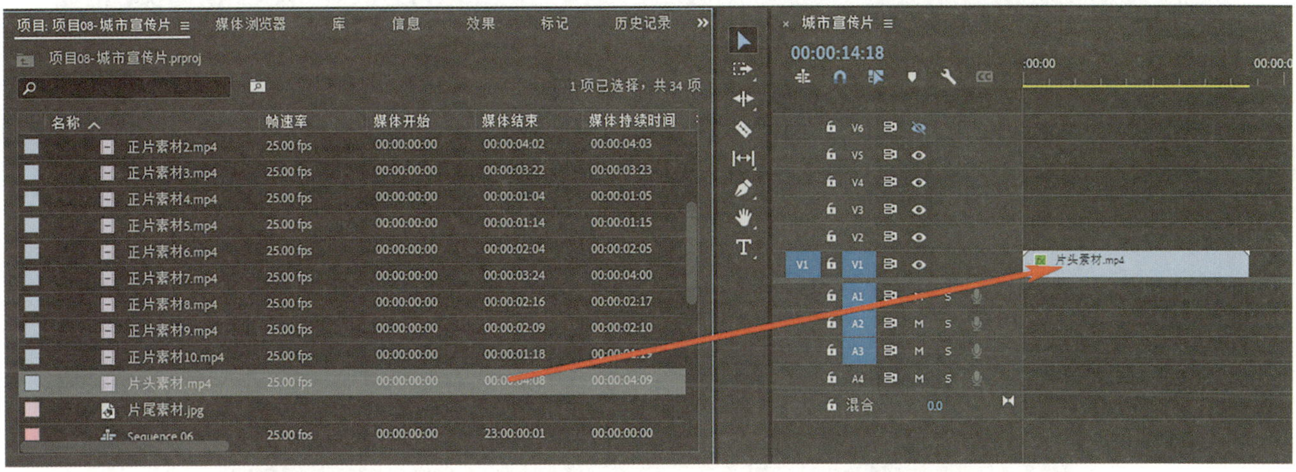

图　8-3

3）在“项目”面板中，展开“素材”素材箱，拖动“正片素材1.mp4”至“V1”轨道的00:00:04:09～00:00:06:12位置，如图8-4所示。

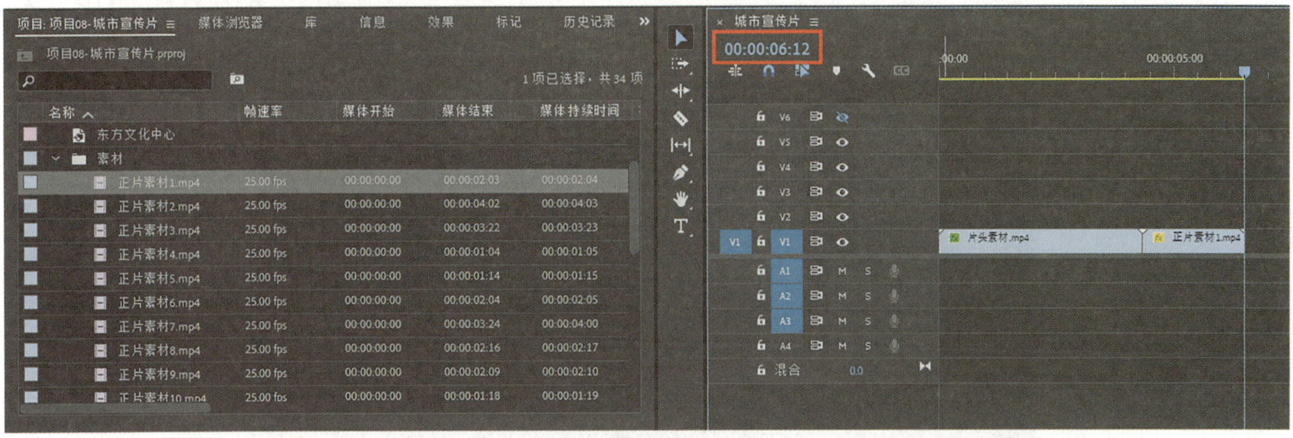

图　8-4

4）采用同样的方法，分别设置其他影片素材的入点和出点，并插入到“时间轴”面板中。“正片素材4.mp4”的入点为00:00:06:13、出点为00:00:07:17；“正片素材5.mp4”的入点为00:00:07:18、出点为00:00:09:07；“正片素材2.mp4”的入点为00:00:09:08、出点为00:00:13:06；“正片素材3.mp4”的入点为00:00:13:07、出点为00:00:16:08；“正片素材10.mp4”的入点为00:00:16:09、出点为00:00:18:02；“正片素材9.mp4”的入点为00:00:18:03、出点为00:00:20:12；“正片素材8.mp4”的入点为00:00:20:13、出点为00:00:23:01；“正片素材6.mp4”的入点为00:00:23:02、出点为00:00:25:06；“正片素材7.mp4”的入点为00:00:25:07、出点为00:00:28:04；“片尾素材.jpg”的入点为00:00:28:05、出点为00:00:38:00。此时，“时间轴”面板如图8-5所示。

5）单击“片头素材.mp4”，在“效果控件”面板中，设置“不透明度”的值在00:00:04:02和00:00:04:08处分别为“100.0%”和“0.0%”，如图8-6所示。

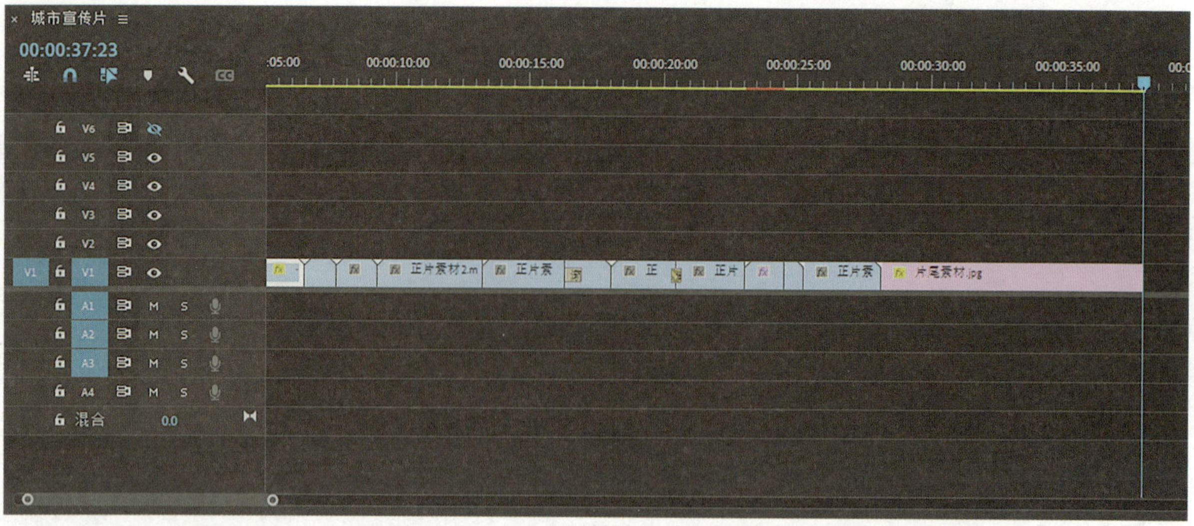

图 8-5

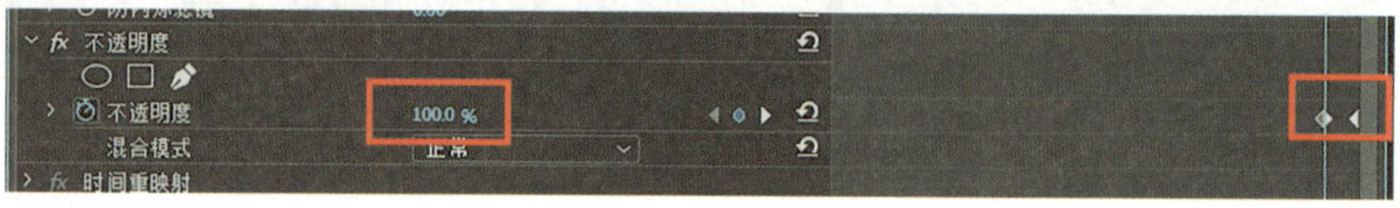

图 8-6

6）单击“正片素材1.mp4”，在“效果控件”面板中，设置“不透明度”的值在00:00:04:09和00:00:04:14处分别为“0.0%”和“100.0%”，如图8-7所示。

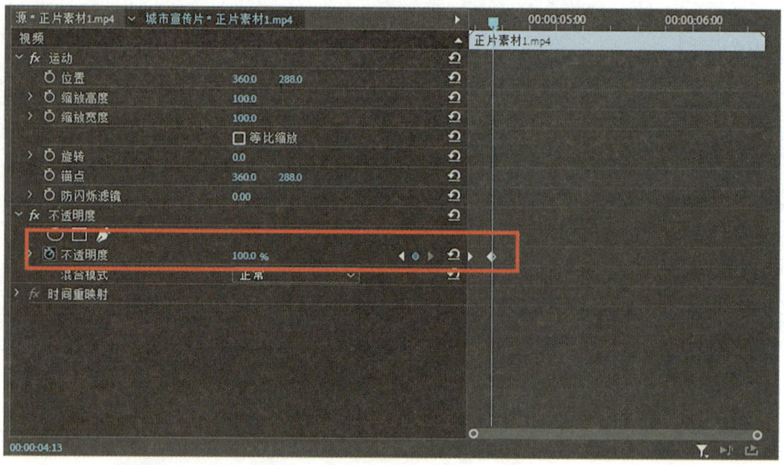

图 8-7

7）在“效果”面板中，展开“视频过渡”文件夹中的“溶解”文件夹，将其中的“白场过渡”效果拖至“V1”轨道中素材片段“正片素材10.mp4”上，如图8-8所示。

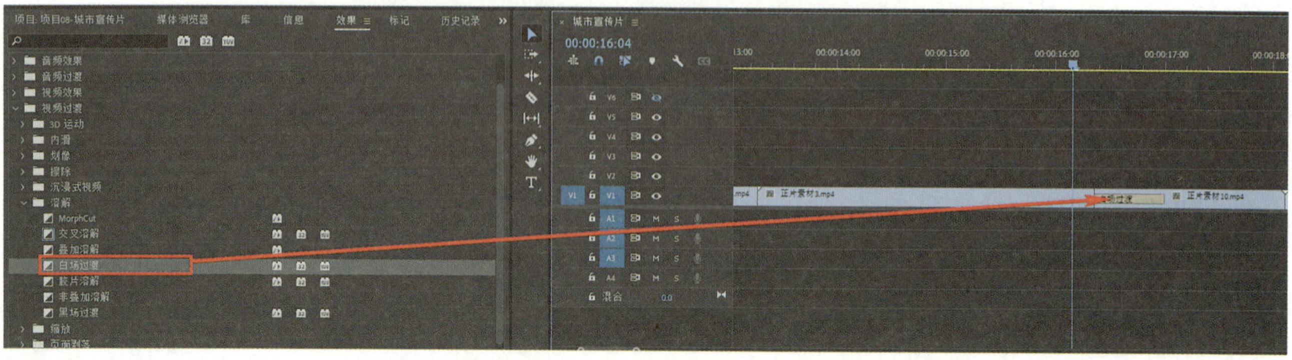

图 8-8

8）同样，将“溶解”文件夹中的“白场过渡”效果拖至“正片素材9.mp4”和“正片素材8.mp4”中间，如图8-9所示。

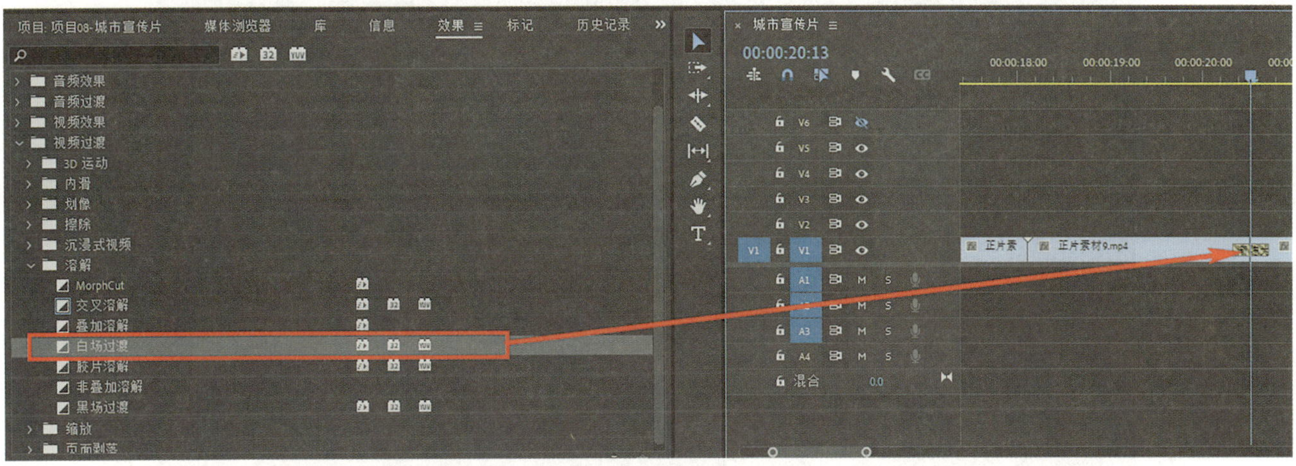

图 8-9

9）单击“片尾素材1.jpg”，在“效果控件”面板中，设置“不透明度”的值在00:00:28:05和00:00:28:22处分别是“0.0%”和“100.0%”，在00:00:30:11处的值为44.0%，在00:00:35:12处的值为8.6%，在00:00:37:06处的值为0.0%，如图8-10所示。

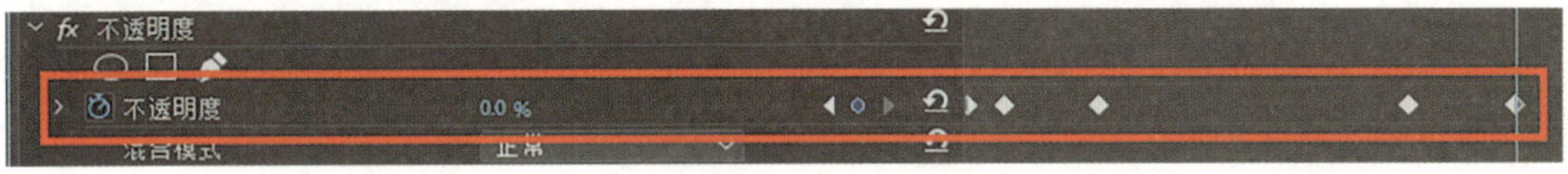

图 8-10

三、制作动画文字

1. 片头“魅力吉林”文字制作

1）拖曳“片头.png”至轨道“V2”中，如图8-11所示。

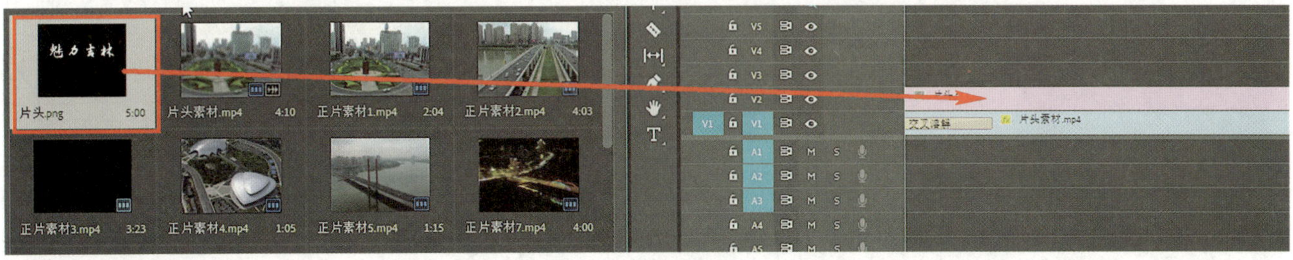

图 8-11

2）在轨道“V2”中“片头.png”两端右击，在弹出的快捷菜单中执行“应用默认过渡”命令，如图8-12所示。

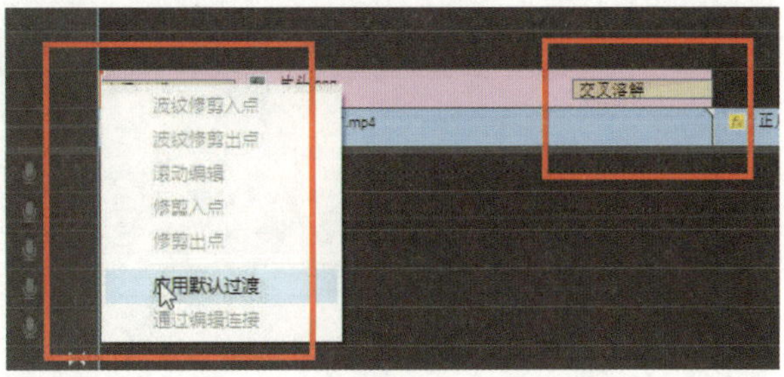

图 8-12

2. “江城广场”文字制作

1）创建文字命名为“江城广场”，字体为“华文行楷”，其中“江城”的字号为“53.5”，“广场”字号为“37.0”，注意文字排版和“变换”的参数设置，把文字放置在右上方，如图8-13所示。

图　8-13

小提示

文字排版在刊物或者在杂志上要求较多，以追求版面美观。要掌握动态灵活的文字排版效果。

2）为“江城广场”文字填充“白色”（R:255、G:255、B:255），“阴影”投影为“黑色”（R:0、G:0、B:0），这样文字清晰可见，避免和背景颜色相融合，如图8-14所示。

图　8-14

3）将文字“江城广场”拖至“V2”轨道上，入点和出点分别为00:00:04:24和00:00:06:10，如图8-15所示。

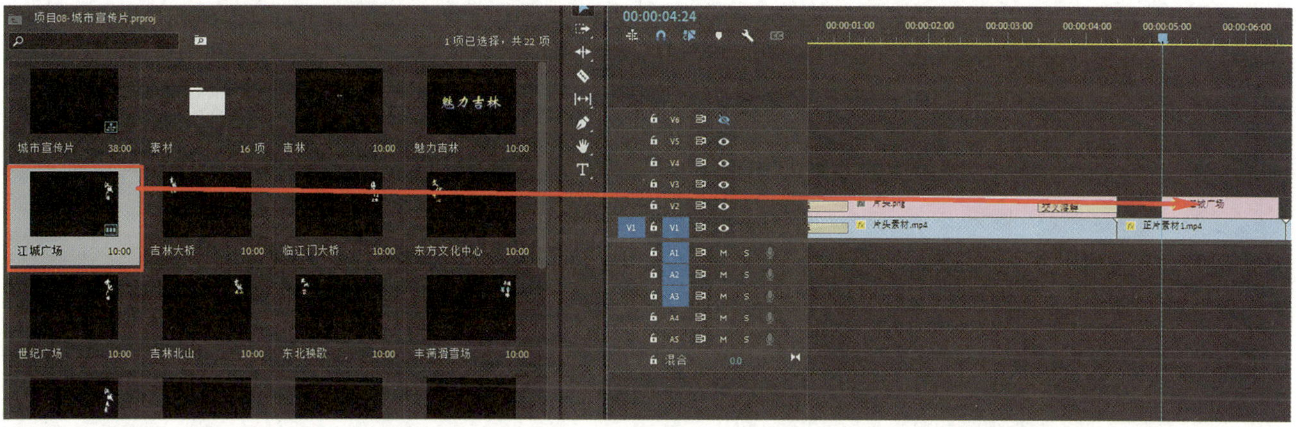

图　8-15

4）在其“效果控件”面板中，为“江城广场”文字设置“不透明度”，在00:00:04:24和00:00:05:03处的值分别是“0.0%”和“100.0%”，在00:00:06:05和00:00:06:10处的值分别是“100.0%”和“0.0%”，如图8-16所示。

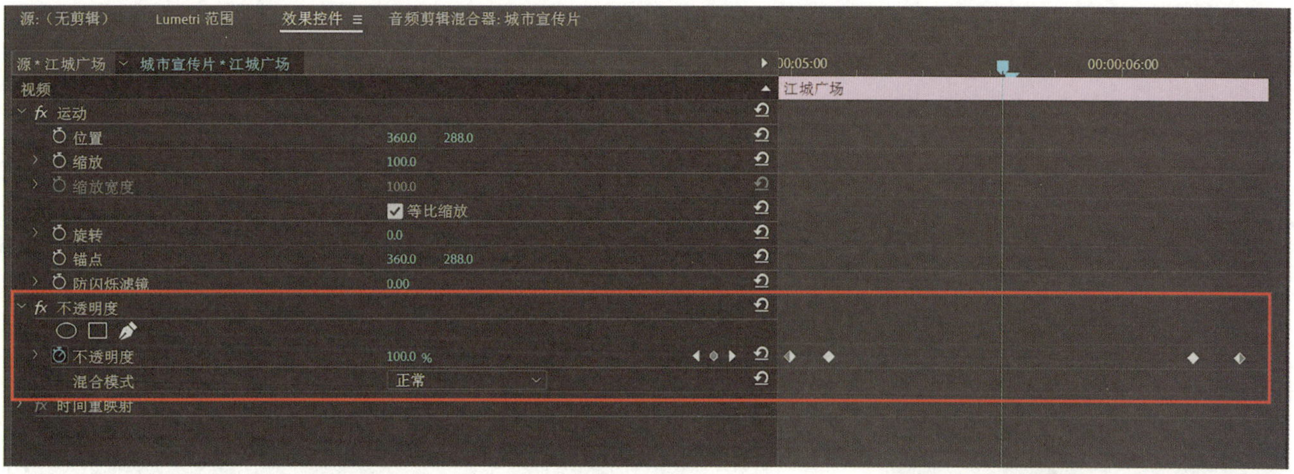

图　8-16

3. “文化中心”文字制作

1）执行“文件”→“新建”→“旧版标题”命令，打开“新建字幕”对话框，创建新的文字并命名为“文化中心”，单击“确定”按钮，如图8-17所示。

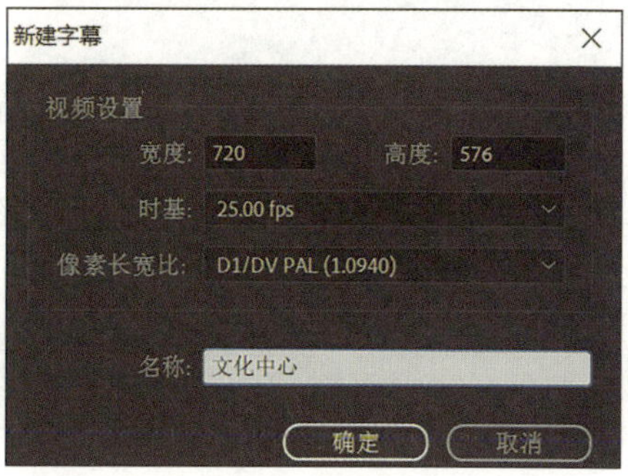

图　8-17

2）将文字“文化中心”拖至“V2”轨道上，缩短文字素材，设置入点和出点分别为00:00:06:18和00:00:07:17，方便后期文字参照背景视频进行调整，如图8-18所示。

3）在“项目”面板的“城市宣传片”序列上双击“文化中心”，字体设置为“华文行楷”，其中“文化”的字号设为“64.8”、“中心”字号设为“40.1”，注意文字排版和“变换”的参数设置，适当调整大小和字间距，把“文化中心”文字放置在预览窗口的左上方，达到美观的效果，如图8-19所示。

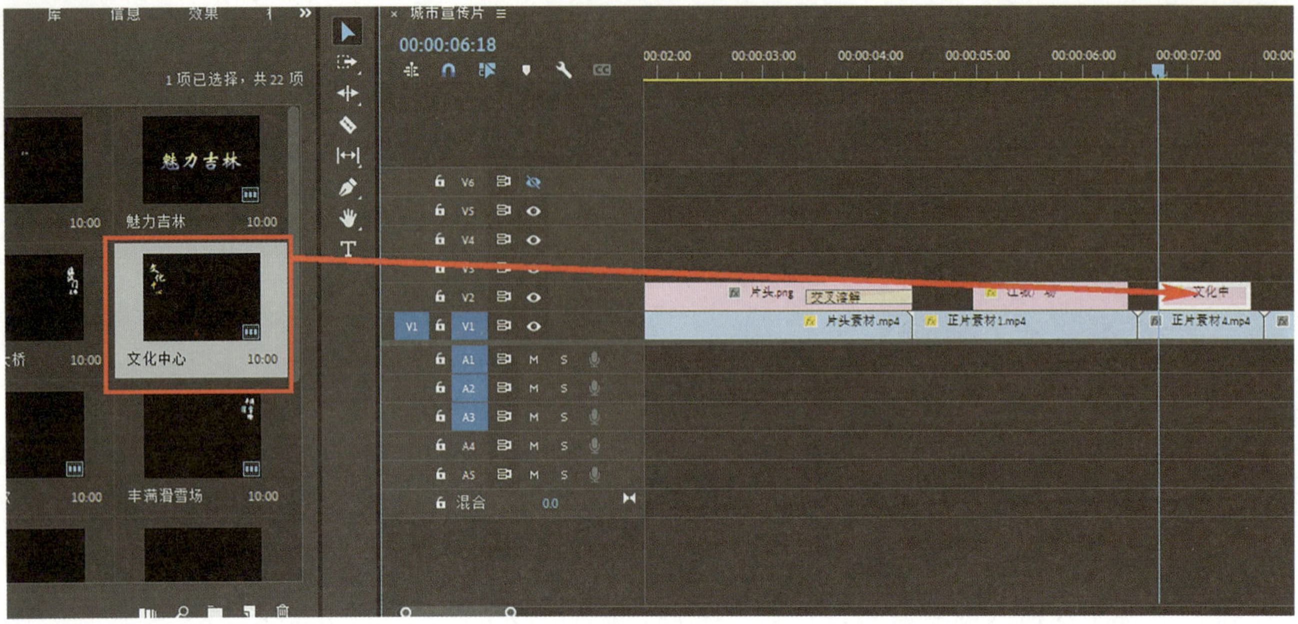

图 8-18

图 8-19

4）为“文化中心”设置“四色渐变”和“阴影”属性。“四色渐变”的值中红色数值为：1（R:255、G:240、B:116），2（R:222、G:188、B:174），3（R:255、G:255、B:255），4（R:245、G:240、B:182）。“阴影”的值为（R:0、G:0、B:0）。“描边”要求和背景视频颜色协调。具体如图8-20所示。

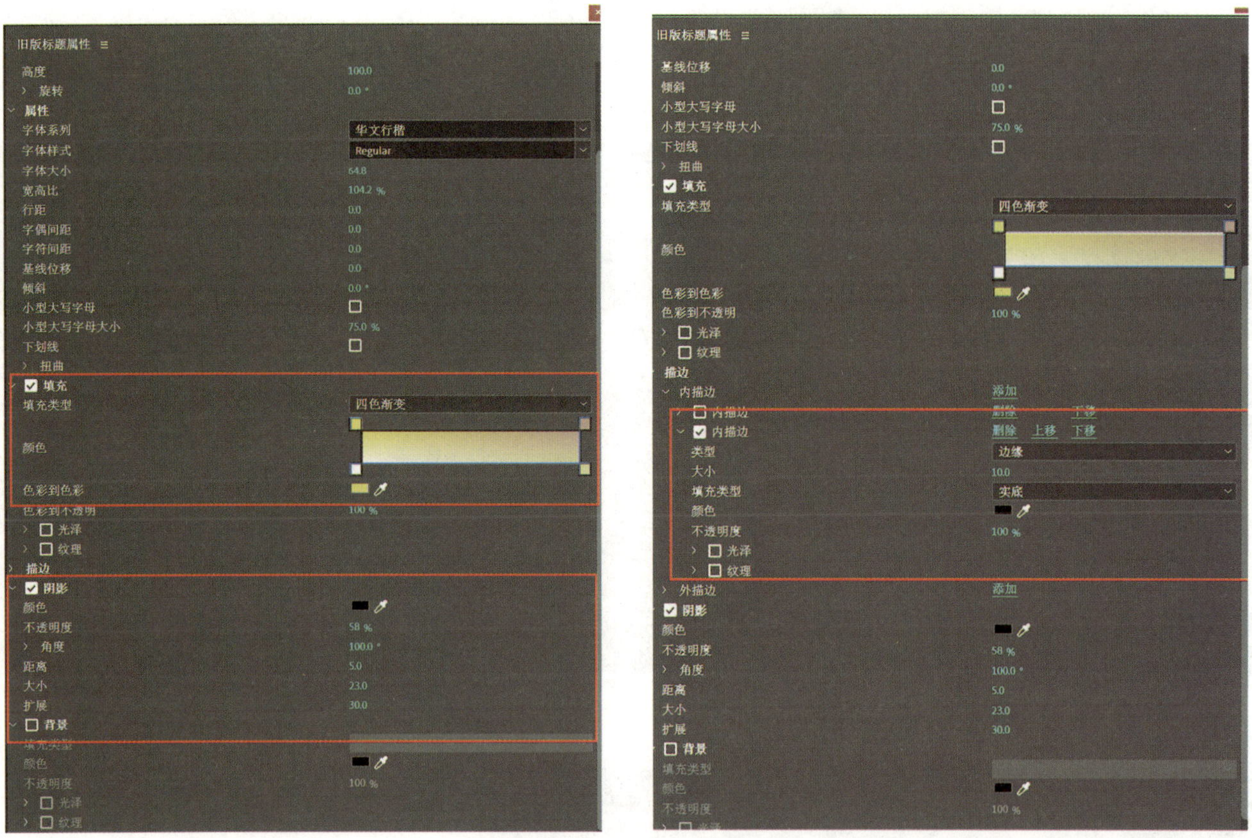

图　8-20

5）在其“效果控件”面板中，为“文化中心”文字设置“不透明度”，在00:00:06:19和00:00:06:21处分别是“0.0%”和“100.0%”，在00:00:07:13和00:00:07:15处分别是“100.0%”和“0.0%”。

4. “临江门大桥”文字制作

1）执行“文件”→“新建”→“旧版标题”命令，打开“新建字幕”对话框，创建新的文字并命名为“临江门大桥”，单击“确定”按钮，如图8-21所示。

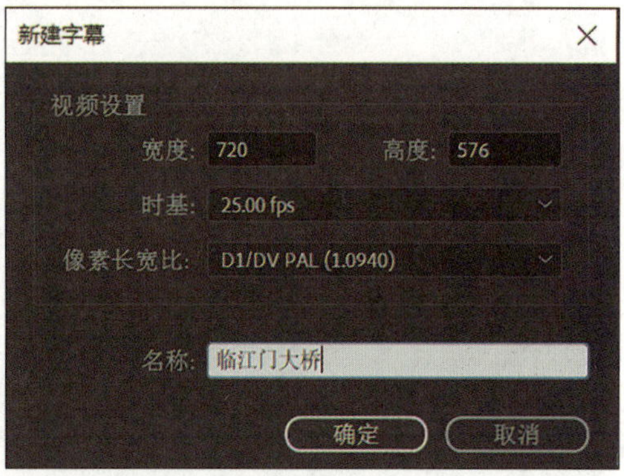

图　8-21

2）将文字“临江门大桥”拖至“V2”轨道上，缩短文字素材，设置入点和出点分别为00:00:07:22和00:00:09:07，方便后期文字参照背景视频进行调整，如图8-22所示。

3）在“项目”面板“城市宣传片”序列上双击“临江门大桥”，设置字体为“华文行楷”，其中“临江门”字号设为“54.0”，“大桥”字号设为“30.5”，注意文字排版和“变换”的参数设置，适当调整大小和字间距，把“临江门大桥”文字放置在预览窗口的右上方和视频相呼应，达到美观的效果，如图8-23所示。

4）为“临江门大桥”设置“四色渐变”和“阴影”属性。“四色渐变”中红色的值为：1（R:173、G:121、B:121），2（R:255、G:255、B:255），3（R:255、G:255、B:255），

4（R:209、G:245、B:224）。“阴影”的值为（R:68、G:68、B:68）。要求和背景视频颜色协调，具体如图8-24所示。

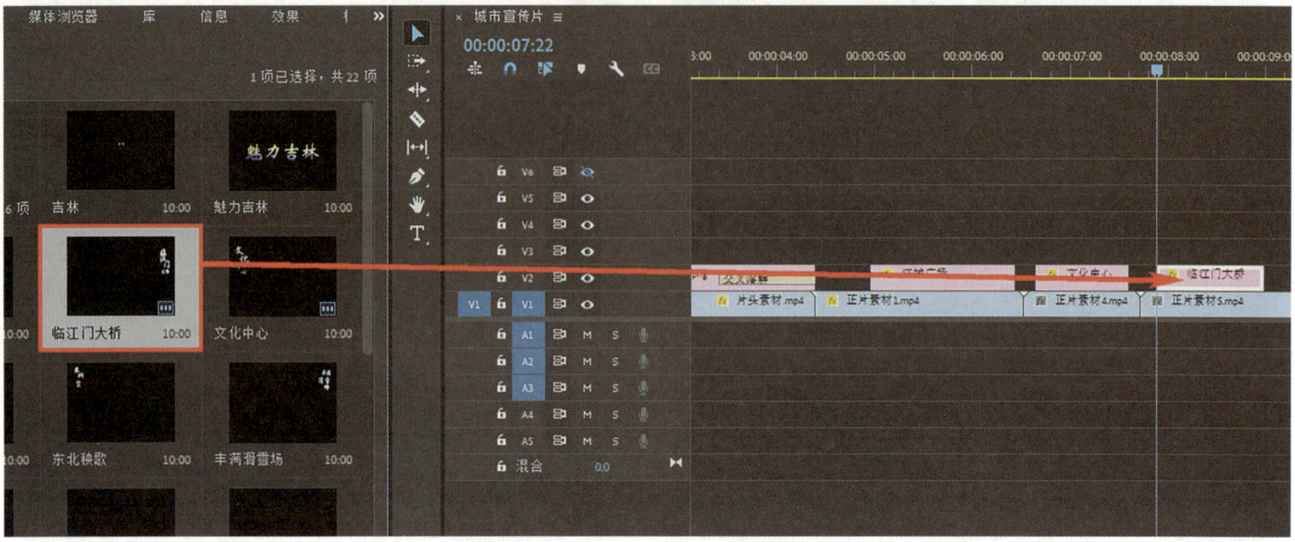

图 8-22

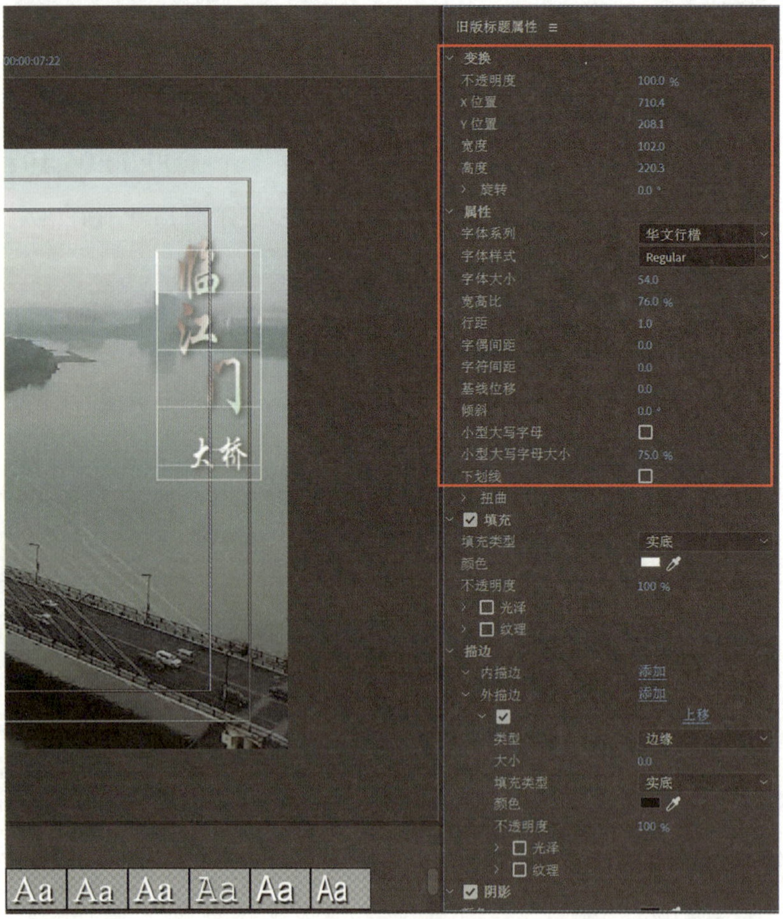

图 8-23

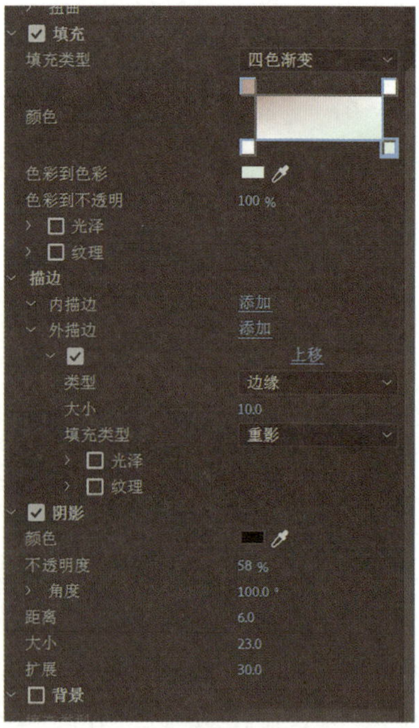

图 8-24

5）在其“效果控件”面板中，为“临江门大桥”文字设置“不透明度”，在00:00:08:01和00:00:08:03处分别是“0.0%”和“100.0%”，在00:00:08:21和00:00:08:24 处分别是“100.0%”和“0.0%”。

5. “吉林大桥”文字制作

1）执行“文件”→“新建”→“旧版标题”命令，打开“新建字幕”对话框，创建新的文字并命名为“吉林大桥”，单击“确定”按钮，如图8-25所示。

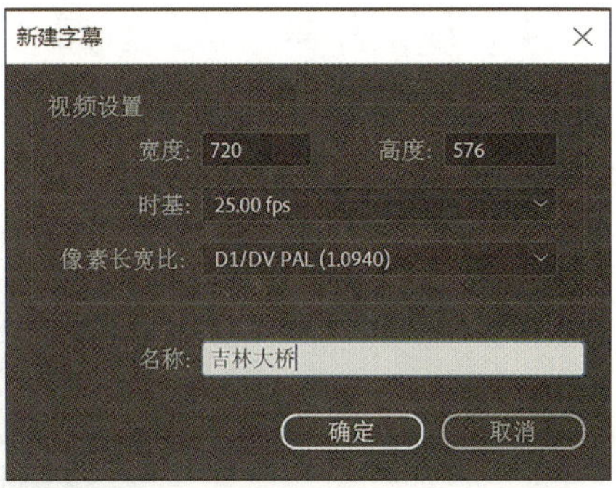

图　8-25

2）将文字“吉林大桥”拖至“ V2”轨道上，缩短文字素材，设置入点和出点分别为00:00:09:12和00:00:11:05，方便后期文字参照背景视频进行调整，如图8-26所示。

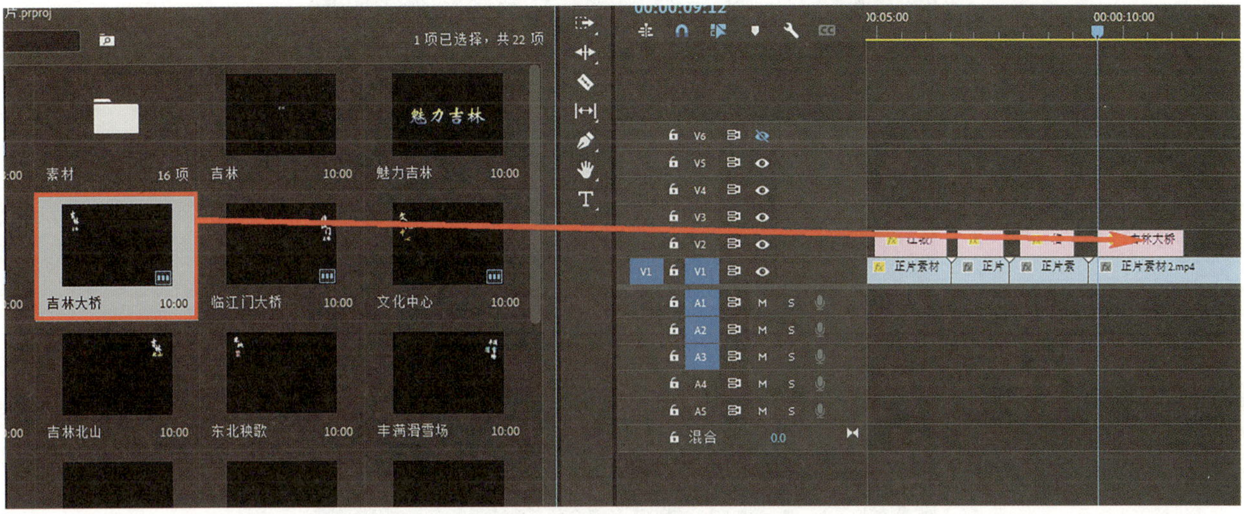

图　8-26

3）在“项目”面板“城市宣传片”序列上双击“吉林大桥”，设置字体为“华文行楷”，其中“吉林”字号设为“47.9”，“大桥”字号设为“26.3”，注意文字排版和“变换”的参数设置，适当调整大小和字间距，并把文字放置在预览窗口的左上方，达到美观的效果，如图8-27所示。

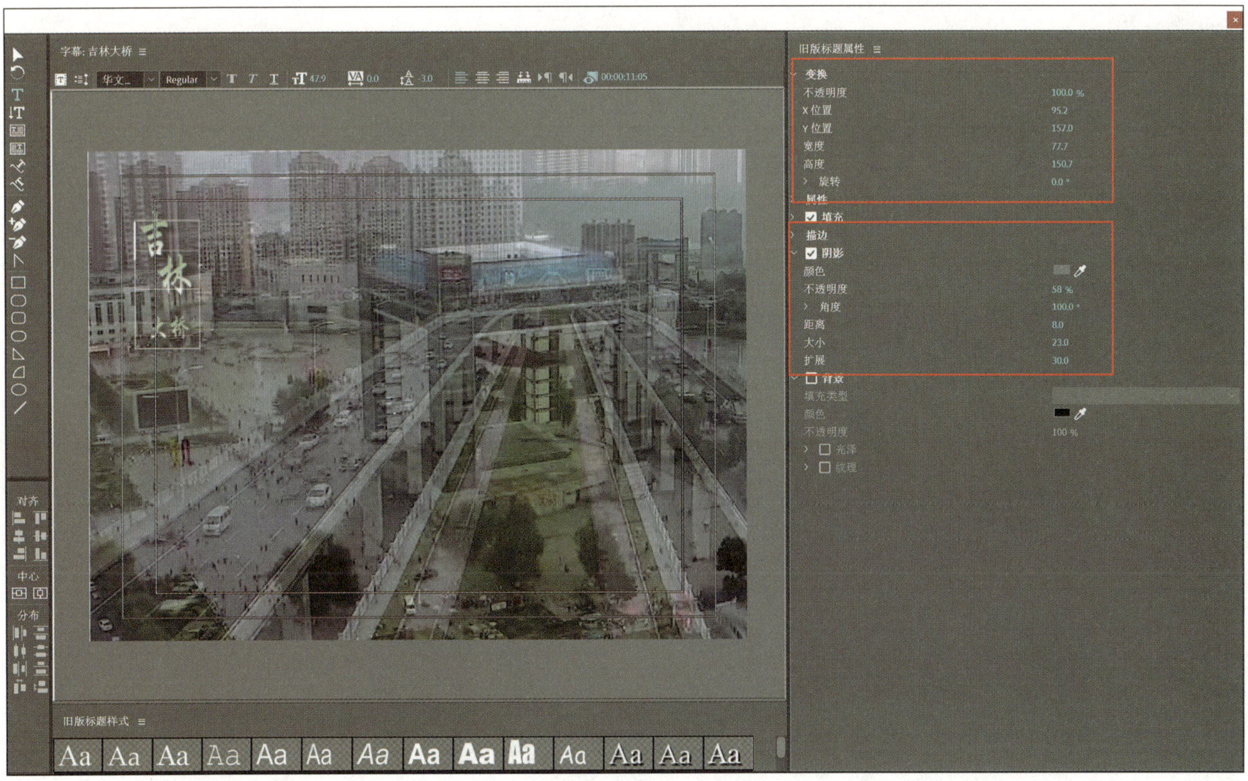

图　8-27

4）为“吉林大桥”设置“线性渐变”和“阴影”属性。“线性渐变”中红色的值为：1（R:182、G:212、B:175），2（R:255、G:255、B:255）。“阴影”的值为（R:48、G:48、B:48）。要求和背景视频颜色协调，如图8-28所示。

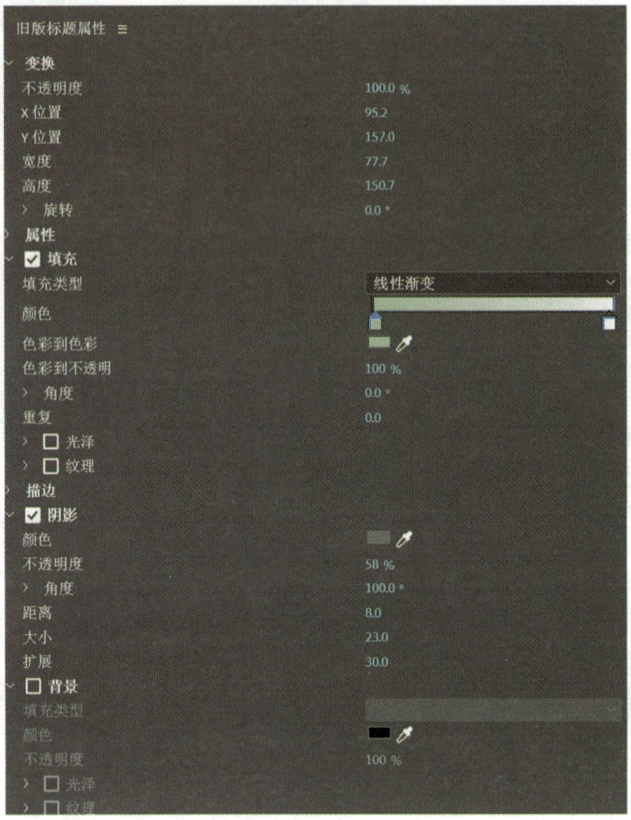

图 8-28

5）在其“效果控件”面板中，为“吉林大桥”文字设置“不透明度”，在00:00:09:13和00:00:09:19处分别是“0.0%”和“100.0%”，在00:00:10:12和00:00:10:21处分别是“100.0%”和“0.0%”。

用相同的操作步骤完成后续文字制作，包括“世纪广场”“吉林北山”“东北秧歌”“丰满滑雪场”“江城夜景”文字制作。

小提示

注意版面美观，配色自然舒适。在“时间轴”上，素材位置如图8-29所示。

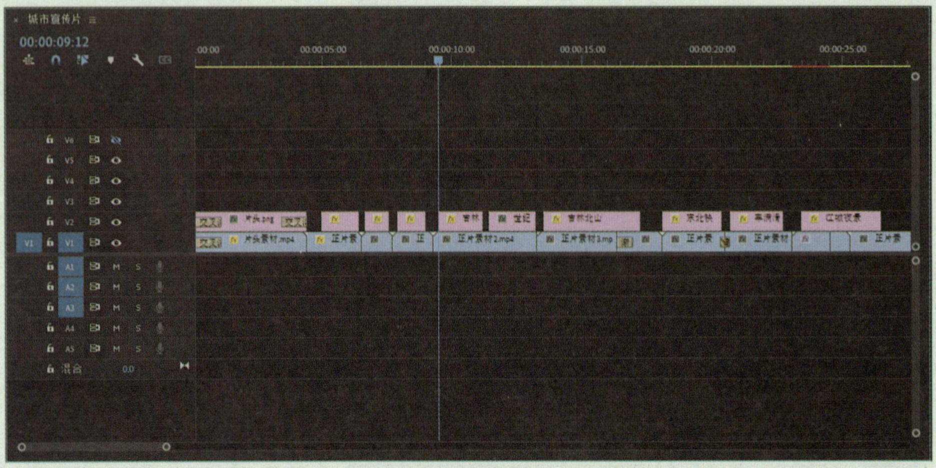

图 8-29

四、制作解说词文字动画

1）将配套资源“项目8”文件夹中“项目8素材”文件夹中的“解说词”文档打开。“解说词”内容主要从地理位置、自然景观、人文民风、现代化城市等几个方面来进行阐述，如图8-30所示。

吉林市地处东北腹地长白山脉，在美丽富饶的松花江畔，三面临水、四周环山。东北地区重要旅游城市和化工工业基地之一，有佛、道、儒三教杂糅的北山古庙群，丰富多样的民俗文化、民风淳朴的百姓生活。吉林市迈着加快发展步伐，着力建设现代化城市。

图　8-30

2）6段解说词文字制作。

① 解说词1。

a. 执行“文件”→“新建”→“旧版标题”命令，打开“新建字幕”对话框，创建新的文字并命名为“解说词1”，单击“确定”按钮，输入“吉林市地处东北腹地长白山脉”文字，字体设为“宋体”，字号设为“26.0”，设置“变换”和“属性”参数，填充颜色为R:229、G:229、B:229，“阴影”为R:0、G:0、B:0，如图8-31所示。

b. 将文字“解说词1”拖至“V3”轨道上，缩短文字素材，设置入点和出点分别为00:00:04:17和00:00:07:06，方便后期文字参照背景视频进行调整，如图8-32所示。

c. 在其“效果控件”面板中，为“解说词1”文字设置“不透明度”，在00:00:04:17和00:00:04:24处分别是“0.0%”和“100.0%”，在00:00:06:23和00:00:07:05处分别是“100.0%”和“0.0%”。

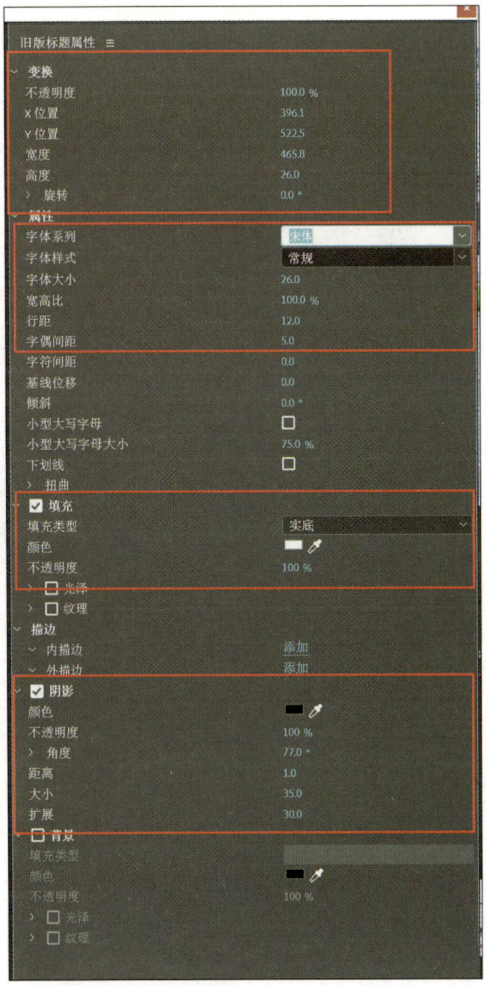

图　8-31

② 解说词2。

a. 在“项目”面板“城市宣传片”上，选中“解说词1”进行复制并对其重命名为“解说词2”，双击“解说词2”进入文字编辑状态，把“吉林市地处东北腹地长白山脉”替换为“在美丽富饶的松花江畔，三面临水、四面环山。”，如图8-33所示。

b. 将文字“解说词2”拖至“V3”轨道上，缩短文字素材，设置入点和出点分别为00:00:07:07和00:00:10:09。在其“效果控件”面板中，为“解说词2”文字设置“不透明度”，在00:00:07:08和00:00:07:13处分别是“0.0%”和“100.0%”，在00:00:10:02和00:00:10:09处分别是“100.0%”和“0.0%”。

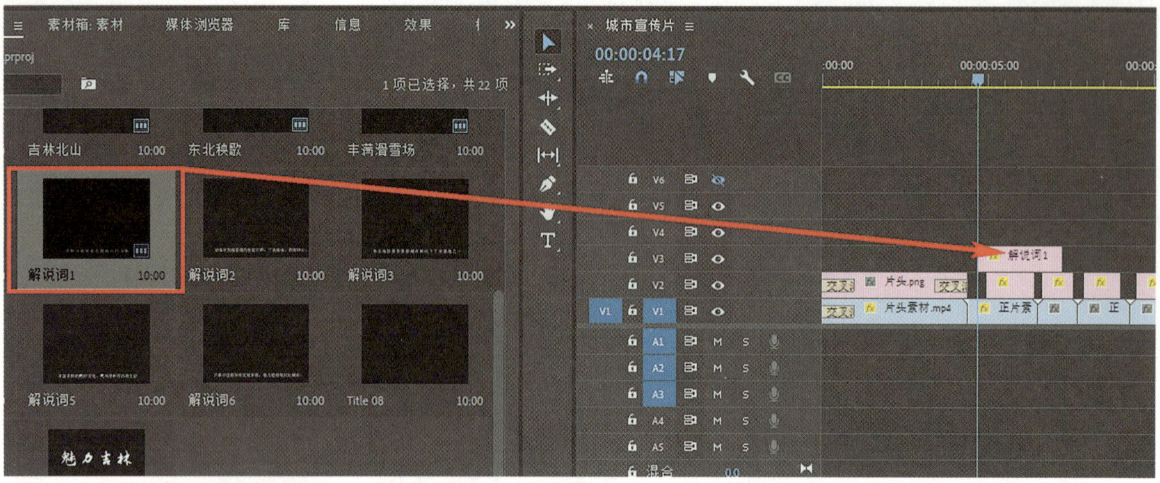

图　8-32

图　8-33

③ 解说词3。

a．运用前面所讲的方法，利用“解说词2”文字复制素材，把文字更换为“东北地区重要旅游城市和化工工业基地之一”作为“解说词3”的内容。

b．将文字“解说词3”拖至“V3”轨道上，缩短文字素材，设置入点和出点分别为00:00:10:10和00:00:13:12。

c．在“效果”面板中，展开“预设”文件夹中的“模糊”文件夹，将其中的“快速模糊入点”效果拖至“V3”轨道中素材“解说词3”上，如图8-34所示。

④ 解说词4。

a．运用前面所讲的方法，利用“解说词2”文字复制素材，把文字更换为“有佛、道、儒三派杂糅的北山古庙群”作为“解说词4”的内容。

b．将文字“解说词4”拖至“V3”轨道上，缩短文字素材，设置入点和出点分别为00:00:13:13和00:00:18:02。

c．在其“效果控件”面板中，为“解说词4”文字设置“不透明度”，在00:00:13:15和00:00:13:20处分别是“0.0%”和“100.0%”，在00:00:17:16和00:00:18:02处分别是“100.0%”和“0.0%”。

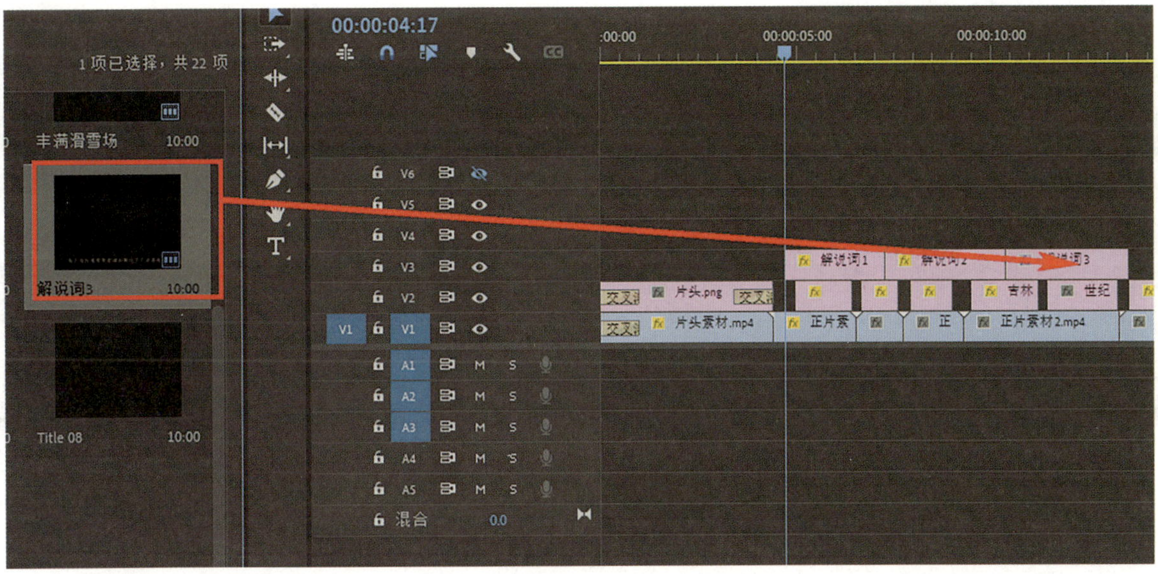

图　8-34

⑤ 解说词5。

a．运用前面所讲的方法，利用“解说词2”文字复制素材，把文字更换为“丰富多样的民俗文化、民风淳朴的百姓生活”作为“解说词5”的内容。

b．将文字“解说词5”拖至“V3”轨道上，缩短文字素材，设置入点和出点分别为00:00:18:03和00:00:23:01。

c．在“效果”面板中，展开“视频过渡”文件夹中的“3D 运动”文件夹，将其中的“立方体旋转”效果拖至“V3”轨道中的素材“解说词5”上，如图8-35所示。

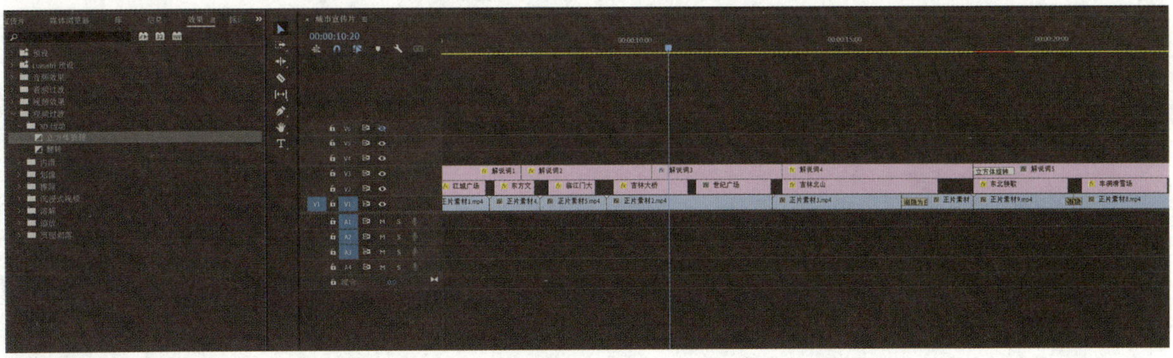

图　8-35

小提示

这个动画巧妙利用了“3D运动”字幕，打破了画面的宁静感，具有动感的效果，使整个画面变得活跃。

⑥ 解说词6。

a．运用前面所讲的方法，利用“解说词2”文字复制素材，把文字更换为“吉林市迈着加快发展的步伐，着力建设现代化城市”作为“解说词6”内容。

b．将文字“解说词6”拖至“ V3”轨道上，缩短文字素材，设置入点和出点分别为00:00:23:02和00:00:28:05。

c．在“效果”面板中，展开“视频过渡”文件夹中的“溶解”文件夹，将其中的“交叉溶解”效果拖至“V3”轨道中的素材“解说词6”上，如图8-36所示。

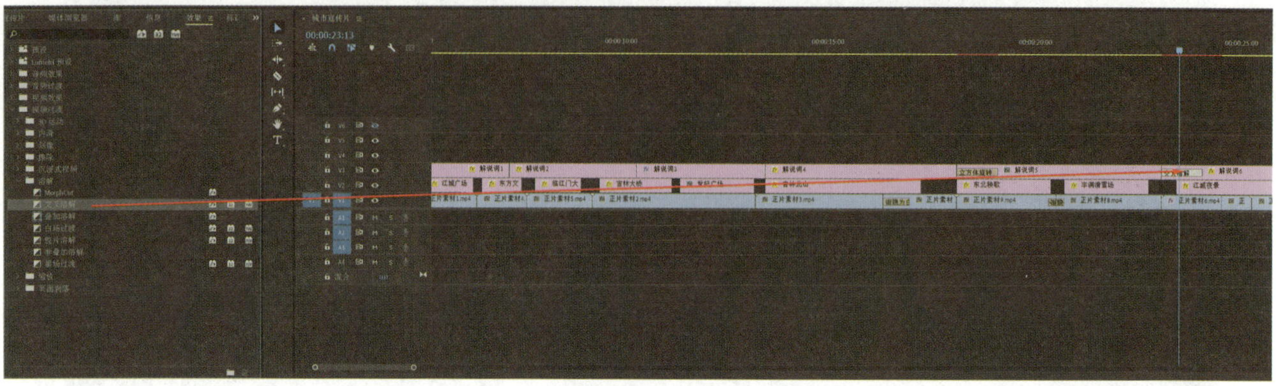

图 8-36

五、制作片尾文字动画

1）执行“文件”→“新建”→“旧版标题”命令，打开“新建字幕”对话框，创建新的文字并命名为“魅力吉林”，单击“确定”按钮，进入“魅力吉林”字体设置。设置字体为“方正魏碑繁体”、字号为“137.0”，设置“变换”参数，适当调整大小和字间距达到美观，将其放置在窗口的中心位置。为“魅力吉林”文字填充颜色为“四色渐变”，其中红色的值为：1（R:241、G:254、B:92），2（R:249、G:238、B:98），3（R:46、G:46、B:253），4（R:41、G:95、B:252），如图8-37所示。

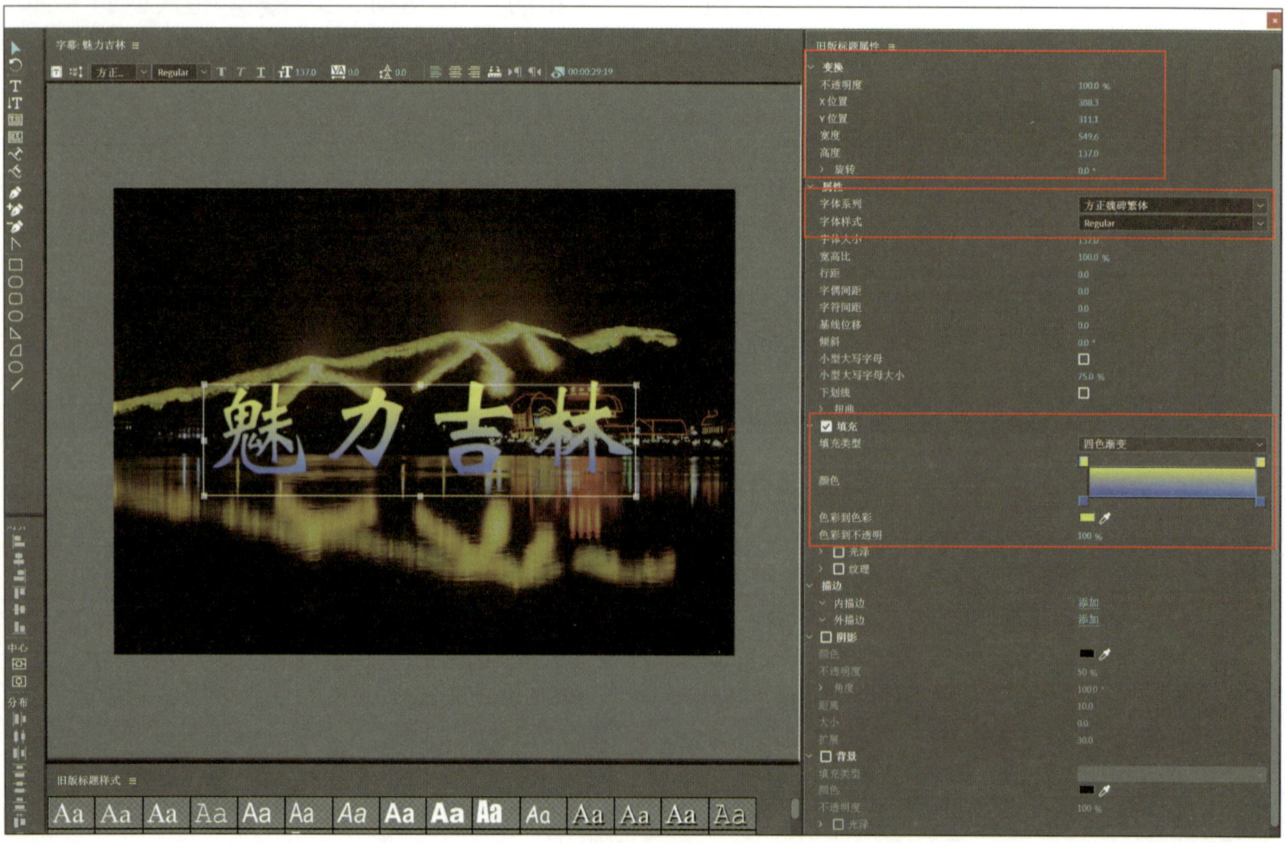

图 8-37

2）将文字“魅力吉林”拖至“V2”轨道上，缩短文字素材，设置入点和出点分别为00:00:28:05和00:00:38:00，方便后期文字参照背景视频进行调整，如图8-38所示。

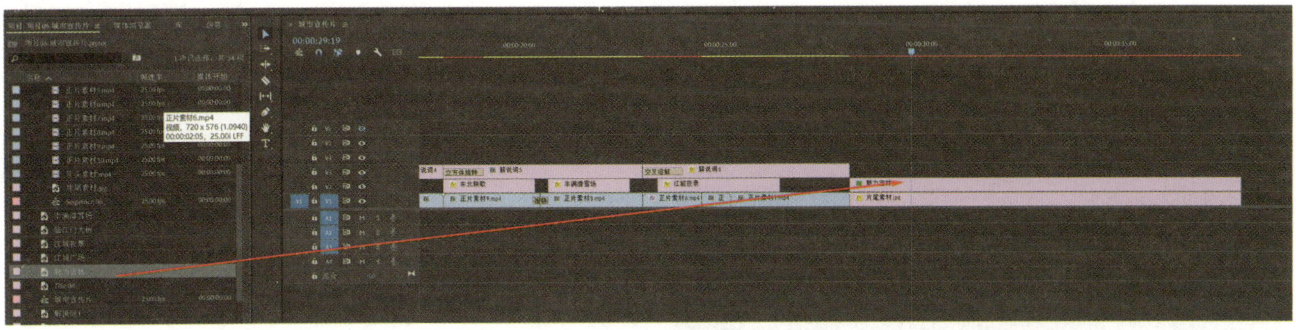

图　8-38

3）在其“效果控件”面板中，设置“魅力吉林”文字。展开“运动”项，设置“位置”属性参数并开启“切换动画”按钮，在00:00:28:05处设置其值为“-82.8”和“288.0”，在00:00:28:20处设置其值为“326.0”和“288.0”，在00:00:30:10处设置其值为“356.0”和“288.0”；设置“缩放高度”和“缩放宽度”属性参数，在00:00:28:05处开启“切换动画”按钮并设置其值为“0.0”，在00:00:28:20处设置其值为“38.9”，在00:00:30:10处设置其值为“76.0”；设置“不透明度”属性参数，在00:00:28:05处开启“切换动画”按钮，在 00:00:28:05和00:00:28:20处分别设其值为“0.0%”和“100.0%”，在00:00:34:24和00:00:37:04处分别设其值为“100.0%”和“0.0%”。具体如图8-39所示。

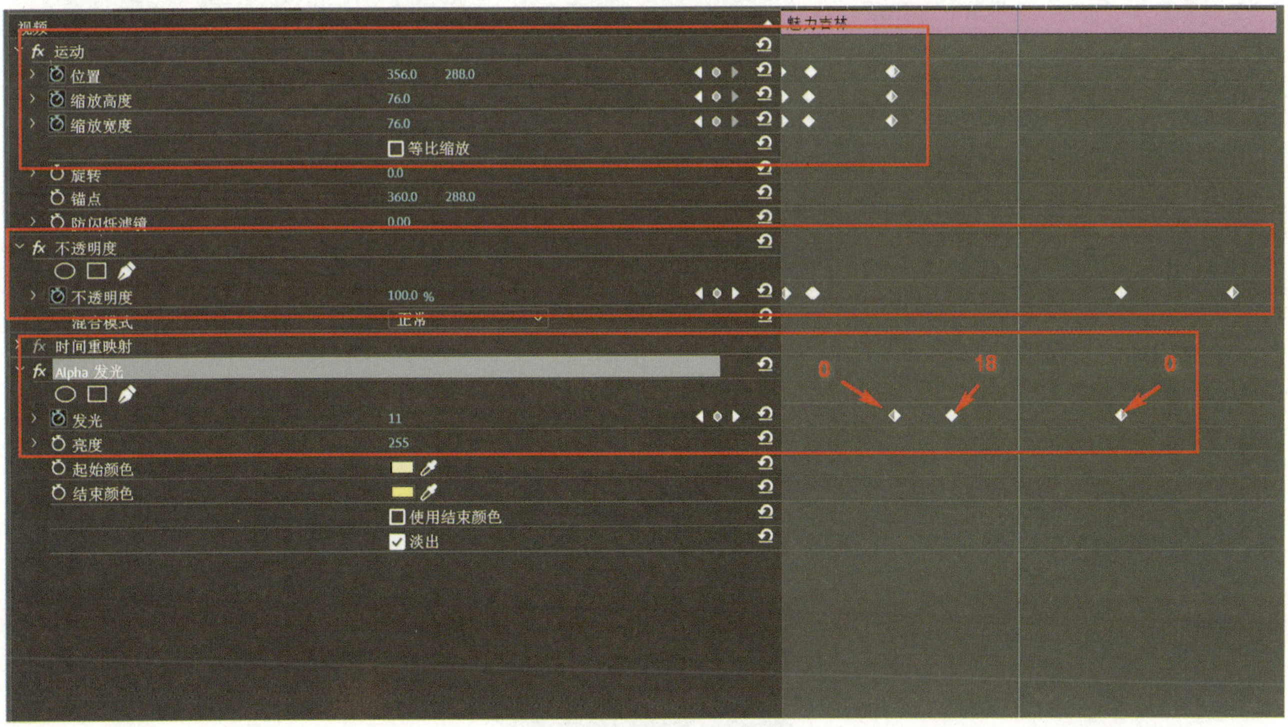

图　8-39

4）在“效果”面板中，展开“视频效果”文件夹中的“风格化”文件夹，将其中的“Alpha发光”效果拖至“V2”轨道中的素材“魅力吉林”上，在其“效果控件”面板中，展开“Alpha发光”项，开启“发光”的“切换动画”按钮，在00:00:30:10处设置其值为“0”，在00:00:31:15处设置其值为“18”，在00:00:34:24处设置其值为“0”，如图8-39所示。

六、添加背景音乐

1）将配套资源“项目8”文件夹内“项目8素材”文件夹中的“音乐”素材拖至“项目”面板“城市宣传片”中，如图8-40所示。

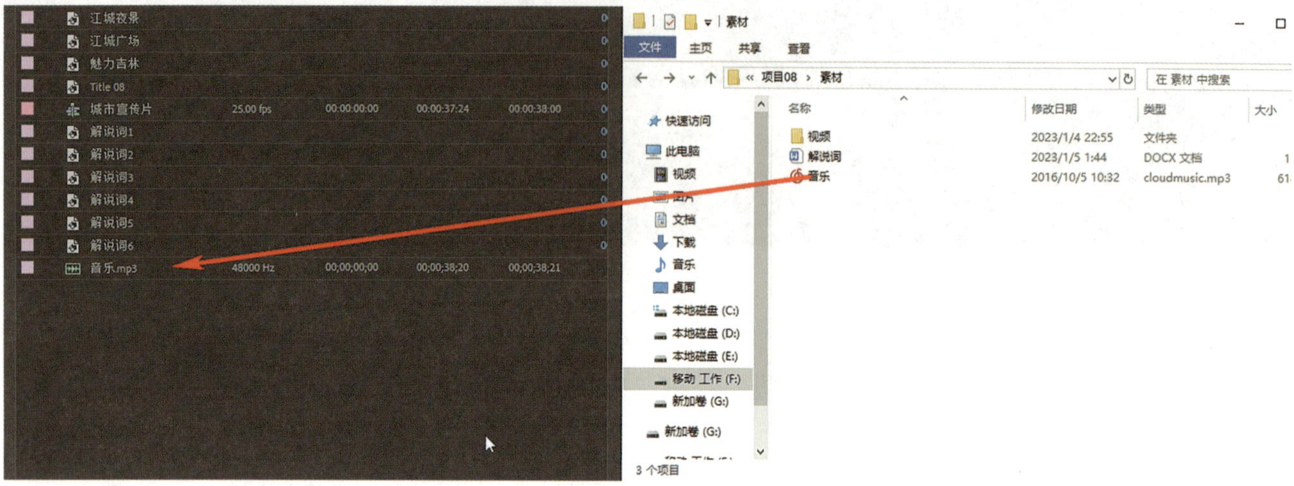

图　8-40

2）将背景“音乐”拖至“A1”轨道上，缩短文字素材，设置入出点分别为00:00:00:00和00:00:38:00，达到音频与视频同步，如图8-41所示。

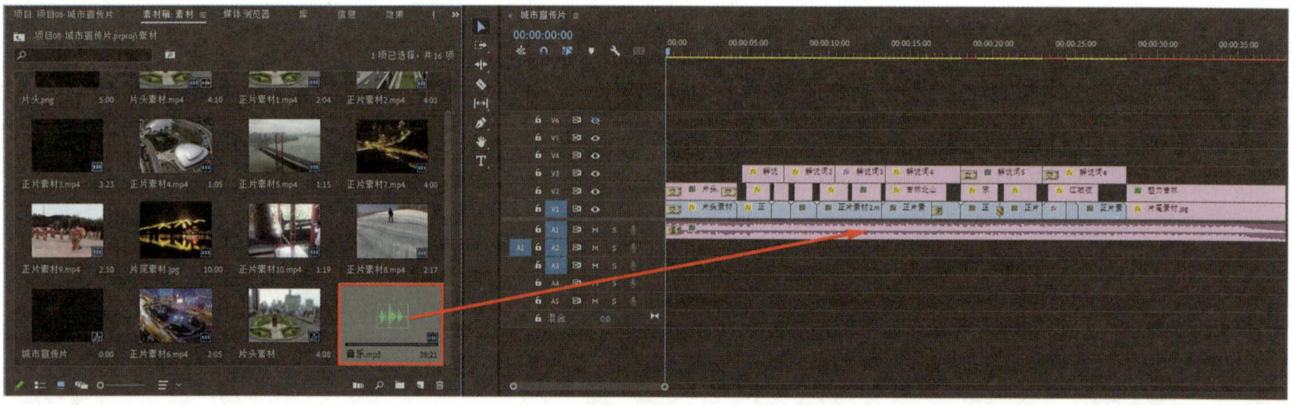

图　8-41

七、输出影片

1）执行“文件”→“导出”→“媒体”命令，弹出“导出设置”对话框，在其中选择保存目标路径并输入文件名，然后单击“导出”按钮。

2）待渲染完成后，即可在播放器中观看效果。

触类旁通

本项目制作的是城市宣传片，介绍了当地的景观和民俗特点，展现了这所城市的建设风格，使观众眼前一亮，对吉林市有了新的认识。

宣传片应用了丰富的视频素材来展现城市效果，将城市发展理念以现代化城市的形式展现给观众。在制作宣传片时，设置的文字较多，注意文字动画时间的把握。在结尾部分，处理片尾名称“魅力吉林”时运用了“Alpha发光”效果，对“发光”参数进行了必要的修改，从而呈现精彩的效果。

实战强化

家乡是出生成长的地方，承载了诸多美好的记忆，这些记忆可能是别具风味的美食，也可能是韵味独特的风景，也可能是迥异的风俗习惯。关注自己的家乡，品味蕴含的人文特色，传播民俗文化，展现发展变化。请为自己的家乡制作一个宣传片，根据所在地区的不同自备所需素材。

制作要求

1）家乡宣传片的时间长度为30s。

2）制作的宣传片整体结构由片头、正片、片尾三个部分组成。

3）结合本书所学内容，运用剪辑、文字、转场、音乐等知识点，综合完成视频的制作。

4）注意宣传片的版式、风格和颜色要符合家乡的人文特点。

参 考 文 献

[1] 陕华，朱琦．Premiere Pro CC 2017视频编辑基础教程[M]．北京：清华大学出版社，2017．

[2] 刘鸿燕，赵婷，王志新．成品：Premiere Pro CC视频编辑剪辑制作实战从入门到精通[M]．北京：清华大学出版社，2018．

[3] 温培利．Premiere Pro CC视频编辑[M]．北京：清华大学出版社，2018．